甘肃省"十四五"普通高等教育本科规划教材

高等学校电子信息类系列教材

嵌入式系统原理与应用

（第二版）

主　编　张玺君

副主编　马维俊　魏立森

西安电子科技大学出版社

内 容 简 介

本书是进行嵌入式系统开发的入门教材，按照嵌入式系统学习的规律将内容分为嵌入式操作系统基础、ARM 体系结构和指令系统及嵌入式系统实验三大部分。书中以北京博创智联科技有限公司的 IMX6 实验箱为实验平台设计了相关实验内容，覆盖了该实验箱所提供的所有功能。本书还对 Android 系统开发环境的搭建进行了描述，感兴趣的读者可以利用 Android 进行实验操作，以提高对知识的扩展应用能力。

本书将理论与实践相结合，同时纳入计算机等级考试嵌入式系统三级的考试内容，用浅显易懂的语言解释理论，用简单易行的实验验证理论，使读者在掌握实际操作技能的同时加深对理论的理解。此外，本书还加入了课程思政引导，教师可在教授时结合相关内容进行教学。

本书既可作为高等学校计算机类、电子类、通信类专业的教材，也可作为广大嵌入式系统爱好者和工程师的自学用书和参考手册。

图书在版编目（CIP）数据

嵌入式系统原理与应用 / 张玺君主编. -- 2 版. -- 西安 ：西安电子科技大学出版社, 2025. 7. -- ISBN 978-7-5606-7662-3

Ⅰ. TP332.021

中国国家版本馆 CIP 数据核字第 2025VJ9639 号

书　　名	嵌入式系统原理与应用(第二版)
	QIANRUSHI XITONG YUANLI YU YINGYONG(DI-ER BAN)

策　　划	秦志峰		
责任编辑	明政珠		
出版发行	西安电子科技大学出版社（西安市太白南路 2 号）		
电　　话	（029）88202421　88201467	邮　　编	710071
网　　址	www.xduph.com	电子邮箱	xdupfxb001@163.com
经　　销	新华书店		
印刷单位	咸阳华盛印务有限责任公司		
版　　次	2025 年 7 月第 2 版		2025 年 7 月第 1 次印刷
开　　本	787 毫米×1092 毫米　1/16	印　　张	15
字　　数	351 千字		
定　　价	43.00 元		

ISBN 978-7-5606-7662-3

XDUP 7963002-1

*** 如有印装问题可调换 ***

前　言

嵌入式系统作为物联网的核心，是当前最热门、最有前景的 IT 应用领域之一。嵌入式系统是以应用为中心，以计算机技术为基础，软硬件可定制，适用于不同的应用场合，对功能、可靠性、成本、体积、功耗有严格要求的专用计算机系统。它一般由嵌入式微处理器、外围硬件设备、嵌入式操作系统和用户的应用程序 4 个部分组成，用于实现对其他设备的控制、监视或管理等功能。嵌入式系统已经广泛应用于工业控制、军事技术、交通通信、医疗卫生、消费娱乐等各个领域。我们平常所使用的手机、PDA、汽车、智能家电、GPS 等均是嵌入式系统的典型代表。

本书是在第一版的基础上修订而成的。全书共 9 章。第 1 章介绍了嵌入式系统的基本知识；第 2 章介绍了嵌入式 Linux 操作系统的发展和应用；第 3 章介绍了嵌入式系统的开发环境；第 4 章介绍了嵌入式处理器的类型、结构、工作模式等内容；第 5 章介绍了 ARM 指令集；第 6 章介绍了 ARM 汇编程序设计基础；第 7 章以博创 IMX6 实验箱为例介绍了嵌入式系统开发环境的构建；第 8 章为嵌入式系统基础实验，包括基础开发环境的搭建、多线程应用程序设计、串行端口程序设计以及嵌入式 Web 服务器设计；第 9 章介绍了 Android 系统开发环境的搭建方法。

本书的主要特色如下：

1. 校企合作，内容结合实际

本书包含了嵌入式系统开发所涉及的各个知识点，适合初学者理解和应用该技术。本书通过校企合作的方式，借助博创智联科技有限公司的实验箱 IMX6 编写了大量实验内容，由浅入深，使读者能够将理论应用于实践。

2. 内容通俗易懂，图文并茂

本书在第一版的基础上，结合计算机等级考试嵌入式系统三级考试大纲，对内容进行了重组和更新，条理清晰，逻辑性强，能够培养读者对于完整的嵌入式系统的大局观，使读者便于理解和记忆。

3. 章节紧凑，针对性强

本书结合作者教学团队多年的教学经验及参与科研项目和学生竞赛的经验，借鉴了同行专家的意见，注重基础和实践，每章都有配套的习题，实验后面都有相应的思考题，有利于读者复习所学知识。

4. 引入课程思政

本书将思想政治教育巧妙地融入专业课程的教学中，追求知识传授与价值导向并重的教学目标。我们不仅致力于向读者传授全面而深入的技术知识，还肩负着塑造读者正确认知体系的重任——包括科学的世界观、积极的人生观、正确的价值观以及高尚的职业道德和社会责任感的培养。通过这种融合式的教育模式，旨在全方位地提升读者的综合素养，使其成为既具备扎实专业技能又拥有良好社会公民意识的高素质人才。

本书的编写分工为：第1~3章由魏立森编写；第4章、第7章、第8章和第9章由张玺君编写；第5章和第6章由马维俊编写。

在本书的编写过程中，北京博创智联科技有限公司提供了设备和技术支持，兰州理工大学计算机与通信学院物联网工程系的相关老师也给予了大力支持，在此表示诚挚的感谢！

因作者水平有限，书中不足之处在所难免，恳请广大读者批评指正。读者可通过 zxjun@lut.edu.cn 与作者联系。

作　者
2025 年 3 月

目　　录

CONTENTS

第 1 章

嵌入式系统概论

本章首先从嵌入式系统的定义出发，介绍嵌入式系统的组成和特点；然后介绍嵌入式系统的发展过程；接着介绍开发嵌入式系统的一般流程；最后介绍嵌入式系统的应用领域。

通过本章的学习，读者不仅能掌握嵌入式系统的基本知识，还能将这些知识应用于促进社会进步和提高人民生活质量等方面，进而增强科技报国的意识和责任感。

1.1 嵌入式系统的定义

嵌入式系统是当前最热门的技术之一，已经广泛地应用于科学研究、工程设计、工业控制、文化娱乐、军事技术、电子商务等各个领域。例如，智能仪器仪表、导弹、汽车控制系统、机器人、ATM(Automatic Teller Machine)、信息家电、智能手机等内部都有嵌入式系统。

嵌入式系统与互联网的融合催生了物联网(Internet of Things，IoT)。物联网就是物物相联的互联网，其核心和基础仍然是互联网。物联网通过嵌入式系统实现了网络的扩展与延伸，即对网络中的物体进行智能感知、数据采集、识别和控制，实现物物相联。物联网被称为继计算机、互联网之后信息产业发展的第三次浪潮。这有两层意思：第一，物联网的核心仍然是互联网，物联网是在互联网基础上延伸和扩展的网络；第二，物联网用户端要延伸和扩展到任何物品与物品之间进行信息交换和通信，必须具备嵌入式系统构建的智能终端。物联网系统是通过射频识别(Radio Frequency IDentification，RFID)、红外感应器、全球定位系统、激光扫描器等信息传感设备，按约定的协议，把任何物品与互联网相连接，进行信息交换和通信的系统架构。

随着医疗电子、智能家居、物流管理和电力控制等领域的不断发展，嵌入式系统利用自身积累的优势和经验，在已经成熟的平台和产品基础上与应用传感单元相结合，扩展物联和感知的支持能力，发掘各领域的物联网应用。物联网中的嵌入式系统技术不仅能提供传感器的连接，还具备智能处理的能力，能够对物体实施智能控制；物联网还能将传感器和智能处理相结合，利用云计算、模式识别等各种智能技术，扩充其应用领域，对传感器获得的海量信息进行分析、加工和处理，从而提取出有意义的数据，以满足不同用户的不同需求，发现新的应用领域和应用模式。

物联网与嵌入式系统之间的关系是：

(1) 物联网是新一代信息技术的重要组成部分，是互联网与嵌入式系统发展到高级阶段的融合。

(2) 嵌入式系统是物联网的重要技术组成，理解嵌入式系统有助于深刻地、全面地理解物联网的本质。

(3) 在微处理器基础上的通用微处理器与嵌入式处理器形成了现代计算机知识革命的两大分支，即通用计算机与嵌入式系统。通用计算机经历了从智慧平台到互联网的独立发展道路；嵌入式系统则经历了从智慧物联到局域智慧物联的独立发展道路。

(4) 物联网是通用计算机的互联网与嵌入式系统单机或局域物联网在高级阶段融合后的产物。

(5) 在物联网中，微处理器无限弥散，以"智慧细胞"形式赋予了物联网"智慧地球"的智力特征。

嵌入式系统一般是非通用系统，需要根据嵌入对象的特点来定制硬软件环境。例如，用于手机的嵌入式系统就不能直接应用到数字电视中，用于导弹制导的嵌入式系统就不能直接应用于汽车的控制系统等。

嵌入式系统是计算机、微电子、网络、通信、自动控制、机械制造、半导体、传感器等多种技术相互交叉融合并应用到某个具体对象的产物。它以技术发展为牵引，以实际应用为驱动，根据不同应用场景的需求，将属于不同学科领域的技术进行集成，以实现产品的智能化。

IEEE 对嵌入式系统的定义是：控制、监视或者辅助装置、机器和设施运行的设备(Devices used to control, monitor, or assist the operation of equipment, machinery or plants)。该定义侧重于嵌入式系统的应用场景，强调嵌入式系统是软件和硬件的综合体，还包括机械等附属装置。

目前国内对嵌入式系统普遍认同的定义是：以应用为中心，以计算机技术为基础，软件、硬件可裁剪，适应应用系统对功能、可靠性、成本、体积、功耗等严格要求的专用计算机系统。

可从以下 6 个方面来理解嵌入式系统的定义：

(1) 专用性。嵌入式系统是面向应用的，具有很强的专用性，因此必须结合实际系统需求进行定制开发。

(2) 高可靠性。嵌入式系统用于控制领域时，系统可靠性十分重要。例如，嵌入式系统用于火箭发射、数控机床、自动驾驶等场景时，任何失误都可能导致严重的后果。

(3) 实时性。嵌入式系统用于过程控制、数据采集、通信传输等任务时，必须在规定的时间内完成预定任务。

(4) 资源受限。嵌入式系统一般要求具有小型、轻量、低功耗、低成本等特点，因此，其软硬件资源受到严格限制。设计嵌入式系统时经常需要在各个指标之间进行权衡。

(5) 隐蔽性。嵌入式系统通常隐藏在宿主设施或者设备的内部(例如，隐藏在 ATM、微波炉、汽车等内部)，不容易引起人们的注意，人们经常使用嵌入式系统提供的功能却不太注意到嵌入式系统的存在。

(6) 软件固化。嵌入式系统具有专用性，其软件功能相对固定且要求具有较快的运行速度。因此，嵌入式系统的软件经常固化在非易失存储器[如 ROM(Read-Only Memory)、

PROM(Programmable Read-Only Memory)、EAROM(Electrically Alterable Read-Only Memory)、EPROM(Erasable Programmable Read-Only Memory)、EEPROM(Electrically Erasable Programmable Read-Only Memory)]和Flash Memory中。

　　嵌入式系统本身是一个外延极广的名词，凡是与产品结合在一起的具有嵌入式特点的控制系统都可以叫嵌入式系统。

1.2　嵌入式系统的组成

　　嵌入式系统由硬件子系统和软件子系统组成，如图 1-1 所示。硬件子系统包括处理器、存储器、总线、I/O 设备和 I/O 接口等，如图 1-2 所示；软件子系统包括嵌入式操作系统、嵌入式中间件、嵌入式应用系统和用户界面等。

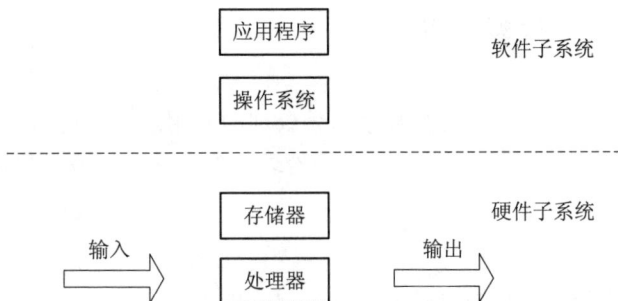

图 1-1　嵌入式系统的组成

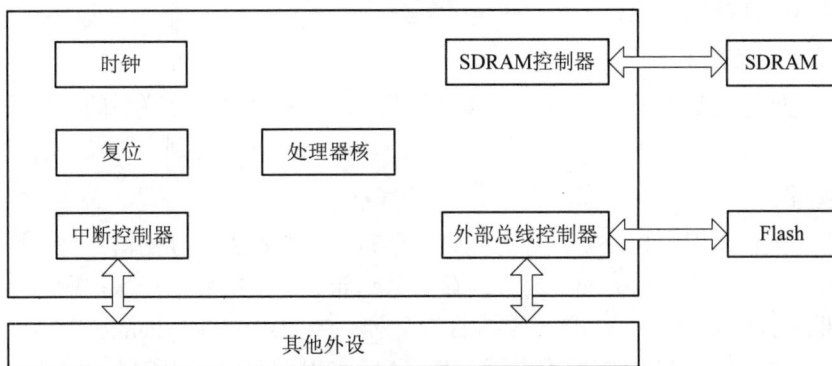

图 1-2　硬件子系统的组成

1. 处理器

　　处理器是整个嵌入式系统的核心，负责整个系统的运行。处理器包括 CPU(Central Processing Unit)和协处理器，协处理器包括 DSP(Digital Signal Processor)、GPU(Graphic Processing Unit)、通信控制处理器(Communication Controller)等。一个嵌入式系统可能包含一个或者多个处理器。

1) CPU

　　嵌入式系统中常用的 CPU 一般为 RISC(Reduced Instruction Set Computer)类型的 CPU，

该类型 CPU 具有指令系统简洁、指令条数少、指令执行周期固定、集成元器件数量少、功耗低等特点，典型代表为 ARM 系列 CPU。而 CISC(Complex Instruction Set Computer)类型 CPU 具有指令系统复杂、指令条数多、指令执行周期可变、集成元器件数量多、功耗大等特点，一般不用于嵌入式系统中，典型代表为 Intel X86 系列 CPU。

影响 CPU 性能的因素有内核数、主频、字长、寄存器数量等。一块 CPU 至少包含一个内核，也可以包含多个内核，内核是 CPU 完成计算和逻辑任务的单元，多核 CPU 可在指令级实现任务的并行执行。主频是指 CPU 工作的时钟频率，主频越高，CPU 执行指令所需要的时间就越短。CPU 字长有 8 位、16 位、32 位、64 位等，表示 CPU 可同时进行运算的二进制位数，字长越长，CPU 运算能力越强，所能够表示的数据范围越大、精度越高。寄存器位于 CPU 内部，直接给 CPU 的运算器提供数据或者保存运算器的计算结果。寄存器存储的数据长度等于 CPU 的字长。CPU 中寄存器数量较多时，可减少 CPU 与内存的数据交换次数，以此提高程序运行速度。另外，影响 CPU 性能的因素还有流水线级数、Cache 容量、有无指令预测和数据预取功能等。

2) DSP

DSP 即数字信号处理器，是进行数字信号处理的专用芯片，可以快速实现对信号的采集、变换、滤波、估值、增强、压缩、识别等处理任务，这些任务如果由 CPU 实现，则需要耗费大量的时间。

3) GPU

GPU 即图形处理器，是将数据转换为图形显示的专用芯片，可以执行复杂的数学和几何运算，快速地将数据转换为图形并在显示设备上呈现。由于 GPU 具有很强的运算能力，因此经常被用于高性能计算。

4) 通信控制处理器

通信控制处理器是用于控制系统通信的专用芯片，提供与外界联系的信号采集、控制输出、通信等多种接口，可以完成对外部信号的采集、计量、控制、转发等功能。

2. 存储器

存储器用来存储程序和数据，分为易失性存储器和非易失性存储器。易失性存储器在断电后会丢失所存储的信息，而非易失性存储器则能够在断电后仍然保持所存储的信息。RAM(Random Access Memory)属于易失性存储器，有 DRAM(Dynamic RAM)和 SRAM (Static RAM)之分，DRAM 经常用于内存，SRAM 经常用于 Cache。ROM、PROM、EAROM、EPROM、EEPROM 和 Flash Memory 属于非易失性存储器，用于存储需要长期保存的程序和数据。

Cache 又称为高速缓冲存储器，位于 CPU 和内存之间，通常由 SRAM 组成，容量较小，但速度很快，用来临时存储 CPU 频繁访问的数据。Cache 又分为 L1 Cache(一级缓存)和 L2 Cache(二级缓存)，L1 Cache 一般集成在 CPU 内部，L2 Cache 一般集成在主板上。

3. 总线

总线是连接处理器、存储器、I/O 设备的公共通道，分为数据总线、地址总线和控制总线。其中，数据总线用于传输数据，地址总线用于传输地址，控制总线用于传输控制信息。总线又分为内部总线和外部总线，内部总线将系统内部的组件连接起来，外部总线将系统外部的组件连接起来。

4．I/O 设备和 I/O 接口

计算机系统中除 CPU、内存和总线之外的其他模块均称为 I/O 设备，I/O 设备通过 I/O 接口与总线连接。I/O 设备种类繁多，如键盘、触摸屏、鼠标器、手写板、麦克风、显示屏、各类传感器、继电器、电机等均为 I/O 设备。I/O 接口包括 USB、以太网、IEEE 1394、RS 232、RS 485、CAN(Control Area Network)总线、红外、蓝牙、ZigBee、WiFi、LoRa、NB-IoT 等。

5．嵌入式操作系统

嵌入式操作系统(Embedded Operating System，EOS)是整个嵌入式系统的灵魂，保存在非易失性存储器(如 Flash)中。当嵌入式系统的电源被打开时，嵌入式操作系统引导并控制整个系统的运行。嵌入式操作系统管理着嵌入式系统中的各种硬件和软件资源，合理有效地组织嵌入式系统进行工作，且为用户提供良好的操作界面。Linux 系统性能优良、可靠性高、开源、资源丰富且可以根据实际系统需求进行剪裁和定制，因此，嵌入式 Linux 是嵌入式系统的首选操作系统。目前智能手机中常用的 Android 操作系统就是基于 Linux 系统开发而成的。

6．嵌入式中间件

嵌入式中间件位于嵌入式操作系统和嵌入式应用系统之间，它为上层的应用系统提供标准化接口，并将上层应用系统的调用请求转化为对下层操作系统的调用。嵌入式中间件使得上层应用系统的开发可以独立于硬件和操作系统，增加了应用系统的可移植性。

7．嵌入式应用系统和用户界面

嵌入式应用系统是专门用于解决具体应用问题的软件，需要根据具体需求进行开发，用户界面是用户与应用系统之间进行交互和信息交换的媒介。

此外，嵌入式系统的软件部分还经常包括板级支持包(Board Support Packet，BSP)和设备驱动程序。板级支持包介于主板硬件和操作系统之间，可实现主板硬件对操作系统的支持，为驱动程序提供访问硬件设备寄存器的函数包，屏蔽硬件主板之间的一些差异，使操作系统可以运行在不同的硬件主板之上。设备驱动程序为上层软件调用设备提供统一接口，屏蔽设备间的一些差异，并将上层软件对设备的调用转化为对设备的具体操作。板级支持包和设备驱动程序被认为是嵌入式操作系统的组成部分，它们共同作用，尽量屏蔽掉嵌入式硬件之间的差异，增加嵌入式软件部分的可移植性。

一个嵌入式系统所包含的硬件模块和软件模块要视具体的需求而定。一般来说，不同的嵌入式系统所包含的硬件模块和软件模块会不一样，但随着计算机硬件功能的增强和嵌入式中间件技术的发展，相似的嵌入式系统具有相同模块的趋势越来越明显。

1.3　嵌入式系统的发展过程

从 20 世纪 70 年代单片机的出现到今天各种嵌入式微控制器、微处理器的广泛应用，

嵌入式系统的发展经历了以下 4 个阶段。

1. 无操作系统阶段

无操作系统阶段的嵌入式系统采用以单片机为核心的可编程控制器的形式，没有操作系统的支持，只能通过汇编语言对系统进行直接控制，可完成监测、伺服、设备指示等功能。其系统结构和功能相对单一，处理效率较低，存储容量较小，几乎没有用户接口。

2. 简单操作系统阶段

20 世纪 80 年代，随着微电子工艺水平的提高，出现了可以将微处理器、I/O 接口、串行接口以及 RAM、ROM 等部件集成在一片 VLSI(Very Large Scale Integration，超大规模集成电路)中的微控制器。同时，出现了简单的操作系统，形成了以嵌入式微处理器为基础、以简单的操作系统为核心的初级嵌入式系统，其主要特点是处理器种类多，通用性较弱，系统效率较高，成本低，操作系统具有一定的兼容性和扩展性，但用户界面简单。

3. 实时操作系统阶段

20 世纪 90 年代，在分布控制、柔性制造、数字化通信和信息家电等巨大需求的牵引下，嵌入式技术飞速发展，同时面向实时信号处理算法的 DSP 产品也向着高速度、高精度、低功耗的方向发展。随着硬件实时性要求的提高，嵌入式系统的软件规模也不断扩大，实时多任务操作系统(Real Time Operating System，RTOS)开始出现，并逐渐成为嵌入式系统的主流。RTOS 的主要特点是操作系统的实时性得到了很大改善，能够运行在各种不同类型的微处理器上，具有高度的模块化和扩展性，已经具备文件和目录管理、设备管理、多任务、网络、图形用户界面(Graphical User Interface，GUI)等功能，并提供大量的应用程序接口(Application Programming Interface，API)，从而使得应用软件的开发变得更加简单。

4. 面向 Internet 阶段

随着 Internet 的飞速发展，将嵌入式系统应用到各种网络环境中的需求也越来越多。这个阶段出现了各种内置 Internet 功能的嵌入式系统设备，如 3G/4G/5G(3rd-generation/4th-generation/5th-generation)智能手机、可穿戴设备、AR/VR 设备、智能仪器仪表、自动驾驶设备、智能家居等。

随着技术的进一步发展和完善，嵌入式系统的研究和应用发生了如下显著变化：

(1) 新的微处理器层出不穷，嵌入式操作系统自身结构的设计更加便于移植，能够在短时间内支持更多的微处理器。

(2) 嵌入式系统的开发成了一项系统工程，开发厂商不仅要提供嵌入式软件系统本身，还要提供强大的硬件开发工具和软件支持包。

(3) 通用计算机上使用的新技术、新观念开始逐步移植到嵌入式系统中，如嵌入式数据库、嵌入式中间件、移动代理等，嵌入式软件平台得到进一步完善。

(4) 由于 Linux 操作系统具有源代码开放、系统内核小、执行效率高、网络结构完整等特点，使得各类嵌入式 Linux 操作系统迅速发展并应用到各种嵌入式产品中。

(5) 内置网络功能，具有友好的多媒体人机交互界面，各种能够实现互联互通的嵌入式产品不断面市。

1.4　嵌入式系统的开发流程

嵌入式系统开发流程大体分为需求分析、系统定义与结构设计、硬件子系统设计、软件子系统设计、系统集成与测试、项目评估与总结等阶段，如图 1-3 所示。在开发流程的每一个阶段若发现问题都可以向上个阶段进行回溯，以便对设计中的错误和缺陷进行及时校正。

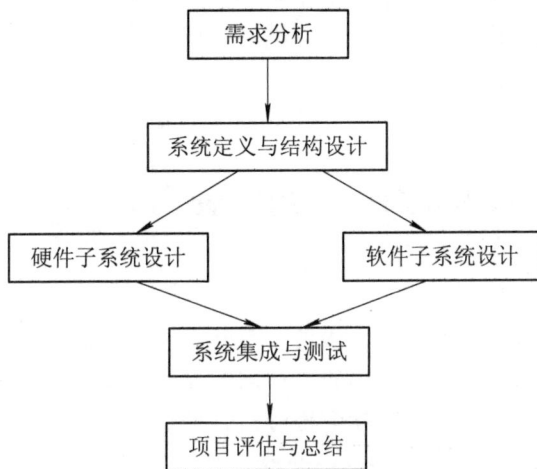

图 1-3　嵌入式系统的开发流程

1. 需求分析

需求分析阶段主要通过充分的市场调研和与用户的交流，制订出要开发的系统的性能指标、操作方式、外观等需求参数。根据需求参数进行可行性论证，得出项目是否可行的结论。此阶段要形成需求描述、性能指标参数、可行性分析等文档。

2. 系统定义与结构设计

系统定义与结构设计阶段是根据需求分析寻找能构成系统的合适组件,形成多套方案。然后估计每套方案的成本与效益，在充分权衡利弊的基础上，选择恰当的方案来实施。此阶段要形成系统设计说明、总体结构设计方案等文档。

3. 硬件子系统设计

硬件子系统设计阶段主要完成电路原理图设计和 PCB(Printed Circuit Board，印制电路板)布线。硬件设计应综合考虑多种因素，包括选择合适的电路板，合理布局各个元器件的位置(以避免元器件之间的相互干扰，方便与其他设备的连接)，设计合理的产品外观、尺寸、选择合适的供电方式等。此阶段需要形成电路设计原理图、PCB 布线图和硬件子系统详细设计文档等。

4. 软件子系统设计

软件子系统设计阶段通常包括嵌入式操作系统定制、设备驱动程序开发和应用程序开发等 3 项内容。

　　嵌入式操作系统定制是根据实际需要对选定的标准嵌入式操作系统的模块进行定制，删除冗余模块，添加需要的模块(通常为设备驱动程序)，使操作系统提供的功能刚好满足整个系统的需要。

　　嵌入式系统通常是一个资源受限的系统，处理能力有限，直接在其硬件平台上开发软件比较困难。常用的方法是在处理能力较强的通用计算机上编写程序，然后通过交叉编译手段生成能在嵌入式系统中直接运行的可执行程序，最后将生成的可执行程序下载到嵌入式系统中运行。嵌入式程序的调试运行，既可以在通用计算机上安装的嵌入式开发模拟环境中进行，也可以在与选定的硬件子系统相同或相似的嵌入式开发板或实验箱上进行。完成交叉编译的通用计算机称为宿主机或上位机，运行可执行程序的嵌入式开发板或试验箱称为目标机或下位机。

　　由于软件子系统的开发不是直接在硬件子系统上进行的，因此，软件子系统与硬件子系统的开发可以同时进行。

　　此阶段需要形成嵌入式操作系统定制文档、设备驱动程序开发文档和应用程序开发文档。

5. 系统集成与测试

　　在硬件子系统和软件子系统设计完成后，需要将软件子系统下载到硬件子系统的 Flash 中，然后进行整体的系统测试。测试中需要使用不同的方法来测试系统的运行结果是否与预期的相同。此阶段需要形成整个系统的集成与测试文档。

6. 项目评估与总结

　　项目评估与总结阶段主要对整个系统开发过程中的成功经验和失败教训进行总结，为下一次的开发奠定基础。

1.5　嵌入式系统的应用领域

　　嵌入式系统技术具有非常广阔的应用领域，具体包括：

　　(1) 工业控制。基于嵌入式芯片的工业自动化设备获得长足的发展，目前已经有大量的 8 位、16 位、32 位嵌入式微控制器应用于工业过程控制、数字机床、电力系统、电网安全、电网设备监测、石油化工系统中。

　　(2) 交通管理。在车辆导航、流量控制、信息监测与汽车服务方面，嵌入式系统技术已经获得了广泛的应用。内嵌 GPS 模块、GSM 模块的移动定位终端已经在各种运输行业获得了成功的使用。

　　(3) 信息家电。信息家电将成为嵌入式系统应用最广泛的领域，冰箱、空调等的网络化、智能化将引领人们的生活步入一个崭新的空间。即使用户不在家，也可以通过电话线、网络对家电进行远程控制。

　　(4) 家庭智能管理系统。家庭智能管理系统可用于水、电、煤气表的智能远程抄表，以及安全防火、防盗系统，其中嵌入的专用控制芯片将代替传统的人工检查，使家庭智能管理系统达到更高、更准确和更安全的性能。

(5) POS(Point Of Sale，销售终端)网络及电子商务。基于嵌入式系统的公共交通无接触智能卡发行系统、公共电话卡发行系统、自动售货机等各种智能 ATM 终端将全面走入人们的生活。

(6) 环境工程与自然。嵌入式系统可实现水文资料实时监测、防洪体系及水土质量监测、堤坝安全监测、地震监测、实时气象信息监测、水源和空气污染监测等。在很多环境恶劣、地况复杂的地区，嵌入式系统可以实现无人监测。

(7) 机器人。嵌入式芯片的发展将使机器人在微型化、高智能化等方面的优势更加明显，同时会大幅度降低机器人的价格，使其在工业领域和服务领域获得更广泛的应用。

嵌入式系统的应用几乎无处不在，工业控制、交通管理、电子商务等领域都有它的踪影。嵌入系统具有体积小、可靠性高、功能强、灵活方便等优点，其应用已深入到工业、农业、教育、国防、科研以及日常生活等各个领域，对各行各业的技术改造、产品更新换代、自动化进程加速、生产率提高等起到了极其重要的推动作用。总之，嵌入式系统技术在国计民生中正发挥着重要作用，它有着非常广阔的发展前景。

习　题

1. 嵌入式系统的定义是什么？嵌入式系统具有什么特点？
2. 嵌入式系统由哪几部分组成？
3. 嵌入式系统的发展经历了哪些阶段？
4. 画出嵌入式系统的开发流程图。
5. 什么是物联网？它与嵌入式系统有什么关系？

第 2 章

嵌入式 Linux 操作系统

本章主要介绍主流嵌入式操作系统的发展和应用。通过本章的学习可知，Linux 操作系统的开源特性为我国自主操作系统的研发提供了宝贵经验。在学习中，读者应认识到开源精神对于促进技术创新、加强国际合作的重要性。同时，我们要积极吸收国外先进技术，结合我国国情，发展具有自主知识产权的操作系统，提升国家信息安全水平，为构建科技强国贡献力量。

2.1 主流的嵌入式操作系统

2.1.1 嵌入式操作系统概述

用于嵌入式系统开发的操作系统分为运行在下位机中的嵌入式操作系统和运行在上位机中的通用操作系统。运行在上位机中的操作系统有 Windows、Linux、UNIX 等通用操作系统，它们在嵌入式系统开发过程中经常承担交叉编译、文件传输、超级终端等任务。此处仅对运行在下位机的嵌入式操作系统作简单介绍。

从 20 世纪 80 年代开始，嵌入式计算机系统就有了操作系统的支持。嵌入式操作系统所包含的模块随嵌入式系统的不同而有所区别，通常包括系统内核、与硬件相关的底层驱动程序模块、设备驱动程序模块、通信协议模块、操作界面、浏览器等。

嵌入式操作系统体积小、启动速度快、实时性强、可靠性高，并且具有专用性和可移植性等特点。

由于嵌入式技术的飞速发展和广泛应用，涌现出了一批著名的嵌入式操作系统，如 Windows CE、VxWorks、µC/OS-Ⅱ、Linux 等。嵌入式操作系统的种类繁多，下面简单介绍几种常见的嵌入式操作系统。

2.1.2 嵌入式 Linux

嵌入式 Linux 是以 Linux 为基础的嵌入式操作系统。得益于 Linux 的完全开放源代码，遵循 POSIX 标准以及网络社团推动的发展方式，近年来嵌入式 Linux 已经成为最重要的嵌入式操作系统，广泛应用于移动电话、个人数字助理(Personal Digital Assistant，PDA)、媒体播放器、消费性电子产品以及航空航天等领域中。

　　Linux 本来是一种通用操作系统，并不是针对嵌入式系统开发的，但由于其自身的诸多优点，很快被应用于嵌入式领域。Linux 在嵌入式领域的优势表现为：

　　(1) Linux 是开放源代码的，不存在黑箱技术，任何人、任何组织只要遵守 GPL(General Public License，通用公共许可)条款，就可以自由地使用 Linux 源代码。遍布全球的 Linux 爱好者为 Linux 提供了强大的技术支持。

　　(2) Linux 系统是宏内核，其具有内核小、效率高、运行稳定、可裁剪性好、更新速度快等优点。

　　(3) Linux 适用于多种 CPU 和硬件平台，是一个跨平台的系统。Linux 能够支持 X86、ARM、MIPS、ALPHA、PowerPC 等多种体系结构，几乎能够运行在所有流行的 CPU 上。同时，Linux 有丰富的驱动程序资源，支持各种主流硬件设备和最新硬件技术，甚至可以在没有存储管理单元(Memory Management Unit，MMU)的处理器上运行。

　　(4) Linux 具有与生俱来的强大的网络功能，支持各种网络连接方式，并且向上提供标准的网络调用接口，使得程序开发人员开发网络应用程序变得容易，很适合作为面向 Internet 的新一代嵌入式产品的操作系统。

　　(5) Linux 具有丰富的软件开发工具，具备编辑、编译、链接、调试等功能，能够满足嵌入式系统中软件部分的开发要求。

　　由于 Linux 具有以上优势，所以产生了 Arm-Linux、Embedix、ETLinux、LEM、Linux Router Project、LOAF、µCLinux、muLinux、ThinLinux、FirePlug、RT-Linux、PizzaBox Linux 等多种嵌入式 Linux。目前主流的嵌入式系统中，一部分使用的操作系统是 Linux，另一部分是以 Linux 为基础进行二次开发的操作系统(如 Android 操作系统)。嵌入式 Linux 家族已经逐渐成为最主要的嵌入式操作系统，占有越来越多的市场份额。

2.1.3　Android 操作系统

　　Android 音译为"安卓"，是一种基于 Linux 的自由及开放源代码的操作系统，主要用于移动设备，用来管理和调度移动设备的软硬件资源，其作用相当于通用计算机上的 Windows 操作系统。

　　Android 操作系统由 Andy Rubin 首创，目的是设计一种开源的智能手机操作系统，主要提供安装、维护和专业特色应用软件等技术服务。2005 年 8 月，Google 收购了 Android，加速了该开源嵌入式操作系统的发展。2007 年，以美国 Google 公司为首组建了全球性的开放手机联盟(Open Handset Alliance)，中国电信、中国移动和中国联通也是其中的成员。该联盟在全球范围内推动了基于 Android 操作系统的手机开发计划，形成了研究 Android 操作系统的热潮。

　　Android 操作系统是基于 Linux 内核的嵌入式操作系统，其底层(称为第 I 层)为 Linux 操作系统及其驱动，该层源代码是使用 C 语言编写的；底层上面构建了系统库和 Java 运行环境(即 Java 程序运行支持软件包或 Dalvik Java 虚拟机)，称为第 II 层，这一层是使用 C 或 C++ 代码编写的；第 III 层为应用程序框架层，为用户开发 Android 程序直接提供 API(应用程序接口)函数，这一层是使用 Java 代码编写的；第 IV 层为用户应用程序层，这一层的应用程序是使用 Java 语言设计的。

由 Android 操作系统的 4 层分层结构可以看出，Android 系统是建立在 Linux 操作系统内核基础上，借助 Linux 内核硬件驱动进行硬件资源的管理，因此，Android 操作系统没有独立的硬件底层驱动部分。事实上，Android 操作系统的软件也借助了 Linux 内核来实现调度。Android 开放源代码的原因之一是嵌入式操作系统领域市场竞争较为激烈，使用 Linux 作为其底层平台也是另一个重要原因。

Android 操作系统拥有全球最多的研究人员和用户群，Android 系统源文件中大量的 Bug 能够被及时发现和纠正，因此，Android 操作系统已经成为嵌入式操作系统领域最受欢迎的智能操作系统。

2.1.4　iOS 操作系统

iOS 操作系统是 Apple 公司在 2007 年 1 月 9 日的 Macworld 大会上推出的一款操作系统，是用于 Apple 移动设备的移动操作系统，该系统使用了 UNIX 的内核，属于类 UNIX 的商业操作系统。iOS 最初是设计用于 iPhone 产品的，其原名为 iPhone OS。后来 iPhone OS 被陆续应用于 iPod touch、iPad 等产品上，由于 3 个系列的产品都在使用 iPhone OS，因此在 2010 年的 WWDC 大会上，Apple 宣布将 iPhone OS 改名为 iOS。

经过十几年的发展，iOS 经历了多个版本。iOS1.0 拥有大量的创新功能，它展现了革命性的人机交互方式，并首次应用于 iPhone 中。iPhone 之前的智能手机都使用键盘或手写的方式进行人机交互，而 iPhone 实现了一种全手控操作模式。2008 年 7 月，Apple Store 的发布为第三方应用提供了一种可管理的标准模式。Apple Store 用来开发、浏览、下载和安装应用，它不仅帮助 Apple 建立了一个庞大的应用生态，而且让众多的开发者找到了自己的商业模式和商业机会，Apple 也因此累积了庞大数量的精品应用。iOS4 开始支持多任务技术，这种方式不容易受到后台应用占用内存的影响，也能保证不错的续航能力。Siri 是 iOS5 最大的亮点，其具有语音控制输入的功能，用户可以通过 Siri 技术，使用语音提问的方式进行人机交互。iOS 最突出的一次演变是在 iOS7 时发生的。iOS 掌门人换成乔纳森后，对 iOS7 进行了大调整，大家熟悉的拟物化图标全部被拍扁了，多任务界面也发生了巨大的变化，变得更加直观，用卡片式替代了原有的应用图标。在 iOS8 版本中推出了 Apple Pay，该版本对一直被诟病的输入法进行了升级，终于开放了对第三方输入法的支持，也正是从该版本开始，iOS 越狱版的用户变得越来越少了。

iOS 在这十几年里对智能手机的发展作出了巨大的贡献，它实现了对使用习惯、用户体验和人机交互等多方面的多种创新和革命，功能也随着版本的升级而不断完善。目前 iOS 已经成长为一个市场影响力最大、功能最丰富、生态最完整的移动操作系统。截至 2024 年 11 月，iOS 的最新版本是 iOS18.2.4。

iOS 应用开发的特点如下：

(1) 屏幕不同。采用 iOS 的 iPhone 屏幕较小，只是把需要显示给用户的内容合理地组织在一块小小的屏幕上，所以需要设计者进行精心的设计和排版。

(2) 交互方式不同。iOS 系统采用手指接触的方式进行人机交互，要尽可能使按钮等交互控件的尺寸保持在 44 点以上，以避免误操作。

(3) 内存不同。运行 iOS 的移动设备，内存通常为 512 MB～2 GB，用户需要在应用中合理地使用多媒体素材，以确保应用不会因内存不够而被系统自动关掉。

(4) 电量不同。运行在移动设备上的应用需要尽可能降低对电量的消耗。比如，及时关闭地理定位服务，减少不必要的网络请求，尽量避免以轮询的方式工作，不然会使 CPU 无法进入睡眠状态，从而引起电量的长时间消耗。

(5) 安全方面的限制。一个手机应用程序作为一个程序束(Bundle)存在，只可以访问其资源束之内的文件夹或其他资源文件。

(6) 可访问的设备众多。在 iOS 中运行可以访问移动设备自带的加速计、陀螺仪、地理定位设备、蓝牙、相机等应用。

(7) 下拉菜单。iOS 中的应用很少使用菜单进行页面之间的跳转，而是通常采用导航控制器或标签控制器进行页面之间的导航。

(8) 程序退出方式。iOS 中的应用没有最小化和关闭按钮。用户通过按下设备底部的 Home 键，退出正在运行的应用。应用退出后仍然会在内存中保留一段时间。

2.1.5　Windows CE 操作系统

Windows CE 操作系统是微软公司基于掌上型电脑所开发的 32 位嵌入式操作系统，可看作是 Windows 95 的精简版本，具有相当出色的图形用户界面。

Windows CE 具有模块化、结构化和与处理器无关等特点。它在 Win32 应用程序接口的基础上，不仅继承了 Windows 优秀的图形界面，而且可以直接使用 Windows 95/98 上的编程工具(如 Visual Basic、Visual C++等)进行应用程序开发，使绝大多数的应用软件只需简单的修改和移植就可以在 Windows CE 平台上继续使用。

2.1.6　VxWorks 操作系统

VxWorks 操作系统是美国 Wind River System 公司推出的一个实时操作系统。它具有高性能的内核、友好的用户开发环境，是实时操作系统领域的佼佼者，广泛应用在通信、军事、航空航天等高精尖技术及实时性要求极高的领域，如卫星通信、军事演习、导弹制导、飞机导航等。1997 年 4 月在火星表面登陆的火星探测器、2008 年 5 月登陆的凤凰号和 2012 年 8 月登陆的好奇号都使用了 VxWorks 操作系统。但 VxWorks 价格昂贵，在大众化的嵌入式产品中使用不多。

2.1.7　实时操作系统

实时操作系统(Real-Time Operating System，RTOS)是指当外界事件发生或产生数据时，能够觉察事件的发生或接收数据，以足够快的速度予以处理，其处理的结果能在规定的时间之内控制生产过程或对处理系统作出快速响应，并控制所有实时任务协调一致运行的操作系统。提供及时响应和高可靠性是实时操作系统的主要特点。

实时操作系统有硬实时和软实时之分。硬实时要求在规定的时间内必须完成操作，如工业控制、军事设备、航空航天等领域对系统的响应时间有苛刻的要求，在这些应用中，如果计算机不能及时给出它的输出，就会发生一些能够导致系统崩溃的事情。软实时只要按照任务的优先级，尽可能快地完成操作即可，即使错过某些时间限制也不会有什么灾难发生。RTOS 主要用于对响应时间具有较高实时性要求的嵌入式系统中。

与通用操作系统相比，RTOS 的突出特点是实时性。实时系统与非实时系统的本质区别在于实时系统中的任务有时间限制。一般的通用操作系统(如 Windows、UNIX、Linux 等)大都从分时系统发展而来。在单 CPU 条件下，分时操作系统的主要运作方式是针对多个任务，将 CPU 的运行时间分为多个时间片，并且将这些时间片平均地分配给每个任务，轮流让每个任务运行一段时间，或者说每个任务独占 CPU 一段时间，如此循环，直至完成所有任务。这种操作系统注重每次执行的平均响应时间而不关心某次特定执行的响应时间。而在 RTOS 中，要求能"立即"响应外部事件的请求。这里"立即"的含义是相较于一般操作系统而言，可在更短的时间内响应外部事件。与通用操作系统不同，RTOS 注重的不是系统的平均表现，而是要求每个实时任务在最坏情况下都要满足实时性要求。

实时操作系统具有以下基本特征：

(1) 实时操作系统首先是多任务操作系统。实时操作系统最基本的特征就是它是一个多任务的操作系统。所谓多任务，是指允许系统中多个任务同时运行，而 CPU 只有一个，在某一个时刻，只有一个任务占有 CPU。多任务操作系统的核心任务之一就是任务调度，为任务分配 CPU 时间。

(2) 多级中断机制。一个实时系统通常需要处理多种外部信息或事件，但处理时有轻重缓急之分。比如一些报警事件(如温度超高)是最急切的，必须立即作出响应，而网络通信这个事件并不会使整个系统出现问题，可以延后处理。因此，建立多级中断机制，确保对紧迫程度较高的实时事件进行及时响应和处理，是实时操作系统必须具备的功能。

(3) 优先级调度机制。为了实现实时性，任务必须分优先级，越急迫的任务优先级越高。操作系统的任务管理模块必须能根据优先级调度任务，同时又能保证任务在切换的过程中不被破坏。通过该机制，操作系统能保证优先级高的任务更多地获得 CPU，而优先级低的任务也能获得运行的机会。

2.2　μC/OS-Ⅱ嵌入式操作系统

2.2.1　μC/OS-Ⅱ嵌入式操作系统概述

μC/OS-Ⅱ是美国嵌入式专家 Jean J. Labrosse 于 1992 年编写的一个基于优先级的嵌入式多任务实时操作系统，是为嵌入式环境提供的实时操作系统。最早这个系统叫作 μC/OS，经过近 10 年的应用和修改，于 1999 年升级为 μC/OS-Ⅱ，并在 2000 年获得了美国联邦航空管理局对于商用飞机的、符合 RTCA DO-178B 标准的认证，这表明 μC/OS-Ⅱ是稳定可靠的，可用于与人性命攸关的安全紧要系统。

μC/OS-Ⅱ是一个源代码开放、可剪裁、结构小巧、抢先式的实时操作系统，主要用于中小型嵌入式系统(如手机、路由器、集线器、不间断电源等)。μC/OS-Ⅱ中少部分与处理器密切相关的代码是用汇编语言编写的，绝大部分代码是用 C 语言编写的。μC/OS-Ⅱ执行效率高、占用空间小、可移植性强，还具备实时操作系统的任务调度、内存管理、时钟管理和任务间通信等功能，最多支持 64 个任务，可运行在大部分嵌入式微处理器上。

2.2.2　μC/OS-Ⅱ的任务及管理

任务是程序的动态表现。在操作系统中，一个任务体现为独立的执行线程，是程序的一次执行过程。程序是静止的，存在于 ROM、硬盘等外围设备中；任务是动态的，存在于内存中。相同的程序可以多次执行，这样就形成了多个优先级不同的任务，每一个任务都是独立的。

为了管理和调度任务，实时操作系统中的任务具有多种状态。这体现了任务的动态性，即任务状态是随着系统的需要不断变化的。在 μC/OS-Ⅱ中，任务具有以下 5 种状态。

1) 睡眠态

任务已经被装入内存了，但并没有准备好运行，即为睡眠态。睡眠态的任务是不会得到运行的，操作系统也不会给其设置运行所需的数据结构。

2) 就绪态

当操作系统创建一个任务后，任务就进入就绪态。处于就绪态的任务，操作系统已经为其运行配置好了任务控制块等数据结构。若没有更高优先级的任务，或更高优先级的任务处于阻塞态时，操作系统将调度此任务从就绪态进入运行态。从就绪态到运行态，操作系统是调用任务切换函数来完成的。任务也可以从其他的状态转换到就绪态。

3) 运行态

运行态时任务真正占有 CPU，从而得到运行。CPU 只有一个，任务要得到运行必须进入运行态，不能让多个任务同时进入运行态，即进入运行态的任务有且只有一个。

处于运行态的任务如果运行完成，就会转为睡眠态；如果有更高优先级的任务抢占了 CPU，处于运行态的任务就会转到就绪态；如果因为等待某一事件(如延时函数)，需要暂时放弃 CPU 的使用权而让其他任务得以运行，处于运行态的任务就进入阻塞态；如果由于中断的到来而使 CPU 进入中断服务程序，必然会使正在运行的任务放弃 CPU 而进入挂起态。

4) 阻塞态

当任务在等待某些还没有被释放的资源或需要等待一定时间时，要阻塞起来，使操作系统可以调度其他的任务，等到条件满足时再重新回到就绪态，又能被操作系统调度以进入运行态。

5) 挂起态

当任务在运行时，任务因为中断的发生被剥夺了 CPU 的使用权，则任务进入挂起态。当中断返回时，若该任务还是最高优先级的，则恢复运行，如果不是，就回到就绪态。

实时操作系统是多任务的操作系统，系统中必然有多个任务在执行，其中有用户任务，也有操作系统的系统任务。任务管理主要包括创建任务、删除任务、改变任务状态(如启动与重新启动任务、挂起与恢复任务、改变优先级和使任务睡眠等)和查询任务状态(如优先级、属性等)功能，其核心是任务调度。任务调度策略是否适合嵌入式应用的特定要求，对于应用的实时性能至关重要。μC/OS-Ⅱ采用的是可剥夺优先级调度算法。多任务下，各任务还要按一定的次序运行，存在同步的问题，所以引入信号量来进行同步。任务间有互相通信的需求，因此操作系统要有邮箱、消息等用于通信的数据结构。多个任务可能争夺有限的资源，因此操作系统还要管理各任务，使它们不发生冲突，于是又产生了互斥、死锁等概念。

2.2.3　μC/OS-Ⅱ的任务调度

所谓调度，就是决定多任务的运行状态。不同的实时内核最多支持的应用数目、任务状态数不一样，最多支持的优先级数目也不一样。在 μC/OS 中，可以同时有 64 个就绪任务，每个任务都有各自的优先级。优先级用无符号整数 0～63 来表示，数字越大优先级越低。μC/OS-Ⅱ采用可剥夺优先级调度算法，即总是调度就绪的、优先级最高的任务，以获得 CPU 的控制权。

可剥夺优先级的调度算法是：不管当前运行的任务运行到什么状态，最高优先级的任务一旦就绪，就能获得 CPU 的控制权，从而得以运行。这种调度策略总是让优先级高的任务运行，直到其阻塞或完成，任务的响应时间是最优化的。由于操作系统总是以时钟中断服务程序作为调度的手段，而时钟中断时间是可知的，高优先级任务的运行时间也是可知的，因此该调度算法适用于实时操作系统。

非剥夺优先级的调度算法是：任务一旦获得了 CPU 的使用权得到运行，如果不将自己阻塞，将一直运行，而不管是否有更紧急的任务在等待；就算发生了中断，也只让中断服务程序运行，不管中断服务程序是否创建了更高优先级的任务，也要返回到原任务运行。非剥夺优先级调度算法的缺点在于其响应时间不确定。高优先级的任务就算进入就绪状态，也必须等待原来优先级低的任务先运行完或阻塞后才能得到运行，响应时间不能确定，因此该调度算法不适用于实时操作系统。

2.2.4　μC/OS-Ⅱ的移植

所谓移植，就是使一个内核能在其他的微处理器或微控制器上运行。μC/OS-Ⅱ作为嵌入式实时操作系统，最终要应用在嵌入式系统中，因此我们要学会嵌入式系统中的μC/OS-Ⅱ移植。为了学习方便，可以在 Windows 的虚拟平台上运行 μC/OS-Ⅱ操作系统，这就需要将 μC/OS-Ⅱ移植到通用计算机上来加以分析和实践。

无论是哪种移植方法，都需要了解 μC/OS-Ⅱ的代码结构，如表 2-1 所示。

表 2-1　µC/OS-Ⅱ的代码结构

与 CPU 无关的代码	与 CPU 相关的代码
操作系统配置文件 os_config.h	与处理器相关头文件 os_cpu.h
操作系统头文件 ucos_ii.h	与处理器相关 C 代码 os_cpu.c
内核代码 os_core.c	与处理器相关汇编代码 os_cpu_a.asm
任务管理 os_task.c	
时间管理 os_time.c	
信号量管理 os_sem.c	
互斥信号量管理 os_mutex.c	
消息邮箱管理 os_mbox.c	
消息队列管理 os_q.c	
事件标志组管理 os_flag.c	
内存管理 os_mem.c	
定时器管理 os_tmr.c	

由表 2-1 可知，操作系统的代码分为与 CPU 无关的代码和与 CPU 有关的代码两部分。在进行移植的时候只需修改与 CPU 相关的 3 个代码即可。

移植步骤如下：

(1) 选择合适的开发软件，为 µC/OS-Ⅱ操作系统建立一个目录，将操作系统内核代码复制到该目录下的一个子目录中。

(2) 在该子目录中创建工程，然后把 µC/OS-Ⅱ内核文件加入这个工程。

(3) 建立主程序，如 main.c。

(4) 根据用户硬件环境修改 os_cpu.h 和 os_cpu.c。

(5) 编译程序成功后将其下载到硬件运行，查看结果和进行修改，直到成功。

习　　题

1. Linux 在嵌入式领域作为操作系统的优势有哪些？
2. 列举 3 个常用的嵌入式操作系统，并说明其特点。
3. 简述什么是实时操作系统，实时操作系统应该具有哪些特性。
4. 什么是任务？任务和程序有什么区别？
5. 在 µC/OS 操作系统中，任务有几种状态，分别是什么？

第 3 章

嵌入式系统开发环境

本章内容聚焦于 Linux 系统下程序设计工具的应用与操作实践,主要介绍 Vim 及 GCC 编译工具链的使用,其次介绍嵌入式系统开发环境的搭建。

通过本章的学习,可以了解到搭建嵌入式系统开发环境是工程师的必备技能,构建高效、稳定的嵌入式系统开发环境是项目成功的关键。通过学习不仅要让读者熟悉开发工具,更要让读者意识到团队合作的重要性,培养读者自主学习、解决问题的能力,以及在团队协作中发挥个人所长,共同解决开发过程中遇到的问题,提高职业素养。

3.1 Linux 程序设计

如果你学习过在 Windows 系统中开发 C 应用程序,你会理解,只需要安装微软的 Visual Studio 就可以完成从编码、编译、链接、调试到应用程序的整个过程。像 Visual Studio 这种把多个开发步骤集成到一个软件里的开发环境称为集成开发环境(Integrated Development Environment, IDE)。

在 Linux 中,虽然也有 Anjuta、Eclipse 等集成或半集成的开发工具,但大多数情况下,开发人员仍需要独立完成编码、编译、链接、调试等步骤。

3.1.1 Vim 编辑器的使用

Vim 是 Visual interface improved 的简称,它是 Linux 系统中的全屏幕文本编辑器,是最常用的文本编辑工具软件之一。Vim 是字符界面下最常用的编辑工具,不支持鼠标操作,因此没有图形界面编辑器中单击鼠标的操作简单,但在系统管理、服务器管理中,其功能强大,占用资源少,远不是图形界面的编辑器能比的。现在也出现了图形界面下的 Vim,启动菜单选项为"开始→应用程序→实用工具→Vim 编辑器",支持鼠标操作,有类似其他软件的菜单和快捷按钮。字符界面下 Vim 的操作规则可以用在图形界面下的 Vim 中。本书主要介绍字符界面的 Vim。

1. Vim 的模式

Vim 一般分为以下 3 种模式:

(1) 一般模式。进入 Vim 就处于一般模式,只能通过按键向编辑器发送命令,不能输入文字。

(2) 编辑模式，又叫插入模式。在一般模式下按键"i"或"I"或"a"就会进入编辑模式，此时可以输入文字。输入结束后按"Esc"键返回一般模式。

(3) 命令模式。在一般模式下按冒号键"："进入命令模式，屏幕左下角会有一个冒号出现，此时可输入命令并执行。按"Esc"键返回到一般模式。

通常，为了方便记忆，可将这 3 种模式简化为两种状态，即将一般模式和命令模式合并为命令行状态，编辑模式处于编辑状态。在命令行状态下按"Insert"键或者输入"i""I""a"等字符进入编辑状态，在编辑状态下按"Esc"键可以回到命令行状态。如图3-1 所示。

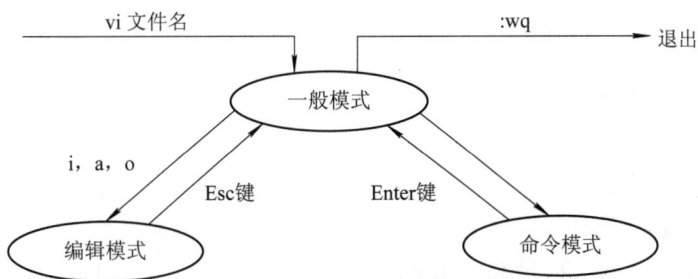

图 3-1　Vim 的 3 种工作模式及相互转换

2. 启动 Vim 编辑器

Vim 编辑器使用命令 vi 启动，启动方式有多种，如下所示：

```
vi filename              //打开或新建文件 filename，并将光标置于第一行行首
vi +n filename           //打开文件 filename，并将光标置于第 n 行行首
vi + filename            //打开文件 filename，并将光标置于最后一行行首
vi +/pattern filename    //打开文件 filename，并将光标置于第一个与 pattern 相匹配的字符串处
vi -r filename           //恢复上次因系统崩溃而中止编辑的文件 filename
vi filename1...filenamen //打开多个文件，依次进行编辑
```

3. 命令行状态

在 Vim 编辑器命令行状态，可以使用命令编辑文本文件的内容或者查找定位文本文件的内容，下面分类介绍这些命令。

1) 移动光标类命令

h：光标左移一个字符。

l：光标右移一个字符。

Space 键：光标右移一个字符。

Backspace 键：光标左移一个字符。

k 或 Ctrl + p：光标上移一行。

j 或 Ctrl + n：光标下移一行。

Enter 键：光标下移一行。

w 或 W：光标右移一个字至下个字的字首。

b 或 B：光标左移一个字至上个字的字首。

e 或 E：光标右移到当前字的字尾。

)：光标移至本句句尾。

(：光标移至本句句首。

}：光标移至本段落开头。

{：光标移至本段落结尾。

nG：光标移至第 n 行行首。

n+：光标下移 n 行。

n-：光标上移 n 行。

n$：光标移至第 n 行行尾。

H：光标移至屏幕顶行。

M：光标移至屏幕中间行。

L：光标移至屏幕最后行。

0：光标移至当前行行首。

$：光标移至当前行行尾。

此外，键盘上的 4 个方向键和"Home"键、"End"键、"PageUp"键、"PageDown"键也可以移动光标。

2) 屏幕类命令

Ctrl + u：屏幕向上滚动半屏，同时光标向上移动到相应行。

Ctrl + d：屏幕向下滚动半屏，同时光标向下移动到相应行。

Ctrl + b：屏幕向上滚动一屏，同时光标向上移动到相应行。

Ctrl + f：屏幕向下滚动一屏，同时光标向下移动到相应行。

nz：将第 n 行滚至屏幕顶部，不指定 n 时将当前行滚至屏幕顶部。

3) 插入文本类命令

i：由命令行状态进入编辑状态，输入的内容插入到光标前。

I：由命令行状态进入编辑状态，输入的内容插入到当前行行首。

a：由命令行状态进入编辑状态，输入的内容插入到光标后。

A：由命令行状态进入编辑状态，输入的内容插入到当前行尾。

o：由命令行状态进入编辑状态，在当前行之下新插入一行。

O：由命令行状态进入编辑状态，在当前行之上新插入一行。

r：不进入编辑状态而用输入的字符替换当前字符。

R：由命令行状态进入替换编辑状态，用输入的字符替换当前字符。

s：同命令 a。

S：由命令行状态进入编辑状态，并删除当前行内容。

ncw 或 nCW：由命令行状态进入编辑状态，并删除从当前位置开始的 n 个字。

nCC：由命令行状态进入编辑状态，并向下删除从当前行开始的 n 行。

4) 删除命令

ndw 或 ndW：不进入编辑状态，删除光标处开始及其后的 n−1 个字。

d0：不进入编辑状态，删除当前光标处至当前行首的字符。

d$：不进入编辑状态，删除当前光标处至当前行尾的字符。

ndd：不进入编辑状态，删除当前行及其后的 n-1 行。

x：不进入编辑状态，删除光标后的字符。

X：不进入编辑状态，删除光标前的字符。

5) 搜索及替换命令

/ 要查找的单词：从光标开始处向文件尾搜索要查找的单词，并对搜索到的单词加上标记。

? 要查找的单词：从光标开始处向文件首搜索要查找的单词，并对搜索到的单词加上标记。

n：同一方向重复上一次搜索命令。

N：反方向重复上一次搜索命令。

:s/p1/p2/g：将当前行中所有 p1 均用 p2 代替。

:n1,n2s/p1/p2/g：将第 n1～n2 行中所有 p1 均用 p2 代替。

:g/p1/s//p2/g：将文件中所有 p1 均用 p2 替换。

:n1,n2 co n3：将 n1～n2 行之间的内容复制并插入到第 n3 行下。

:n1,n2 m n3：将 n1～n2 行之间的内容移动并插入到第 n3 行下。

:n1,n2 d ：将 n1～n2 行之间的内容删除。

6) 存盘与退出命令

:w：当前文件存盘。

:e filename：打开文件 filename 进行编辑。

:x：保存当前文件并退出。

:q：退出 vi。

:q!：不保存文件内容并退出 vi。

:!command：执行"shell"命令"command"。

:n1,n2 w! filename：将 n1～n2 行的内容写入文件名为 filename 的文件中。

:r!command：将"shell"命令"command"的执行结果插入到当前行下面。

7) 寄存器操作命令

"?nyy：将当前行及其下 n 行的内容保存到寄存器 ? 中，其中 ? 为字母，n 为数字。

"?nyw：将当前行及其下 n 个字保存到寄存器 ? 中。

"?nyl：将当前行及其下 n 个字符保存到寄存器 ? 中。

"?p：取出寄存器 ? 中的内容并将其插入到光标的后面。

ndd：将当前行及其下共 n 行文本删除，并将所删内容放到 1 号删除寄存器中。

4. 编辑状态

Vim 编辑器从命令行状态进入到编辑状态后就可以以全屏幕的方式对文本内容进行编辑，编辑过程中可以通过键盘的"Insert"键在"插入"和"替换"状态之间切换，可以使用键盘的 4 个方向键及"Home""End""PageUp""PageDown"等键移动光标，可以使用退格键和删除键对文本内容进行删除。编辑完成后按键盘的"Esc"键回到命令行状态，执行命令":wq"存盘退出，或者执行命令":q!"不存盘强制退出。

3.1.2　GCC 编译器

由 C 语言等高级语言编写出来的代码称为源程序，这些高级语言是按照人的思维习惯设计出来的伪计算机指令，计算机硬件本身不能识别这种指令。因此，源程序需要经过编译器编译成二进制代码，再链接必要的资源，才能形成最终的可执行程序。

GCC(GNU C Compiler)是 GNU 开源社区的一个编译器项目，最初只能编译 C 语言程序，全称为"GNU C 编译器"。GNU(GNU's Not UNIX)是由 Richard Stallman 在 1983 年 9 月发起成立的一个开源社区，其目标是创建一套完全自由的操作系统。目前 Linux 系统中的许多软件来源于 GNU，如 Emacs、GCC 等。

随着众多开源爱好者对 GCC 功能的不断扩展和完善，如今的 GCC 能够完成对多种编程语言编写的程序的编译，包括 C、C++、Ada、Object C、Java、Fortran 等，因此，GCC 的含义也由原来的 GNU C Compiler 变为 GNU Compiler Collection，也就是 GNU 编译器家族。GCC 不仅能够编译多种语言的程序，而且具有交叉编译器的功能，即在一个平台下能够生成另一个平台下的可执行程序。在嵌入式开发中，经常利用 GCC 的交叉编译功能，在上位机中生成下位机的可执行代码。使用 GCC 产生的可执行代码的执行效率要比其他编译器所产生的可执行代码的执行效率平均高 20%~30%。

GCC 将源代码程序转变为可执行程序的过程分为 4 个相互关联的步骤：预处理(Preprocessing)、编译(Compilation)、汇编(Assembly)和链接(Linking)。GCC 首先调用 cpp 进行预处理，对源代码文件中的文件包含(Include)、预编译语句(如宏定义 define 等)进行宏替换处理；接着调用 ccl 进行编译，生成以.o 为后缀的目标文件；汇编过程是针对源代码中汇编语言代码的步骤，调用 as 将以 .S 和 .s 为后缀的汇编语言源代码文件进行汇编之后生成以.o 为后缀的目标文件；当所有的目标文件都生成之后，GCC 就调用 ld 来完成链接，在链接阶段，所有的目标文件被安排在可执行程序中恰当的位置，同时，程序中所调用的库函数也从各自所在的函数库中链接到适当的地方。

在 Linux 系统中，一般不通过文件名的后缀来区分文件，但 GCC 通过文件名的后缀来区分文件。因此，使用 GCC 编译文件时要按照 GCC 的要求，给文件名加上相应的后缀。GCC 所支持的文件名后缀如表 3-1 所示。

表 3-1　GCC 所支持的文件名后缀

文件名后缀	文 件 类 型
.c	C 语言源程序文件
.a	由目标文件构成的档案库文件
.C 或 .cc 或 .cxx	C++ 源程序文件
.h	头文件
.i	已经预处理过的 C 源程序文件

续表

.ii	已经预处理过的 C++ 源程序文件
.m	Object C 源程序文件
.o	编译后的目标文件
.s	汇编语言源程序文件
.S	已经预处理过的汇编语言源程序文件

1. GCC 的使用

GCC 在使用时需要给出参数来执行相应的功能。GCC 的参数大约有 100 多个，支持多个参数同时使用。大多数的参数不经常使用。本书仅介绍常用的几个参数，想全面了解 GCC 参数的读者可参阅专门的 GCC 手册。

GCC 的用法为：

　　gcc [参数] 文件列表

该命令可使 GCC 在给定的文件上执行参数指定的操作。常用的参数含义如下：

-c：编译生成以 .o 为后缀的目标文件，不生成可执行文件。当一个程序的代码分布在不同文件中时，经常使用该参数对这些文件进行单独编译，然后对产生的所有以 .o 为后缀的目标文件进行链接，生成可执行文件。

-g：生成符号调试工具(GNU 的 GDB)所需要的符号信息，要想使用 GDB 对可执行程序进行调试执行，必须加入这个参数。

-E：仅作预处理，处理结果在标准输出设备(显示器)输出。

-S：编译到汇编语言。

-o：该参数后面跟要生成的文件的名称，可以和其他参数(如 -c、-E、-S)合用。不管最终生成什么类型的文件，都可以用该参数指定文件名。该参数缺省时生成的可执行文件名称为 a.out。

-O：对编译、链接过程进行优化，产生的可执行代码的执行效率可以提高，但是速度会慢一些。-O 和 -O1 同义，O 后面跟的数字越大，表示优化级别越高。

-O2：比 -O 的优化级别更高，但过程会更慢。

-M：输出文件之间的依赖关系，通常为 make 程序所需要。

-MM：输出文件之间的依赖关系，但不包括头文件，通常为 make 程序所需要。

-Wall：编译时显示警告信息。

-w：禁止所有警告信息，不建议使用。

-I dirname：将 dirname 加入到头文件搜索目录列表中。当源程序中出现 "#include "myh.h"" 语句时，cpp 预处理程序查找头文件 "myh.h" 的顺序为当前目录、dirname 目录、系统预设目录(一般为 /usr/include)。

-L dirname：将 dirname 加入到库文件的搜索目录列表中，默认情况下 GCC 只链接共享库。ld 链接程序查找函数库文件的顺序为 dirname 目录、系统预设目录(一般为 /usr/lib)。

-lname：链接名为"libname"的函数库。ld 链接程序通常会自动链接常用的函数库文件，但对于一些特殊的函数库文件(如"libpthread.a")和用户自定义的函数库文件需要使用该参数。

-static：链接静态库。

-v：显示编译器调用的程序及版本信息。

--version：显示版本信息。

-x language：指定源代码使用的语言。GCC 除了可编译 C 语言源程序外，还可以编译 C++ 和汇编程序。在默认情况下，GCC 根据源程序的扩展名识别源程序使用的语言。-x 用于人工指定源程序使用的语言。

2. 使用举例

GCC 的使用举例见如下代码：

```
gcc -c a.c b.c          //分别编译源程序文件 a.c 和 b.c，生成目标文件 a.o 和 b.o
gcc -o ab a.o b.o        //将目标文件 a.o 和 b.o 进行链接，生成可执行文件 ab
//编译并链接源程序文件 my.c，生成可执行文件 my，并显示编译时的警告信息
gcc -Wall -o my my.c
gcc -E test.c           //对源程序文件 test.c 进行预处理，结果显示在屏幕上
gcc -S test.c           //将源程序文件 test.c 进行编译，生成汇编文件 test.s
//编译并链接源程序文件 test.c，生成可执行文件 test，并同时生成调试执行时的符号信息
gcc -g -o test test.c
//编译并链接源程序文件 thread.c，生成可执行文件 thread，链接时链接"libpthread.a"函数库
gcc -lpthread -o thread thread.c
```

3.1.3 GDB 调试程序

GDB(GNU Debugger)是 GNU 发布的一个功能强大的程序调试工具。源程序在用 GCC 编译时如果加上参数"-g"，生成的可执行文件就可以使用 GDB 进行调试执行。GDB 在调试执行某个程序时，可以设置多个断点，当程序执行到断点处时，会自动停下来，显示将要执行的语句编号和语句。用户此时可以通过显示指定变量的值、改变指定变量的值、调用执行指定函数等手段观察程序执行过程中变量的变化情况，然后，可以选择将程序继续执行到下一个断点处，也可以逐条语句执行。调试执行程序过程中，可以改变程序中断点的设置。

1. GDB 的使用

启动 GDB 的方法是在 Linux 命令窗口中执行命令"gdb 可执行文件"，其中可执行文件表示要调试运行的程序。进入 GDB 界面后，GDB 提供了大量的程序调试命令供用户使用，常用的命令如下：

set args：给当前要运行的程序传递参数，参数跟在其后。

show args：显示当前程序的参数。

　　list 或 l：以每页 10 行的形式分页显示源程序。后跟 1 个行号时显示以该行号为中心的 10 行源程序；后跟函数名时显示指定函数的源程序；后跟两个行号且行号之间以逗号分隔时，显示从前一个行号开始到第二个行号处的源程序；不指定行号或者函数名时，显示下页源程序。

　　break 或 b：设置断点。后跟断点所在行号或者函数名，可以设置条件断点。

　　info break 或 i break：显示断点信息。

　　delete 或 d：删除指定断点，后跟断点编号。不指定断点编号时，提示删除所有断点。

　　clear：删除指定断点，后跟断点所在行号或者函数名，不指定行号或者函数名时，删除该命令执行之前创建的断点。

　　disable：使指定断点失效，后跟断点编号。不指定断点编号时，使所有断点失效。

　　enable：使指定断点生效，后跟断点编号。不指定断点编号时，使所有断点生效。

　　run 或 r：从头运行程序，直到结束或遇到有效的断点处。

　　continue 或 c：继续运行程序，直到结束或遇到下一个有效的断点处。

　　next 或 n：逐条语句执行，语句中有函数调用语句时，不进入函数内部执行。

　　step 或 s：逐条语句执行，语句中有函数调用语句时，进入函数内部执行。

　　finish：结束当前函数的执行，并显示函数的返回值。

　　call：调用执行指定函数，后跟函数名。

　　set variable：给指定变量赋值。

　　print 或 p：显示指定变量的值或者函数调用结果值，还可以以数组形式显示指定变量及其后的值。

　　whatis：显示指定变量的类型。

　　ptype：显示指定变量的类型。比 whatis 的功能更强，可显示结构体的定义。

　　bt：查看函数的调用关系。

　　help 或 h：帮助信息。无参数时，显示 GDB 命令的分类和功能描述；有参数时，显示以给出参数为分类的命令列表和功能描述。

　　quit 或 q：退出 GDB。

　　回车键：重复执行前面一条指令。

2. GDB 的使用举例

　　GDB 使用示例的源代码 text 如下所示，该程序计算 6～10 的阶乘之和，包括 main() 和 factorial() 两个函数，共 21 行。编译该程序时加参数"-g"，使生成的可执行程序 test 中包含调试信息，使用命令"gdb test"启动 GDB 工具对 test 进行调试执行。

```
1    #include <stdio.h>
2    int factorial(int h)
3    {
4        int k,s=1;
5        for(k=1; k<=h; k++)
6        {
```

```
7          s=s*k;
8        }
9      return s;
10   }
11
12   int main()
13   {
14     int sum=0, x;
15     for(x=6; x<=10; x++)
16     {
17         sum=sum+factorial(x);
18     }
19     printf("sum=%d\n", sum);
20     return 0;
21   }
```

下面是 GDB 中调试执行 test 时所使用的命令和命令的说明。

list 1	//从第 1 行开始分页显示源程序，每页 10 行，按回车键显示下一页
break 17	//在第 17 行处创建断点
info break	//显示断点信息
run	//从头开始执行程序，将执行到断点处暂停，显示断点处语句
continue	//继续执行程序，将执行到断点处暂停，显示断点处语句
print sum	//显示变量 sum 的值
print factorial(4)	//显示调用函数语句 factorial(4)的结果
step	//逐条语句执行程序，将进入到函数 factorial 中执行
next	//逐条语句执行函数 factorial
whatis s	//显示变量 s 的类型
bt	//显示函数的调用关系
finish	//结束函数 factorial 的执行，显示函数 factorial 的返回值
help	//显示 GDB 命令的分类和功能描述
help data	//显示 data 类命令及其功能描述
disable 1	//使断点 1 失效
continue	//继续执行程序，直到结束
quit	//退出 GDB 环境

3.1.4　Makefile

1. make 工具介绍

当开发一个大的项目时，需要多个人分工协作，共同完成，因此，项目被划分为一个个的模块，而每个模块又由好几个人共同开发，形成多个程序，使得项目包含了由不同人开发的多个程序。如何对这些属于同一个项目的、由不同人开发的程序进行管理，是一个难题。

make 是 GNU 推出的一个智能化的系统开发项目管理工具，它依靠 makefile 文件中规则的描述，获取可执行文件和各程序模块间的关系，实现对属于同一个项目的多个文件进行管理。make 能够根据文件的修改时间，自动判断上次编译后哪些程序模块被修改过，然后仅对修改过的程序模块进行编译。

makefile 文件的预设文件名依次为 GNUmakefile、makefile 或者 Makefile，工程中更习惯于使用 Makefile。如果不使用预设文件名，则需要在执行 make 命令时增加参数"-f"指明。

2. makefile 文件

makefile 文件中语句的语法是 Shell 语句语法的子集。以"#"开头的语句为注释语句。makefile 文件的内容一般分为两部分，前面部分由 include 和变量定义语句构成(include 语句能够将另外一个文件的内容包含进来，变量定义语句定义后面部分要使用的变量)，内容可以为空；后面部分内容是文件的主要内容，由一些规则描述的语句块组成，make 执行时将根据这些语句块的描述执行相应的命令或者程序。规则描述语句块格式为：

TARGET: PREREQUISITES
<Tab>COMMAND

其中，TARGET 为规则的目标，通常是需要生成的文件名或者为了实现这个目的而必需的中间过程文件名。目标可以有多个，它们之间用空格进行分隔。另外，目标也可以是一个 make 执行动作的名称，如"clean"。这样的目标称为"伪目标"，不生成文件，只执行相应的命令。

PREREQUISITES 为规则的依赖，表示要生成目标的先决条件，是这些目标所依赖的文件，必须先生成。依赖文件可以有多个，文件名之间用空格分隔。伪目标一般没有依赖文件。

COMMAND 为生成 TARGET 需要执行的命令行，可以是任意的 Shell 命令，也可以是在 Shell 下执行的程序，它表示 make 执行这条规则时所需要执行的动作。一个规则可以有多个命令行，每一条命令独占一行。每一个命令行必须以 [Tab] 字符开始，[Tab] 字符告诉 make 此行是一个命令行。这是编写 makefile 文件时容易产生错误的地方，这种错误比较隐蔽，较难发现。

makefile 文件中一般包含多组规则描述的语句块，这些规则描述语句块之间有依赖关系，呈倒序形式排列，即最终目标的规则描述语句块在最前面，其后是以最终目标的依赖文件为目标的规则描述语句块，依此类推，直到依赖文件为源程序的规则描述语句块。makefile 文件的末尾一般为伪目标规则描述语句块。

3. makefile 进阶——使用变量

makefile 文件中经常需要在多个地方书写同样的内容，如果全部手工录入，则很容易输入错误，而且也会给后期的修改和维护带来麻烦。为了解决这一问题，make 引入了变量的概念，使用变量代替需要重复书写的内容。

在 makefile 中，变量用来代表一串字符，可以理解成 C 语言中的宏。变量的定义语法格式如下：

　　　　变量名=字符串

变量的引用语法格式如下：

　　　　$(变量名)

或

　　　　${变量名}

未使用变量的 makefile 文件举例见下面的代码示例。

原 makefile 文件：

```
aa:a.o b.o c.o
    gcc   a.o b.o c.o -o aa
```

修改后的 makefile 文件：

```
OBJS=a.o b.o c.o
aa:${OBJS}
    gcc ${OBJS} -o aa
```

4. make 使用举例

假设某工程需要计算6～10的阶乘之和，包含 a.c 和 a1.c 两个 C 语言源文件，其中 main() 函数包含在 a.c 中，如下所示。

源文件 a.c：

```
#include <stdio.h>
int factorial(int);
int main()
{
    int sum=0, x;
    for(x=6; x<=10; x++)
    {
        sum=sum+factorial(x);
    }
    printf("sum=%d\n", sum);
    return 0;
}
```

源文件 a1.c：

```
int factorial( int h)
{
```

```
    int k, s=1;
    for(k=1; k<=h; k++)
    {
        s=s*k;
    }
    return s;
}
```

该工程的 makefile 文件内容及注释如下所示，# 后面为注释。

```
# This is a example.
CC = gcc            #设置变量 CC 的值为 gcc，该变量代表编译器
FLAGS += -Wall      #给变量 FLAGS 的内容后追加字符串"-Wall"，变量 FLAGS 的值将
                      作为 gcc 的参数
EXEC = aa           #设置变量 EXEC 的值为 aa，该变量代表要生成的可执行文件名


all:${EXEC}         #规则语句块，目标名为 all，依赖文件为变量 EXEC 的值，该规则语句块
                      命令行为空，使用变量的形式也可以为$(EXEC)
${EXEC}:a.o a1.o    #规则语句块，目标名为变量 EXEC 的值，依赖文件为 a.o 和 a1.o
    ${CC} ${FLAGS} –o $@ a.o a1.o    #规则语句块的命令行，使用依赖文件生成目标，
                                        $@代表该规则语句块的目标
a.o:a.c                             #规则语句块，目标名为 a.o，依赖文件为 a.c
    ${CC} ${FLAGS} –c $^            #规则语句块的命令行，使用依赖文件 a.c 生成目标 a.o,
                                        $^代表生成目标的依赖文件
a1.o:a1.c           #规则语句块，目标名为 a1.o，依赖文件为 a1.c
    ${CC} ${FLAGS} –c a1.c    #规则语句块的命令行，使用依赖文件 a1.c 生成目标 a1.o
clean:              #伪目标规则语句块，无依赖文件
    rm –f ${EXEC} a.o a1.o    #规则语句块的命令行，删除所有目标文件
test:               #伪目标规则语句块，无依赖文件
    ./${EXEC}       #规则语句块的命令行，运行变量 EXEC 所代表的最终目标文件
```

以上文件准备好以后，执行命令"make"或者"make all"将根据 makefile 的内容对该项目进行自动编译，生成可执行文件 aa；执行命令"make test"将运行可执行文件 aa；执行命令"make clean"将删除所有目标文件。

在目标文件已经生成且源文件没有发生改变的情况下，执行命令"make"或者"make all"将提示 make 未执行任何操作，这是因为 make 判断到目标文件没有发生改变，现在的目标文件已经是最新文件。若先执行命令"touch a1.c"改变文件 a1.c 的修改时间，使得 a1.c 比相关的目标文件 a1.o 和 aa 新，再执行命令"make"或者"make all"，则 make 会自动地重新生成目标文件 a1.o 和 aa，但目标文件 a.o 不发生改变。

3.2　嵌入式开发环境

3.2.1　嵌入式交叉编译环境的搭建

此处所描述的 Linux 安装是指在主机(上位机)中安装通用 Linux 操作系统。在目标板(下位机)中一般称为"烧写"软件系统，需要通过专门的接口(如 JTAG)或网络进行，如图 3-2 所示。

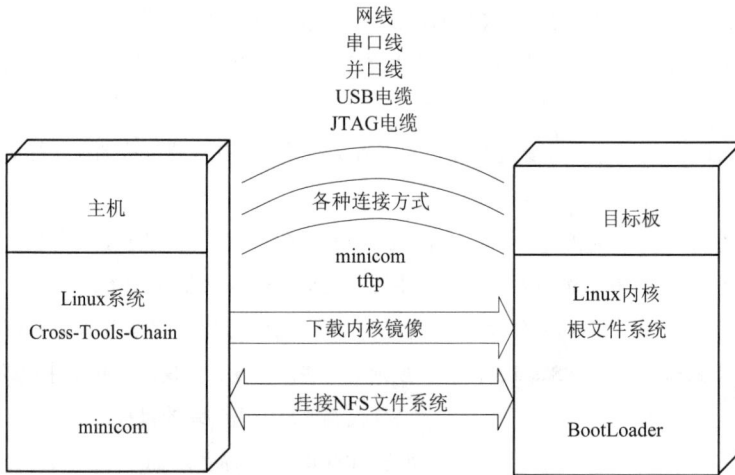

图 3-2　嵌入式交叉编译环境的搭建

根据 Linux 系统在计算机中的存在方式，将 Linux 的安装方式分为单系统、多系统和虚拟机 3 种。

(1) 单系统安装。在计算机中仅安装 Linux 系统，无其他操作系统。因此，单系统安装简单，只需要将光驱设为第一启动设备，依次放入 Linux 系统安装光盘，按照提示就可以完成安装。

(2) 多系统安装。在同一台计算机中，除了安装 Linux 系统外还有其他操作系统。多系统安装需要对计算机中的硬盘空间进行合理分配，并且按照不同操作系统的需要，在硬盘上建立相应格式的分区。通常多系统的安装指在同一台计算机中同时安装 Windows 系统和 Linux 系统，Windows 系统必须安装在主分区中，而 Linux 系统可以安装在其他分区中。

(3) 虚拟机安装。在已经安装好的 Windows 系统下，通过虚拟机软件(如 VMware，Workstation)虚拟出供 Linux 安装和运行的环境。这种安装方式对原有系统无需改动即可在同一台计算机中运行多个操作系统，但要求计算机有较高的配置，否则，虚拟机中运行的操作系统速度较慢且不稳定。

3.2.2　交叉编译

开发通用计算机上的应用程序时，一般都是直接在通用计算机上安装开发环境，在开发环境中完成编码、编译和链接，得到应用程序。这个应用程序也是在开发环境所在的主机(或者说和开发环境所在主机兼容的主机)上运行。这种开发和运行都在同一(类)主机上的开发方式叫作本地编译。

　　嵌入式系统通常是一个在成本、体积、功耗等因素上资源受限的系统，处理能力有限，直接在其硬件平台上开发软件比较困难。常用的方法是在处理能力较强的通用计算机上编写程序，编译链接后，将编译好的应用程序下载到嵌入式系统上运行。这样的开发方式叫作交叉编译。

　　在交叉编译中，开发所用的通用计算机被称为宿主机或上位机，运行可执行程序的嵌入式开发板或试验箱被称为目标板或下位机。

3.2.3　交叉编译工具

　　宿主机和目标板通常是不同种类的硬件,用于开发的宿主机大多是 Intel 公司 x86 系列的 CPU,而目标板的 CPU 大多为 ARM、MIPS 等系列的微处理器,传统的编译工具编译出来的应用程序不能在目标板上运行。因此,交叉编译需要专门的编译工具——交叉编译工具。在宿主机上开发 ARM 平台的嵌入式 Linux 应用程序,最常用的交叉编译工具是 ARM-Linux-GCC。

3.2.4　宿主机交叉环境的建立

　　ARM-Linux-GCC 是针对 ARM 平台 Linux 操作系统的交叉编译工具,该工具是开源软件。国内比较方便的下载网站是友善之臂的官方网站 http://www.arm9.net/download.asp,下载页面提供了两个版本的 ARM-Linux-GCC,如图 3-3 所示。

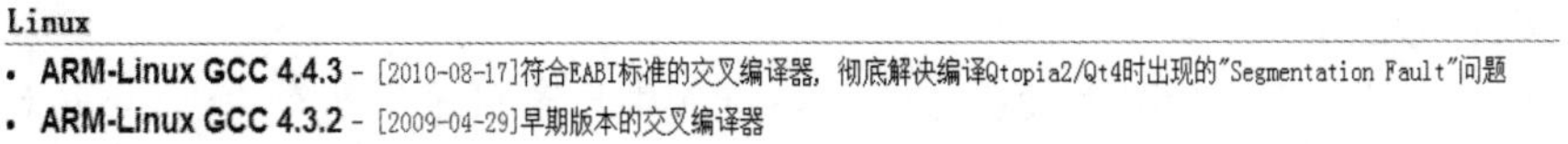

Linux
- **ARM-Linux GCC 4.4.3** – [2010-08-17]符合EABI标准的交叉编译器, 彻底解决编译Qtopia2/Qt4时出现的"Segmentation Fault"问题
- **ARM-Linux GCC 4.3.2** – [2009-04-29]早期版本的交叉编译器

图 3-3　两个版本的文件

　　需要注意的是, 即使同为 ARM 平台, 不同的操作系统甚至同一操作系统的不同版本内核, 对交叉编译器的要求也各不相同, 因而下载时需要选择合适的版本。本书实验中读者可以选择下载 4.3.2 版本, 也可以选择实验箱提供的交叉编译工具 arm-2009q3-67.tar.gz。

　　arm-2009q3-67.tar.gz 是一个用 gzip 格式压缩的 tar 文件包, 把文件包放置到 root 用户的 /home/test 目录下, 用以下命令进行解压缩:

　　　　[root@localhost arm-2009q3]#　tar -xzvf arm-2009q3-67.tar.gz

　　安装该交叉编译工具有两种方法: 一种是使用命令在环境变量里追加交叉编译工具所在的路径 #PATH=$(PATH):/home/test/arm-2009q3/bin, 这种方法是临时生效的, 系统重启后就失效了; 第二种方法是修改系统的配置文件, 使改动永久生效。

　　为了在任何地方都能使用 arm-linux-gcc, 编辑 "~/.bashrc" 脚本, 在其中加入 arm-linux-gcc 的执行路径。执行命令 "[root@localhost arm-2009q3]# vi ~/.bashrc", 打开 "~/. bashrc" 脚本的初始内容如下所示:

　　　　# .bashrc

```
# User specific aliases and functions
alias rm = 'rm -i'
alias cp = 'cp -i'
alias mv = 'mv -i'
alias vi = 'vim'
# Source global definitions
if [ -f /etc/bashrc]; then
    . /etc/bashrc
Fi
```

在文件的最后一行加入 export PATH=$PATH:/home/test/arm-2009q3/bin，修改后的
"~/.bashrc" 脚本如下所示：

```
# .bashrc
# User specific aliases and functions
alias rm = 'rm -i'
alias cp = 'cp -i'
alias mv = 'mv -i'
alias vi = 'vim'
# Source global definitions
if [ -f /etc/bashrc]; then
    . /etc/bashrc
fi
export PATH = $PATH:/home/test/arm-2009q3/bin
```

保存文件，退出。

为了在不重启系统的情况下使脚本生效，进入用户家目录后执行"#source .bashrc"命
令，如下所示：

```
[root@localhost arm-2009q3]# cd
[root@localhost ~]# source .bashrc
```

执行命令"[root@localhost ~]# echo $PATH"，测试交叉编译工具的环境变量改动是否
成功，命令执行结果如下所示：

/usr/lib/jdk/bin:/usr/kerberos/sbin:/usr/kerberos/bin:/usr/local/sbin:/sbin:/usr/sbin:/bin:/usr/bin:/usr/X11

R6/bin:/usr/local/bin:/root/bin:/home/test/arm-2009q3/bin

测试成功后，就可以使用交叉编译工具编译源代码了。

习　　题

1. 什么是交叉编译？为什么要用交叉编译？

2. 举例说明 GCC 编译器编译过程可细分为几个阶段，每个阶段分别生成什么类型的
文件。

3. 编写一个 C 程序求 1 + 2 + 3 + … + 100 之和。用 GCC 对该程序进行编译，编译时可以加不同参数，观察运行结果。

4. 利用 GDB 工具对上述程序进行调试，并观察程序中变量的变化。

5. 假定在目录 /home/test/arm 下有一个项目文件，它由几个单独的文件组成，而这几个文件又分别包含了其他文件，如下表所示。请你编写 makefile 文件，最终的目标文件名为 hello。

文　件	包含文件
main.c	stdio.h
x.c	stdio.h　defs.h
y.c	defs.h
z.c	
assmb.s	

第 4 章

嵌入式处理器

本章首先描述嵌入式处理器的类型结构及发展，介绍常用的 ARM Cortex 处理器，ARM 处理器编程模型以及 ARM 异常中断处理。通过本章的学习，不仅要理解不同处理器的特点和应用场景，更要深刻认识到自主创新在国家发展中的核心地位。以华为的处理器技术为例，其自主研发的麒麟系列处理器已在性能和能效上取得显著成就，广泛应用于智能手机等设备，成为我国信息技术领域自主创新的重要标志。在学习过程中，读者还应关注国内外处理器技术的最新动态，理解技术发展的前沿趋势，同时思考如何将这些技术与我国的实际需求相结合，将科技成果转化为推动社会进步的实际力量。

4.1　嵌入式处理器概述

4.1.1　嵌入式处理器的结构类型

嵌入式处理器按照不同标准有不同的分类，按存储机制分为冯·诺依曼结构和哈佛结构；按指令集可分为复杂指令集(CISC)结构及精简指令集(RISC)结构；按字长分为 8 位、16 位、32 位和 64 位结构；按不同内核系列又可以分为 51、AVR、PIC、MSP430、MIPS、PowerPC、MC68K、Cold Fire、ARM。

1. 冯·诺依曼结构和哈佛结构

冯·诺依曼结构也称普林斯顿结构，是一种将程序指令存储器和数据存储器合并在一起的存储器结构，如图 4-1 所示。程序指令存储地址和数据存储地址指向同一个存储器的不同物理位置，因此程序指令和数据的宽度相同，如 Intel 公司的 8086中央处理器的程序指令和数据都是 16位宽。

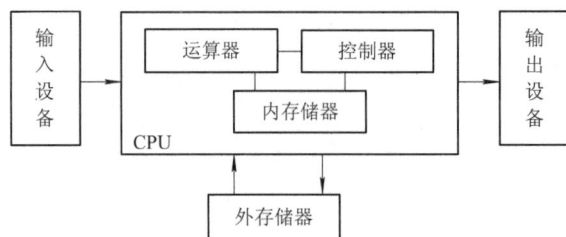

图 4-1　冯·诺依曼结构图

冯·诺依曼结构的处理器具有以下几个特点：必须有一个存储器；必须有一个控制器；必须有一个运算器，用于完成算术运算和逻辑运算；必须有输入和输出设备，用于进行人机通信。

哈佛结构是一种将程序指令存储器和数据存储器分开的结构，如图 4-2 所示。CPU 首先到程序指令存储器中读取程序指令内容，解码后得到数据地址，再到相应的数据存储器中读取数据，并进行下一步的操作(通常是执行)。程序指令和数据指令是分开组织和存储的，执行时可以预先读取下一条指令。数据和指令的存储可以同时进行，可以使指令和数据有不同的数据宽度，如 Microchip 公司的 PIC16 芯片的程序指令是 14 位宽度，而数据是 8 位宽度。

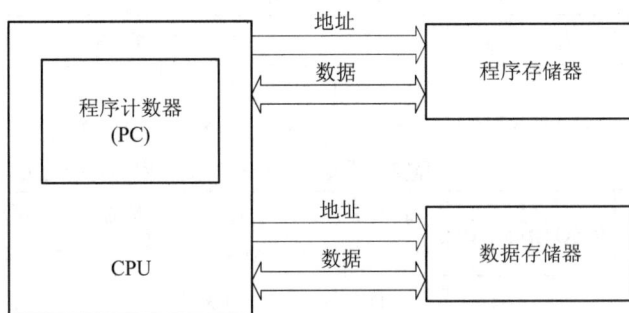

图 4-2　哈佛结构图

哈佛结构的微处理器通常具有较高的执行效率。目前使用哈佛结构的中央处理器和微控制器有很多,除了上面提到的 Microchip 公司的 PIC 系列芯片,还有摩托罗拉公司的 MC68 系列芯片、Zilog 公司的 Z8 系列芯片、Atmel 公司的 AVR 系列芯片和 ARM 公司的 ARM9、ARM10 和 ARM11 芯片等。

与冯·诺依曼结构处理器比较，哈佛结构的处理器有两个明显的特点：

(1) 使用两个独立的存储器模块分别存储指令和数据，每个存储模块都不允许指令和数据并存。

(2) 使用独立的两条总线分别作为 CPU 与每个存储器之间的专用通信路径，而这两条总线之间毫无关联。

2. CISC 处理器和 RISC 处理器

CISC 处理器即"复杂指令集"处理器，此种处理器的特点是指令数目多且结构复杂，它包含许多很少使用的专用指令，不同指令的长度并不相等，执行时间长短不一，指令的执行速度相对较低。CISC 处理器结构复杂，功耗较大。现在广泛使用于个人计算机中的 Intel 80X86 的处理器均为 CISC 类型。

与此相对应的 RISC 处理器即"精简指令集"处理器，此种处理器可执行的指令数目较少，指令长度一致，且这些指令均为较常用的指令，执行速度较高。由于需要访问存储器的指令执行时间较长，因此 RISC 处理器只采用加载和存储两种指令对存储器进行读写操作，所有需要处理的操作数都必须经过加载和存储指令从存储器取出后预先存放在寄存器中，以加快指令的执行。目前常见的 RISC 处理器包括 ARC、ARM、AVR、MIPS、PA-RISC、PowerPC 和 SPARC 等。

　　CISC 和 RISC 并不是对立的，它们在竞争过程中相互借鉴，取长补短。现在的 RISC
处理器指令集也达到数百条，指令执行时间也不再固定，但仍然保持了对优化指令流水线
较为有效的优点。

4.1.2　嵌入式处理器简介

　　嵌入式处理器是嵌入式系统必不可少的硬件核心。市场上有不同类型、不同品牌的处
理器，能够满足不同嵌入式应用的不同要求。表 4-1 列出了一些典型处理器的基本情况，
供读者参考。

表 4-1　典型嵌入式处理器简介

内核系列	推出公司	内核结构	简 单 描 述
51	Intel	CISC 哈佛结构	8 位字长，常用于简单的检测与控制应用领域，最早被称为单片机。其价格低、应用资料全、开发工具便宜、开发周期短、开发成本低，因此被广泛应用到各个行业
AVR	Atmel	RISC 哈佛结构	具有 8 位、16 位和 32 位 3 种微控制器内核，可以适应不同应用层次的要求。AVR 的主要特点是高性能、高速度、低功耗
PIC	Microchip	RISC 哈佛结构	具有 8 位、16 位和 32 位 3 种 RISC 微控制器内核，可以适应不同应用层次的要求。基于 PIC 内核的芯片非常多，每个领域都有多款 PIC 芯片，主要针对工业控制等应用领域，应用最广的是电机控制、汽车电子等抗干扰要求比较高的场合。PIC 的主要优势是针对性强，特别是抗干扰能力强
MSP430	TI	RISC 冯·诺伊曼结构	16 位字长的微控制器内核，既有数字电路，也有模拟电路，广泛应用于手持设备嵌入式应用系统中，突出的特点就是超低功耗
MIPS	MIPS	RISC 哈佛结构	高性能、高档次的 32 位(MIPS32)和 64 位(MIPS64)处理器内核，适用于高速、大数据吞吐量的应用场合。中国科学院计算机技术研究所的龙芯芯片已获得 MIPS 处理器 IP 的全部专利和总线、指令集的授权
PowerPC	Apple,IBM, Motorola	RISC 哈佛结构	含有 32 位子集的 64 位高性能处理器内核，具有优异的性能、较低的功耗以及较低的散热量。有 32 个(32 位或 64 位)GPR(通用寄存器)以及各种其他寄存器
MC68K	Motorola, Freescale	RISC 哈佛结构	32 位字长的处理器内核，具有超标量的超级质量流水线，性能优势明显，主要应用于高端嵌入式应用领域
ColdFire	Freescale	RISC 哈佛结构	32 位的高性能微控制器内核，性能优越，集成度高，可应用于工业控制、消费电子、医疗电子、测试与测量等领域
ARM	ARM	RISC 多数为哈佛结构	除 64 位的 Cortex-A50 外，ARM 均为 32 位结构的嵌入式处理器内核。它是目前嵌入式处理器的领跑者，是最具有优势的处理器内核。从低端到高端，应用非常广泛，是全球应用最广、知名度最高、使用厂家最多的嵌入式处理器内核

4.1.3　ARM 处理器系列概述

ARM 处理器(Advanced RISC Machine)是英国 Acorn 公司设计的低功耗低成本的第一款RISC微处理器。ARM 处理器本身是 32 位设计，但也配备 16 位指令集。经过多年的发展，ARM 处理器已经形成一个庞大的家族，至今已有约 14 个系列的处理器产品问世。与 ARM ISA 一样，早期的一些处理器系列已经被淘汰，ARM 公司目前支持 7 大系列的处理器产品，包括 ARM7 系列处理器、ARM9 系列处理器、ARM9E 系列处理器、ARM10E 系列处理器、ARM11 系列处理器、Cortex 系列处理器和 SecurCore 系列处理器。

处理器系列的划分并不对应 ARM ISA 版本，而是根据不同的内核设计来划分。其中 ARM8 开发出来以后很快就被取代，而 Cortex 则是基于 ARMv7 架构的全新设计。还有一些同样执行 ARM ISA 的处理器系列是由 ARM 的合作厂商生产的，如 Intel 的 StrongARM 和 XScale 系列。

表 4-2 是 ARM 处理器系列的属性比较，其中有些数据可能会和实际有较大区别，这取决于生产过程的类型和工艺。

表 4-2　ARM 处理器系列属性的比较

属性	类　　型					
	ARM7	ARM9	ARM9E	ARM10E	ARM11	Cortex
处理器流水线深度	3	5	5	6	8	13
典型频率/MHz	236	250	470	540	620	1100
典型功耗 /(mW/MHz)	0.03	0.25 (+Cache)	0.235 (+Cache)	0.45 (+Cache)	0.6 (+Cache)	0.45 (+Cache)
性能/(MIPS) Dhrystone 2.1	130	300	300	400	675	2000
典型的指令集结构	ARMv3	ARMv4T	ARMv5TE	ARMv5TEJ	ARMv6	ARMv7

下面简要介绍各系列处理器的特点及适用场合。

1. ARM7 系列处理器

ARM7 系列处理器是低功耗的 32 位 RISC 处理器，它主要用于对功耗和成本要求比较苛刻的消费类产品。ARM7 系列处理器支持 16 位的 Thumb 指令集，可以以 16 位的系统开销得到 32 位的系统性能。

ARM7 系列处理器包括 ARM7TDMI、ARM7TDMI-S、ARM7EJ-S 和 ARM720T 4 种类型，分别满足不同的市场需求。

1) 主要特点

(1) 具有成熟的、大批量的 32 位 RISC 芯片；

(2) 最高性能可达到 130 MIPS，低功耗，高代码密度，兼容 16 位的处理器；

(3) 得到广泛的操作系统和实时操作系统的支持，包括 Windows CE、Palm OS、Symbian OS、Linux 以及其他业界领先的实时操作系统；

(4) 为片上系统(SoC)设计者提供包括嵌入式跟踪宏单元(ETM)在内的优良的调试支持;

(5) 提供 0.25 μm、0.18 μm 和 0.13 μm 的生产工艺;

(6) 兼容于 ARM9 系列、ARM9E 系列和 ARM10E 系列处理器。

2) 适用场合

(1) 个人音频设备(MP3 播放器、WMA 播放器、AAC 播放器等);

(2) 接入级的无线设备;

(3) 两路携带型传呼器。

2. ARM9 系列处理器

ARM9 系列的核心产品是 ARM9TDMI 处理器。ARM9TDMI 支持 Thumb 指令集,它能使代码密度改善35%,但 ARM9TDMI 不含 Cache。该系列其他 3 款产品分别为 ARM920T、ARM922T 和 ARM940T,它们在 ARM9TDMI 的基础上增加了一体化的 Cache,以适应不同的市场需求。

1) 主要特点

ARM9 系列的主要特点有:

(1) 能够支持 ARM 和 Thumb 指令集的 32 位 RISC 处理器;

(2) 拥有 5 级整数流水线,在 0.13 μm 工艺下最高可获得 300 MIPS(Dhrystone 2.1)的性能;

(3) 单一的 32 位高级微控制总线接口(AMBA);

(4) 内存管理单元(MMU)支持 Windows CE、Symbian OS、Linux 和 Palm OS 等操作系统;

(5) 一体的指令 Cache 和数据 Cache;

(6) 为 SoC 设计者提供包括 ETM 在内的优良的调试支持;

(7) 8 路写缓冲,可避免处理器写外存时导致的暂停;

(8) 提供 0.18 μm、0.15 μm 和 0.13 μm 的生产工艺。

2) 适用场合

ARM9 系列处理器适用于以下场合:

(1) 手持产品(视频电话、可携带发报机、PDA 等);

(2) 数字消费产品(机顶盒、家庭网关、游戏控制器、MP3 播放器、MPEG4 播放器等);

(3) 打印和成像设备(桌面打印机、数字照相机、数字摄像机等);

(4) 汽车(车载通信和信息系统)。

3. ARM9E 系列处理器

ARM9E 系列处理器使用单一的处理器内核,提供包括微控制器、DSP 和 Java 应用在内的解决方案,从而极大地减小了芯片的大小以及复杂程度,降低了功耗,缩短了产品面世的时间。ARM9E 系列处理器提供了增强的 DSP 处理能力,非常适合那些同时要使用微控制器和 DSP 的应用场合。该系列通过增加一个单周期的 32 × 16 位的乘加单元(MAC)来增强 16 位的定点性能,利用 Thumb 指令集在获得良好的代码密度的同时,最大限度地降低成本。其中,ARM926EJ-S 还包含了 Java 技术,可以通过硬件直接运行 Java 代码,提高了系统运行 Java 代码的能力。

　　ARM9E 系列处理器包括 ARM926EJ-S、ARM946E-S、ARM966E-S、ARM968E-S 和 ARM996HS，每一款产品都被设计用来支持不同的应用场合。

　　1) 主要特点

　　ARM9E 系列处理器的主要特点有：

　　(1) 能够支持 ARM、Thumb 和 DSP 指令集的 32 位 RISC 处理器；

　　(2) 拥有 5 级整数流水线，在 0.13 μm 工艺下最高获得 300 MIPS(Dhrystone 2.1)的性能；

　　(3) 具备集成的实时跟踪和调试功能；

　　(4) 优化的 VFP9 协处理器提升浮点性能；

　　(5) 在实时控制和 3D 图像处理时可获得 215 MFLOPS 的性能；

　　(6) 具有高性能的 AHB 系统；

　　(7) MMU 单元支持 Windows CE、Symbian OS、Linux 和 Palm OS 等操作系统；

　　(8) 支持一体化的指令 Cache 和数据 Cache；

　　(9) 为 SoC 设计者提供包括 ETM 接口在内的实时调试支持；

　　(10) 16 路写缓冲，可避免处理器写外存时导致的暂停；

　　(11) 提供 0.18 μm、0.15 μm 和 0.13 μm 的生产工艺。

　　2) 应用场合

　　ARM9E 系列处理器适用于以下场合：

　　(1) 手持产品(视频电话、可携带发报机、Internet 设备等)；

　　(2) 数字消费产品(机顶盒、家庭网关、游戏控制器等)；

　　(3) 打印和成像设备(桌面打印机、数字照相机、数字摄像机等)；

　　(4) 存储设备(HDD 和 DVD 驱动器等)；

　　(5) 汽车控制系统；

　　(6) 工业控制系统；

　　(7) 网络(VoIP、无线局域网、xDSL)。

4. ARM10E 系列处理器

　　ARM10E 系列处理器具有高性能、低功耗的特点。它支持数据 Cache 和指令 Cache，具有更高的指令和数据处理能力，主频最高可达 400 MIPS。它将 ARM9 的流水线扩展到 6 级，支持可选的向量浮点单元(VFP)以及可选配的指令与数据 Cache。VFP 明显增强了浮点运算性能，并与 IEEE754 标准兼容。ARM10E 系列处理器采用了新的节能模式，提供了 64 位的 Load/Store 体系结构。系统集成方面，ARM10E 系列拥有完整的硬件和软件可开发工具。

　　ARM10E 系列处理器包括 ARM1020E、ARM1022E 和 ARM1026EJ-S 3 种类型，分别适应不同的市场需求。

　　1) 主要特点

　　ARM10E 系列处理器具有以下特点：

　　(1) 支持 ARM、Thumb、DSP 指令集和 Java 加速技术的 32 位 RISC 处理器；

　　(2) 完全的 MMU 支持；

(3) 完全的存储器保护单元(MPU)支持；

(4) 分离的指令和数据 Cache(4 路组相联，4～128 KB 可选)；

(5) 分离的指令和数据 TCM(紧耦合存储器)(0～1 MB 可选)；

(6) 支持 SRAM 阵列的奇偶保护，最大限度地提高字段的可靠性；

(7) 两个 64 位或 32 位的 AMBA AHB 片上总线接口；

(8) 直连式向量中断控制器接口。

2) 应用场合

ARM10E 系列处理器适用于以下场合：

(1) 手持产品(Internet 设备、PDA)；

(2) 数字消费产品(机顶盒、家庭网关、激光打印机、游戏控制器、数字照相机等)；

(3) 汽车控制系统；

(4) 工业控制系统。

5. ARM11 系列处理器

ARM11 系列处理器包括 4 个主要的产品系列：ARM1136J(F)-S、ARM1156T2(F)-S、ARM1176JZ(F)-S™ 和 ARM11 MPCore™。每一种产品都针对具体的市场需求进行了最优化的设计。ARM1176JZ-S 和 ARM1176JZF-S 主要针对消费和无线领域，提供 Jazelle 技术以改善嵌入式 Java 的执行效果，提供 TrustZone 技术以在 CPU 内部建立可信计算环境，提供集成的浮点协处理器以支持嵌入式 3D 图形应用，提供 AXI 接口以适用最新的 AMBA3 AXI 标准。ARM1156T2-S 和 ARM1156T2F-S 主要针对汽车、数据存储、图像和嵌入式控制领域，支持 Thumb-2 技术，支持基于 Cache 和 TCM 的奇偶保护，提供不可屏蔽中断(NMI)和增强的内存保护单元(MPU)以满足高可靠的嵌入式控制应用。ARM1136J-S 和 ARM1136JF-S 主要针对网络基础设施、消费和汽车资讯系统领域，主要侧重于 ARMv6 的媒体扩展、Jazelle 技术和可选的浮点协处理器。ARM11 MPCore 是一个多处理器结构，基于 ARM11 微结构，可配置 1～4 个处理器，能提供高达 2600 MIPS(Dhrystone)的处理性能，可简化复杂的多处理器设计，缩短产品上市时间。

1) 主要特点

ARM11 系列处理器具有以下特点：

(1) 具备强大的 ARMv6 指令集结构，ARM Thumb 指令集能提高存储器带宽及空间 35%的性能，ARM Jazelle 技术能有效提高嵌入式 Java 代码的执行速度；

(2) ARM DSP 扩展；

(3) 提供片上安全基础的 ARM TrustZone 技术(ARM1176JZ-S 和 ARM1176JZF-S)或 Thumb-2 技术(ARM1156T2-S 和 ARM1156T2F-S)；

(4) 低功耗(含 Cache 控制器、0.13 μm 工艺下达到 0.6m W/MHz)；

(5) 高性能的整数处理器(8 级流水线，分离的 Load-Store 和算术流水线)；高性能的存储系统设计(4～64 KB Cache，可选双路 DMA，64 位数据访问)；

(6) ARMv6 存储器系统加速操作系统上下文切换，改善中断响应速度和实时性能的向量中断接口及低级中断潜伏模式，具有可选的 VFP 协处理器(ARM1136JF-S，ARM1176JZF-S 和 ARM1156T2F-S)。

2) 应用场合

ARM11 系列处理器适用于以下场合：

(1) 汽车(汽车资讯系统、DVD、导航器、Power train)；

(2) 计算机(PDA、打印机、数据存储)；

(3) 消费电子(数字电视、DVD、PVR、机顶盒、游戏、数字照相机、DTV、IPSTB、DSC)；

(4) 工业领域(嵌入式控制、EPOS 终端)；

(5) 网络(交换机、路由器、调制解调器、CPE 终端、NAS)；

(6) 无线(智能手机、基站、移动游戏、PDA、媒体播放器)。

6. Cortex 系列

Cortex 系列处理器基于 ARMv7 架构，分为 Cortex-A、Cortex-R 和 Cortex-M 3 个类型，A 类型包括 Cortex-A8 和 Cortex-A9 处理器，R 类型包括 Cortex-R4 和 Cortex-R4F 处理器，M 类型包括 Cortex-M3、Cortex-M1 和 Cortex-M0 处理器。Cortex 系列处理器采用全新的 Thumb-2 技术，比纯 32 位代码节省 31%内存空间的同时能获得 38%的性能提升。ARMv7 架构还采用了 NEON 技术，将 DSP 和媒体处理能力提高了近 4 倍，并支持增强的浮点运算，满足下一代 3D 图形、游戏物理应用以及传统嵌入式控制应用的需求。此外，ARMv7 还充分考虑了软件兼容性，Cortex-M 系列可以执行所有为早期处理器编写的代码，通过一个前向转换方式，Cortex-M 可以与 Cortex-R 系列微处理器完全兼容。Cortex-A 和 Cortex-R 系列处理器还支持 ARM 32 位指令集，完全兼容早期的 ARM 处理器，包括从 1995 年发布的 ARM7TDMI 处理器到 2002 年发布的 ARM11 系列处理器。

1) 主要特点

Cortex 系列处理器具有以下特点：

(1) 具有按序、双发射、超标量微处理器，13 级主流水线，10 级 NEON 媒体流水线(Cortex-A8)；

(2) 具有优化的 Load/Store 流水线(Cortex-A8)、优化的 L1 Cache、集成的 L2 Cache(Cortex-A8)；

(3) 具备动态分支预测(Cortex-A8)、合成可选 FPU(Cortex-R4)；

(4) 具有单个 64 位 AMBA 3 AXI 主端口(Cortex-R4)和单个合成可选 AMBA 3 AXI 从端口(Cortex-R4)；

(5) 具有哈佛总线结构——分离的指令和数据总线(Cortex-M3)，以及带分支预测的 3 级高效流水线(Cortex-M3)；

(6) 可配置的 1~240 个物理中断，具有高达 256 级的中断优先级管理(Cortex-M3)。

2) 应用场合

Cortex 系列处理器适用于以下场合：

(1) Cortex-A 类型处理器主要适用于复杂的操作系统和大型的应用场合，如高端手机、金融事务处理机等；

(2) Cortex-R 类型处理器主要适用于实时应用场合，如高档轿车组件、大型发电机控制器、机械手臂等；

(3) Cortex-M 类型处理器主要适用于传统的低成本、低功耗、极速中断反应以及高处理效率的自动控制场合，如医用器械、电子玩具、无线网络等。

7. SecurCore 系列

SecurCore 系列处理器专为安全需要而设计，提供了完善的 32 位 RISC 技术的安全解决方案。SecurCore 系列处理器除了具有 ARM 体系结构的低成本、低功耗、高性能的特点外，其在对安全解决方案的支持方面也有独特的优势。SecurCore 系列处理器主要包括 SC100、SC200 和 SC300 3 种类型。

1) 主要特点

SecurCore 系列处理器具有以下特点：

(1) 支持 ARM 和 Thumb 指令集，以提高代码密度和系统性能；

(2) 采用软内核设计，提供最大限度的灵活性，以防止外部对其进行扫描探测；

(3) 特殊的应对措施，以防止各种形式的攻击；

(4) 提供低成本的内存保护单元(MPU)；

(5) 可以集成用户自己的安全特性和其他的协处理器；

(6) 高级、安全的测试和调试方法。

2) 应用场合

SecurCore 系列处理器主要应用的场合有智能卡(Smart Card)、SIM(Subscriber Identification Module)卡、金融业、付费电视、轨道交通(Mass Transit)等。

4.2　ARM Cortex 处理器

Cortex-M 系列目前包括 Cortex-M0/M0+/M1/M3/M4 共 5 款处理器。它们保持向上兼容，具有高能效、易使用的特点，能以低成本提供丰富的功能，适用于对成本和功耗敏感的微控制器(MCU)和终端。

Cortex-M 处理器都是 32 位的 RISC 处理器，采用流水线技术，只支持 Thumb-2 指令的子集。不同处理器具有不同的性能和价格，其中，Cortex-M0 和 Cortex-M0+成本低、简单易用，适合成本控制要求高的中低端应用；Cortex-M3 性能高，通用性好，适合工业控制及中高端应用；Cortex-M4 具有高效的数字信号控制功能，适合对数字信号处理要求高的应用。以下介绍一些应用广泛的处理器。

4.2.1　Cortex-M3

1. Cortex-M3 简介

Cortex-M3(CM3)是一款低功耗处理器内核，具有门数目少、中断延迟短、调试成本低、易于使用的特点，是为要求有快速中断响应能力的深度嵌入式应用而设计的。

CM3 可以提供专门面向电动机控制、汽车、电源管理、嵌入式音频和工业自动化市场的灵活解决方案。CM3 采用了哈佛结构，拥有独立的指令总线和数据总线，可以让取址与数据访问并行不悖。这样一来数据访问不再占用指令总线，从而提升了性能。

为实现这个特性，CM3 内部含有多条总线接口，每条总线都为相应的应用场合优化过，并且它们可以并行工作。但是另一方面，指令总线和数据总线共享同一个存储器空间(一个统一的存储器系统)，换句话说，不是因为有两条总线，寻址空间就变成 8 GB 了。比较复杂的应用可能需要更多的存储系统功能，为此 CM3 提供一个可选的 MPU，而且在需要的情况下也可以使用外部的 Cache。另外，CM3 支持小端模式和大端模式。CM3 内部还附赠了若干调试组件，用于在硬件上支持调试操作，如指令断点、数据观察点等。另外，为支持更高级的调试，CM3 内部还有其他可选组件，包括指令跟踪和多种类型的调试接口。

在 ARMv7 体系结构版本中的 CM3 内核已经有了硬件除法器，此外 CM3 内核还支持"非 4 字节对齐的数据访问"，这是以往 ARMv4、ARMv5 和 ARMv6 版本所没有的。表 4-3 给出了 ARM7TDMI 内核和 Cortex-M3 内核特征的比较。

表 4-3　ARM7TDMI 和 Cortex-M3 内核比较

特　征	ARM7TDMI	Cortex-M3
体系结构版本	ARMv4T(冯·诺伊曼结构)	ARMv7-M(哈佛结构)
指令集架构(ISA)支持	Thumb/ARM	Thumb/Thumb-2
流水线	3 级	3 级+分支预测
中断	FIQ/IRQ	NMI+1～240 物理中断
中断延时	24～42 个时钟周期	12 个时钟周期
睡眠模式	无	已经整合在内
内存保护	无	8 个域的内存保护单元
整数测试基准	0.95DMIPS/MHz(ARM 状态)	1.25DMIPS/MHz
功耗	0.28 mW/MHz	0.19 mW/MHz
芯片面积	0.62 mm^2(仅内核)	0.86 mm^2(内核+外设控制器)

2. Cortex-M3 的优点

1) 在指令集架构支持方面的优势

(1) 免去 Thumb 和 ARM 代码的互相转换。对于早期处理器来说，这种转换会降低性能。

(2) Thumb-2 指令集的设计是专门面向 C 语言的，且包括 If/Then 结构(预测接下来的四条语句的执行条件)、硬件除法以及本地位域操作。

(3) Thumb-2 指令集允许用户在 C 代码层面维护和修改应用程序，C 代码部分非常易于重用。

(4) Thumb-2 指令集也包含了调用汇编代码的功能。

(5) 产品的开发将更易于实现。

2) 中断方面与 ARM7TDMI 的差别

(1) 针对业界对 ARM 处理器中断响应提出的问题，Cortex-M3 首次在内核上集成了嵌套向量中断控制器(NVIC)。Cortex-M3 的中断延迟只有 12 个时钟周期(ARM7 需要 24～42 个周期)。

(2) Cortex-M3 使用尾链技术，使得背靠背(Back-to-Back)中断的响应只需要 6 个时钟周期(ARM7 需要大于 30 个周期)。

(3) Cortex-M3 采用了基于栈的异常模式，使得芯片初始化的封装更为简单。

(4) ARM7TDMI 内核不带中断控制器，具体 MCU 的中断控制器是由各芯片厂商自己加入的，这使得各厂商的 ARM7 MCU 中断控制部分都不一样，给用户使用及程序移植带来了很多麻烦。Cortex-M3 内核集成 NVIC，各厂商生产的基于 Cortex-M3 内核的 MCU 都具有统一的中断控制器，给用户使用各种 Cortex-M3 MCU 特别是中断编程带来了很大的便利。

3. 选择 Cortex-M3 的必要性

Cortex-M3 的电源管理方案通过 NVIC 支持 Sleep Now、Sleep on Exit (退出最低优先级的 ISR)、Sleepdeep 这 3 种睡眠模式。为了产生定期的中断时间间隔，NVIC 还集成了系统节拍计时器，这个计时器也可以作为 RTOS 和调度任务的"心跳"。这种做法与先前的 ARM 架构的不同之处就在于不需要外部时钟。

如果要在低成本的情况下寻求更好的性能和改进功耗，最好考虑选用 Cortex-M3。由于 Cortex-M3 内核中具备多种集成元素以及 Thumb-2 指令集，其开发和调试比 ARM7TDMI 要简单快捷。

4.2.2　ARM Cortex-A8

Cortex-A8 是第一款基于 ARMv7 构架的应用处理器。Cortex-A8 是 ARM 公司有史以来性能最强劲的一款处理器，主频为 600 MHz～1 GHz，可以满足各种移动设备的需求，功耗低于 300 mW，而性能却高达 2000 MIPS。图 4-3 为 ARM Cortex-A8 的结构图。

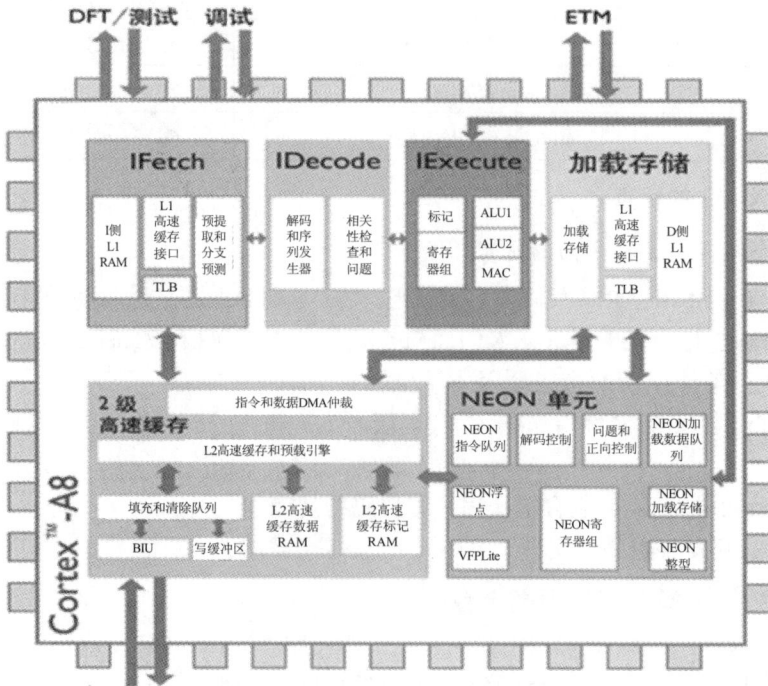

图 4-3　ARM Cortex-A8 的结构图

　　Cortex-A8 也是 ARM 公司第一款超级标量处理器。在该处理器的设计中，采用了新的技术以提高代码效率和性能，如采用了专门针对多媒体和信号处理的 NEON 技术和 Jazelle RCT 技术，可以支持 JAVA 程序的预编译与实时编译。

　　针对 Cortex-A8，ARM 公司专门提供了新的函数库(Artisan Advantage-CE)。新的库函数可以有效地提高异常处理的速度并降低功耗。同时，新的库函数还提供了高级内存泄漏控制机制。

　　Cortex-A8 处理器使用了先进的分支预测技术，并且具有专用的 NEON 整型和浮点型流水线用于媒体和信号处理。在使用小于 4 mm^2 的硅片及低功耗的 65 nm 工艺的情况下，Cortex-A8 处理器的运行频率将高于 600 MHz(不包括 NEON 追踪技术和二级高速缓冲存储器)。在高性能的 90 nm 和 65 nm 工艺下，Cortex-A8 处理器的运行频率可高达 1 GHz，能够满足高性能消费类产品设计的需要。

　　Cortex-A8 第一次为低费用、高容量的产品带来了台式机级别的性能。当前新的 iPhone 手机和 Android 手机里的处理器就是基于 Cortex-A8 内核的芯片。

4.2.3　ARM Cortex-A9

　　ARM Cortex-A9 处理器是高能效、高性能、低功耗、成本敏感型设备的首选。Cortex-A9 可用作单处理器解决方案，与 ARM Cortex-A8 解决方案相比，它能使整体性能提升 50% 以上。Cortex-A9 MPCore(多处理器内核)可提供 1～4 个内核。每个内核的性能可达 2.50 DMIPS/MHz。图 4-4 为 ARM Cortex-A9 处理器结构图。

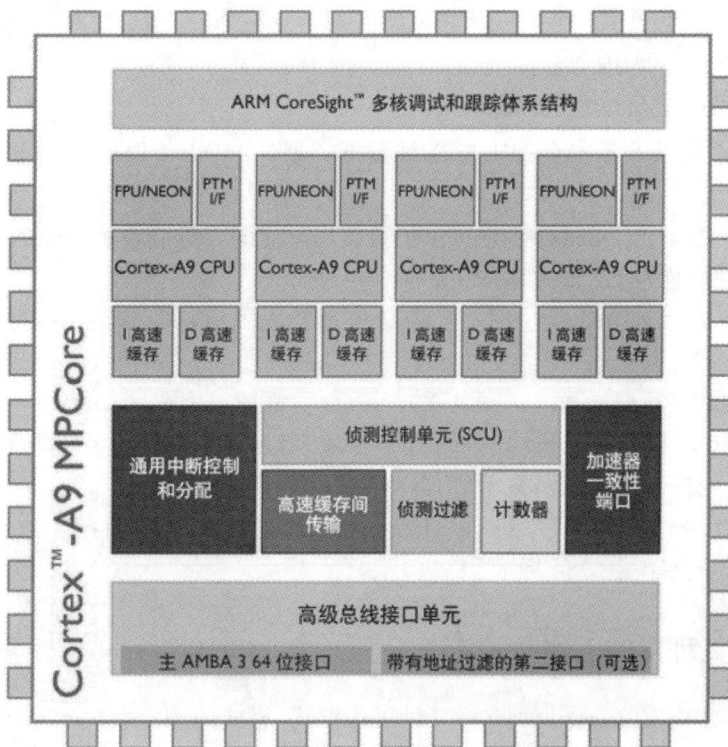

图 4-4　ARM Cortex-A9 处理器结构图

Cortex-A9 微型架构支持 16 KB、32 KB 或 64 KB 的 4 路联合 L1 Cache 的配置，通过可选的 L2 Cache 控制器可获得高达 8 MB 的 L2 Cache 配置。其可扩展的多核和单处理器解决方案提供了高灵活性，适用于各种不同的应用和市场。

4.3　ARM 处理器编程模型

程序员编写程序的最终目的是要让程序在计算机上执行，因此程序员在编写程序前必须了解有关计算机的基本情况，才能使编写的程序在计算机上正常运行，这些程序员必须要了解的情况称为编程模型。高级语言程序员所面对的基本编程模型是：计算机由 CPU 和内存组成，内存存放程序，CPU 执行程序。汇编语言程序员面对的编程模型则要更为详细、复杂一些，除上述基本模型之外，编程模型还包括数据类型、处理器工作模式、寄存器组织、异常处理机制和内存组织结构等。本节简要介绍 ARM 处理器编程模型。

4.3.1　数据类型

1. ARM 处理器支持的数据类型

(1) 字节：8 位(在 ARM 体系结构和 8 位/16 位处理器体系结构中，字节的长度均为 8 位)；

(2) 半字：16 位(在 ARM 体系结构中，半字的长度为 16 位，与 8 位/16 位处理器体系结构中字的长度一致)；

(3) 字：32 位(在 ARM 体系结构中，字的长度为 32 位，而在 8 位/16 位处理器体系结构中，字的长度一般为 16 位)。

2. 使用过程中需要注意的问题

(1) ARMv4 及以上版本全部支持 3 种数据类型，ARMv4 以前版本不支持半字数据类型；

(2) 数据定义为 unsigned 类型时，N 位数值用普通的二进制表示，范围为 $0 \sim +2^N-1$，为非负整数，使用通常的二进制格式；

(3) 数据定义为 signed 类型时，N 位数值用补码表示，范围为 $-2^{N-1} \sim +2^{N-1}-1$，为整数；

(4) 所有的数据运算操作，例如 ADD、AND 等都按照字宽度执行；

(5) Load/Store 操作可以传送字节、半字和字，Load 字节和半字数据可以通过 0 扩展(unsigned 类型)或符号扩展(signed 类型)自动扩展为字；

(6) ARM 指令长度固定为 32 位，Thumb 指令长度固定为 16 位；

(7) 浮点数支持 IEEE 754 标准。

4.3.2　ARM 处理器的工作模式

ARM 体系结构(除 Cortex 外)支持 7 种工作模式，模式的确定取决于当前程序状态寄存器 CPSR 的低 5 位的值。这 7 种工作模式如表 4-4 所示。

表 4-4　ARMv4 处理器的工作模式

处理器工作模式	当前程序状态寄存器 M[4:0]字段值	描　　述
用户模式 usr	10000	正常用户程序执行的模式
快速中断模式 fiq	10001	支持高速数据传输和通道处理
外部中断模式 irq	10010	通常的中断处理
管理模式 svc	10011	操作系统使用的一种保护模式
中止模式 abt	10111	实现虚拟存储器或存储器保护
未定义模式 und	11011	用于支持通过软件仿真的硬件协处理器
系统模式 sys	11111	用于运行特权级的操作系统任务(ARMv4 及以上版本)

　　各模式之间的切换既可以通过软件控制来实现，也可以由外部中断或异常引起。处理器复位之后，首先进入管理模式，操作系统内核通常处于这种模式。当运行用户程序时，进入用户模式。在用户模式下，应用程序不能访问一些受操作系统保护的系统资源，也不能直接进行处理器模式的切换，只允许对当前程序状态寄存器(CPSR)的控制域进行读操作，但允许对 CPSR 条件标志的读/写访问。用户模式下执行软中断指令(SWI)时可进入管理模式。系统模式是一种特殊的用户模式，它使用的是和用户模式完全相同的寄存器，但允许对 CPSR 的完全访问，当操作系统任务需要访问系统资源但又想避免访问与异常模式相关的寄存器时即进入系统模式。当处理器访问存储器失败时，进入中止模式。当处理器遇到没有定义的指令或处理器不支持该指令时，进入未定义模式。快速中断模式和外部中断模式分别用于对 ARM 处理器两种不同级别的中断做出响应。

　　除用户模式之外的其他 6 种模式统称为特权模式。特权模式下，程序可以访问所有系统资源，也可以随意进行处理器模式切换。特权模式中除系统模式外的其他 5 种模式又称为异常模式。在每一种异常模式中都有一组寄存器，供相应的异常处理程序使用，这样既保证了在进入异常模式时用户模式下的寄存器内容不被破坏，又加快了各模式之间切换的速度。

4.3.3　寄存器组织

1. 寄存器功能介绍

　　ARM 处理器共有 37 个寄存器，包括 31 个通用寄存器和 6 个状态寄存器，每个寄存器都是 32 bit，但状态寄存器只用了其中的部分位。

　　寄存器 R0～R7 在所有处理器模式下都只对应 1 个物理寄存器，称为未备份寄存器。未备份寄存器没有被系统用于任何特殊的目的。

　　寄存器 R8～R12 称为备份寄存器。每个寄存器对应 2 个物理寄存器，分别用 R8～R12 和 R8_fiq～R12_fiq 表示。在快速中断模式中使用 R8_fiq～R12_fiq，在其他处理器模式中使用 R8～R12。也就是说，在快速中断模式下指令中的 R8 寄存器实际上是 R8_fiq 物理寄存器。这些寄存器也没被系统用于特殊的目的，只是当中断处理比较简单、仅仅使用 R8_fiq～R14_fiq(R13 和 R14 也要备份)时，快速中断处理程序可以不必执行保存和恢复现场的指令，从而使中断处理过程非常迅速。

寄存器 R13～R14 也称为备份寄存器，但每个寄存器对应 6 个物理寄存器，在用户模式和系统模式下共用同 1 个物理寄存器，而在其他 5 种异常模式下，则分别使用另外 5 个物理寄存器。具体命名方法参见表 4-5。

表 4-5　各种处理器模式下的寄存器

用户模式	系统模式	特权模式	中止模式	未定义模式	外部中断模式	快速中断模式	ATPCS 名称
R0	R0	R0	R0	R0	R0	R0	a1
R1	R1	R1	R1	R1	R1	R1	a2
R2	R2	R2	R2	R2	R2	R2	a3
R3	R3	R3	R3	R3	R3	R3	a4
R4	R4	R4	R4	R4	R4	R4	v1
R5	R5	R5	R5	R5	R5	R5	v2
R6	R6	R6	R6	R6	R6	R6	v3
R7	R7	R7	R7	R7	R7	R7	v4
R8	R8	R8	R8	R8	R8	R8_fiq	v5
R9	R9	R9	R9	R9	R9	R9_fiq	v6
R10	R10	R10	R10	R10	R10	R10_fiq	v7
R11	R11	R11	R11	R11	R11	R11_fiq	v8
R12	R12	R12	R12	R12	R12	R12_fiq	ip
R13	R13	R13_svc	R13_abt	R13_und	R13_irq	R13_fiq	sp
R14	R14	R14_svc	R14_abt	R14_und	R14_irq	R14_fiq	lr
R15	R15	R15	R15	R15	R15	R15	pc
CPSR	CPSR	CPSR	CPSR	CPSR	CPSR	CPSR	
		SPSR_svc	SPSR_abt	SPSR_und	SPSR_irq	SPSR_fiq	

寄存器 R13 在 ARM 中常用作堆栈指针，指令中常用 SP 表示。每一种异常模式都拥有自己的物理 R13，应用程序在开始阶段初始化 R13，使其指向异常模式专用的堆栈地址。当进入各异常模式时，可以将需要使用的寄存器的值保存在 R13 所指的堆栈中。当退出异常处理程序时，将保存在 R13 所指堆栈中的寄存器值弹出，这样就使异常处理程序不会破坏被其中断的应用程序的现场。下面的代码演示了系统初始化 R13 的基本方法。

```
    MSR    CPSR_c,  #0xd3
    LDR    SP, StackSvc        ;设置管理模式堆栈
    MSR    CPSR_c,  #0xd2
    LDR    SP,  StackIrq       ;设置中断模式堆栈
    MSR    CPSR_c,  #0xd1
    LDR    SP,  StackFiq       ;设置快速中断模式堆栈
    MSR    CPSR_c, #0xd7
    LDR    SP,  StackAbt       ;设置中止模式堆栈
```

```
MSR    CPSR_c, #0xdb
LDR    SP,    StackUnd
MSR    CPSR_c, #0xdf
LDR    SP,    StackUsr    ; 设置用户模式堆栈
```

寄存器 R14 在 ARM 中被称为连接寄存器(LR)，主要作用是在每一种处理器模式中，当通过 BL 或 BLX 指令调用子程序时，各模式对应的物理 R14 被设置成该子程序的返回地址。因此可以通过指令"MOV PC，LR"，或者使用下面的方法来实现子程序的返回操作。

在子程序入口处将需用的寄存器和 LR 保存在相应堆栈中

```
STMFD SP!, {<registers>, LR}
```

在子程序结尾处通过恢复寄存器值来实现子程序返回

```
LDMFD SP!, {<registers>, PC}
```

当异常发生时，异常模式对应的物理 R14 被设置成该异常模式将要返回的地址。对于有些异常模式，R14 的值可能与将要返回的地址有一个常数的偏移量。具体的返回方式与上面的子程序返回方式相同。

寄存器 R15 不是备份寄存器，在所有处理器模式下都只对应 1 个物理寄存器。R15 寄存器在 ARM 中被称为程序计数器(PC)，用来指出当前 CPU 执行的指令的地址。由于 ARM 采用流水线机制，一般 PC 指向当前指令的下两条指令的地址，即 PC 值为当前指令地址加 8 个字节。向 R15 寄存器中写入一个地址值，就可以实现程序的跳转。

由于 ARM 是 32 bit 定长指令，且内存是字对齐的，因此地址值的最低两位应该为 00。ARMv3 及更低版本中，最低两位直接被忽略，ARMv4 及以上版本则必须保证最低两位为 00，否则结果不可预知。当执行 Thumb 指令时，最低一位被忽略。

上述 R0～R15 及部分备份寄存器共 31 个，称为通用寄存器，即在程序中可以任意使用，但不建议把 R13～R15 当作通用寄存器来用。

2. CPSR 简介

1) CPSR 格式

CPSR 称为当前程序状态寄存器，在所有处理器模式下都只对应 1 个物理寄存器。除用户模式只能对它进行读操作外，其他处理器模式都可以对它进行完全的读写操作。它包含了条件标志位、中断禁止位、当前处理器模式标志以及其他的一些控制和状态位。CPSR 的格式如图 4-5 所示。

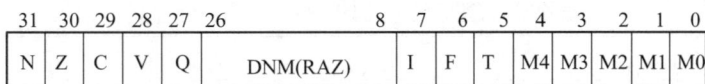

31	30	29	28	27	26	8	7	6	5	4	3	2	1	0
N	Z	C	V	Q	DNM(RAZ)		I	F	T	M4	M3	M2	M1	M0

图 4-5　CPSR 格式

图 4-5 中，N(Negative)、Z(Zero)、C(Carry)、V(Overflow)及 Q(Sticky Overflow)统称为条件标志位。

2) 各标志位的具体含义

(1) N：当两个补码表示的带符号数进行运算时，N = 1 表示运算结果为负数，N = 0 表示运算结果为正数或 0。

(2) Z：Z＝1 表示运算结果为零，Z＝0 表示运算结果不为零，对于 CMP 指令来说，Z＝1 表示相互比较的两个数大小相等。

(3) C：在加法指令中(包括比较指令 CMN)，当结果产生了进位，则 C＝1，表示无符号数运算发生了上溢，其他情况下 C＝0；在减法指令中(包括比较指令 CMP)，当运算中发生借位，则 C＝0，表示无符号数运算发生了下溢，其他情况下 C＝1；对于包含移位操作的非加/减法指令，C 中包含最后一次被移出的二进制位；对于其他非加/减法指令，C 位的值通常不受影响。

(4) V：对于加/减法运算指令，当操作数和运算结果为二进制补码表示的带符号数时，V＝1 表示符号位溢出，通常其他的指令不影响 V 位。

(5) Q：在有 DSP 扩展的处理器中，Q 位表示增强的 DSP 指令是否发生了溢出或饱和。该位由硬件自动设置，若 Q＝1 表示产生了一个溢出或饱和。该位不能由硬件自动清除，只能通过软件写 CPSR 来复位。

3) 影响 CPSR 标志位的指令

(1) 比较指令，如 CMP、CMN、TEQ 及 TST 等；

(2) 目标寄存器不是 R15 的算术运算指令和逻辑运算指令；

(3) 传送指令 MSR，是将数据传送到特殊功能寄存器中；

(4) ARM 架构中的协处理器指令 MRC，它主要用于从协处理器中将数据传送到 ARM 处理器的寄存器中；

(5) 一些 LDM 指令的变体指令可以将程序状态保存寄存器 SPSR 的值复制到 CPSR 中，这种操作主要用于从异常中断程序中返回；

(6) 一些带"位设置"的算术和逻辑指令的变体指令，也可以将 SPSR 的值复制到 CPSR 中，这种操作也主要用于从异常中断程序中返回。

4) CPSR 的控制位

CPSR 的低 8 bit(I、F、T 及 M4～M0)统称为控制位。当异常发生时这些位发生变化。在特权处理器模式下，程序可以修改这些位。

(1) 中断禁止位 I、F：当 I＝1 时禁止 IRQ 中断，当 F＝1 时禁止 FIQ 中断。

(2) T 控制位：用于控制指令执行的状态，T＝0 表示执行 ARM 指令，T＝1 表示执行 Thumb 指令。

(3) M 控制位：控制处理器模式，具体含义如表 4-6 所示。

表 4-6　CPSR 控制位 M4～M0 的含义

M4～M0	处理器模式	可访问的寄存器
10000	用户模式	PC，R14～R0，CPSR(只读)
10001	快速中断	PC，R14_fiq～R8_fiq，R7～R0，CPSR，SPSR_fiq
10010	外部中断	PC，R14_irq～R13_irq，R12～R0，CPSR，SPSR_irq
10011	特权模式	PC，R14_svc～R13_svc，R12～R0，CPSR，SPSR_svc
10111	中止模式	PC，R14_abt～R13_abt，R12～R0，CPSR，SPSR_abt
11011	未定义模式	PC，R14_und～R13_und，R12～R0，CPSR，SPSR_und
11111	系统模式	PC，R14～R0，CPSR(读写)

寄存器 SPSR 称为备份程序状态寄存器，共有 5 个，每个异常模式下都有 1 个，标记为 SPSR_fiq、SPSR_irq、SPSR_svc、SPSR_abt 和 SPSR_und，用于在特定的异常中断发生时保存 CPSR 的内容。用户模式和系统模式没有 SPSR，在这两种模式下访问 SPSR，会产生不可预知的结果。

4.3.4 存储器组织结构

ARM 处理器系列使用单一的线性地址空间，该地址空间的大小为 2^{32} 个 8 位字节，这些字节的地址是一个无符号的 32 位数值，其取值范围为 $0 \sim 2^{32}-1$。ARM 的地址空间也可以看作 2^{30} 个 32 位字单元，这些字单元的地址可以被 4 整除，也就是说该地址的低两位为 0b00，比如地址为 A 的字数据包括地址为 A、A+1、A+2 和 A+3 共 4 个字节的内容。在 ARMv4 及以上版本中，ARM 的地址空间也可以看作 2^{31} 个 16 位半字单元，这些半字单元的地址可以被 2 整除，也就是说该地址的最低一位为 0b0，比如地址为 A 的字数据包括地址为 A 和 A+1 共 2 个字节的内容。各存储单元的地址作为 32 位的无符号数，可以进行常规的整数运算，其运算结果进行 2^{32} 取模，当发生溢出时，地址将会发生卷绕。

当把一个多字节的数据存入以字节为单位编址的内存空间时，存在哪个字节定位在哪个地址单元的问题，在存储系统中称为字节序。一般有大端模式(Big-Endian)和小端模式(Little-Endian)两种方案。在 Big-Endian 方案中，低字节在高地址单元中；在 Little-Endian 方案中，低字节在低地址单元中，如表 4-7 所示。

表 4-7　存储系统的字节序

Big-Endian		Little-Endian	
内存地址	4 字节数(B)	内存地址	4 字节数(B)
地址 A	第 31～25 位	地址 A	第 7～0 位
地址 A+1	第 24～16 位	地址 A+1	第 15～8 位
地址 A+2	第 15～8 位	地址 A+2	第 23～16 位
地址 A+3	第 7～0 位	地址 A+3	第 31～24 位

ARM 处理器支持两种方案的字节序，一般缺省为 Little-Endian，而且对于指令访问来说，总是 Little-Endian。

ARM 处理器支持字节(8 bit)、半字(16 bit)和字(32 bit)单元的存储器访问，因此，还存在准确访问不同单元数据的问题。对于以字节为编址单位的存储器来说，字单元地址的最低两位必须为 0b00，半字单元地址的最低一位必须为 0b0，而字节单元的地址则可以任意设置。在存储器访问中，无论指令还是数据，只要对应数据单元的地址满足上述要求，则称为对齐(Aligned)访问，否则称为非对齐(Unaligned)访问。

当预取指令时，ARMv3 及以下版本直接忽略 R15 最低两位，因此肯定是对齐访问；在 ARMv4 及以上版本执行 Thumb 指令时，R15 最低一位被忽略，因此也不存在非对齐访问；但在 ARMv4 及以上版本执行 ARM 指令时，则要求 R15 最低两位必须为 0b00，否则结果不可预知。之所以不直接忽略最低两位是因为有些指令还要利用这两位，如 BX 指令。

当通过 Load/Store 指令访问内存数据时，ARM 定义了下面 3 种可能的结果：

(1) 结果不可预知。

(2) 忽略字单元地址的最低两位，即访问地址为 "address AND 0xFFFFFFFC" 的字单元；或者忽略半字单元地址的最低一位，即访问地址为 "address AND 0xFFFFFFFE" 的半字单元。

(3) 忽略字单元地址的最低两位，或者忽略半字单元地址的最低一位。

由存储系统实现这种"忽略"，也就是说，这时该地址被原封不动地送到存储系统；当发生非对齐的数据访问时，到底采用上述 3 种处理方式中的哪一种，具体由各指令自己确定。

4.3.5　ARM 的异常处理机制

1. ARM 异常处理模式

ARM 支持 7 种类型的异常,表 4-8 列出了异常的种类及处理这些异常时的处理器模式。

表 4-8　ARM 异常处理模式

异常类型	优先级	处理器模式	异常向量		说　明
			正常地址	高位地址	
复位 RESET	1	管理	0x00000000	0xFFFF0000	当复位(RESET)引脚有效时进入该异常
未定义指令 UND	6	未定义	0x00000004	0xFFFF0004	协处理器认为当前指令未定义时产生指令异常，可利用它模拟协处理器操作
软件中断 SWI	6	管理	0x00000008	0xFFFF0008	用户定义的中断指令，可用于用户模式下的程序调用特权操作
指令预取中止 PABT	5	中止	0x0000000C	0xFFFF000C	当预取指令地址不存在或该地址不允许当前指令访问时，执行指令产生的异常
数据访问中止 DABT	2	中止	0x00000010	0xFFFF0010	当数据访问指令的目标地址不存在或该地址不允许当前指令访问时，执行指令产生的异常
IRQ 中断	4	外部中断	0x00000018	0xFFFF0018	有外部中断时发生的异常
FIQ 中断	3	快速中断	0x0000001C	0xFFFF001C	有快速中断请求时发生的异常

当一个异常发生时，处理器会把 PC 设置为一个特定的存储器地址，作为异常处理程序的入口地址，称为异常向量。异常向量指向一条跳转指令，从而转向具体的异常处理程序。在有些处理器中，异常向量可以选择定位在内存储器的低位地址空间或高位地址空间，以适应不同嵌入式操作系统的需求。值得注意的是，地址 0x00000014 及其高位地址原来是作为早期 26 位地址空间的地址异常向量来用的，现在保留不用，作为将来系统的扩展。

未定义指令异常是指当 ARM 处理器或系统中的协处理器认为当前指令未定义时，产生异常中断，可以通过该异常中断机制仿真浮点向量运算。指令预取中止则是指处理器预取的指令的地址不存在或者该地址不允许当前模式访问时产生的异常。如果指令中指出的目标数据地址不存在，或者该地址不允许当前模式访问，则产生数据访问中止异常。IRQ

和 FIQ 两种中断异常除处理器相应引脚有中断请求信号之外，还必须满足 CPSR 中的 I 位和 F 位被清除的条件，才能产生相应异常。

当异常发生时，ARM 处理器按以下步骤自动响应：

(1) 把将来的返回地址保存到对应模式下的 R14 寄存器中。

(2) 把 CPSR 的值保存到对应模式下的 SPSR 寄存器中。

(3) 设置 CPSR 中相应的位，第 0～4 位为对应的处理器模式；第 5 位设置为 0，表示执行在 ARM 指令集状态；如果异常模式是复位或快速中断，则设置第 6 位为 1，表示禁止快速中断，否则不设置第 6 位；第 7 位设置为 1，表示禁止外部中断。

(4) 设置 PC 为对应的异常向量。

2. 处理器对异常中断的响应

(1) 当处理器的复位引脚有效时，处理器中止当前指令。当处理器的复位引脚变成无效时，处理器开始执行下面的操作：

```
R14_svc = UNPREDICTABLE value
SPSR_svc = UNPREDICTABLE value
CPSR[4:0] = 0b10011    //进入特权模式
CPSR[5] = 0            //切换到 ARM 状态
CPSR[6] = 1            //禁止 FIQ 异常中断
CPSR[7] = 1            //禁止 IRQ 中断
If high vectors configured then
PC = 0xffff0000
Else
PC = 0x00000000
```

(2) 处理器响应未定义指令异常中断时的处理过程的伪代码如下：

```
R14_und = address of next instruction after the undefined instruction
SPSR_und = CPSR
CPSR[4:0] = 0b11011    //进入未定义指令异常中断模式
CPSR[5] = 0            //切换到 ARM 状态
CPSR[6] = 1            //禁止 FIQ 异常中断
CPSR[7] = 1            //禁止 IRQ 中断
If high vectors configured then
PC = 0xffff0004
Else
PC = 0x00000004
```

(3) 处理器响应 SWI 异常中断时的处理过程的伪代码如下：

```
R14_svc = address of next instruction after the SWI instruction
SPSR_svc = CPSR
CPSR[4:0] = 0b10011    //进入特权模式
CPSR[5] = 0            //切换到 ARM 状态
```

```
CPSR[6] = 1          //禁止 FIQ 异常中断
CPSR[7] = 1          //禁止 IRQ 中断
If high vectors configured then
PC = 0xffff0008
Else
PC = 0x00000008
```

(4) 处理器响应 IRQ 异常中断时的处理过程的伪代码如下：

```
R14_irq = address of next instruction to be executed + 4
SPSR_irq = CPSR
CPSR[4:0] = 0b10010    //进入 IRQ 异常中断模式
CPSR[5] = 0            //切换到 ARM 状态
CPSR[6] = 0            //打开 FIQ 异常中断
CPSR[7] = 1            //禁止 IRQ 中断
If high vectors configured then
PC = 0xffff0018
Else
PC = 0x00000018
```

3. 异常的返回

复位异常发生后，由于系统自动从 0x00000000 开始重新执行程序，因此复位异常处理程序执行完无需返回。其他所有异常处理完毕后必须返回到原来程序处继续向下执行。为达到这一目的，需要执行以下操作：

(1) 恢复原来被保护的用户寄存器。

(2) 将相应 SPSR 中的值复制到 CPSR 中。

(3) 根据异常类型将 PC 值恢复成断点地址，以继续执行用户原来运行的程序。

(4) 清除 CPSR 中的中断禁止标志 I 和 F，开放外部中断 IRQ 和快中断 FIQ。

习　　题

1. 简述嵌入式处理器的分类。

2. 简述 ARM 处理器系列及特点。

3. ARM 处理器有哪些处理器模式？各自如何切换？

4. 描述异常类型及优先级。

第 5 章

ARM 指令集

本章主要介绍 ARM 架构的编程模型及指令集，然后详细讲述常用指令的具体用法。通过本章的学习，不仅要掌握指令集的具体内容，还要牢记"高等教育是一个国家发展水平和发展潜力的重要标志"，树立"精益求精"的学习态度，强化自身的逻辑思维，培养自身解决问题的能力，同时思考如何通过技术创新，提高系统效率，降低能耗，为建设资源节约型、环境友好型社会作出贡献。

指令集架构(Instruction Set Architecture, ISA)是计算机体系结构中与程序设计最为相关的部分，包含了基本数据类型、指令集、寄存器、寻址模式、存储体系、中断、异常处理以及外部 I/O。其中指令集包含一系列的 OPCode，即操作码(机器语言)，以及由特定处理器能识别并执行的基本命令。ARM 指令集架构允许开发人员编写符合 ARM 规范的软件，并确保任何基于 ARM 的处理器都能以相同的方式执行它。这是 ARM 可移植性和兼容性的基础。

最常见的计算机微处理器的指令集架构有以下两种。

1. 复杂指令集运算(Complex Instruction Set Computing，CISC)

长期以来，计算机往往通过增加硬件的复杂度来提高性能。随着集成电路技术，特别是 VLSI(超大规模集成电路)技术的迅速发展，为了软件编程方便和提高程序的运行速度，硬件工程师采用的方法是不断增加可实现复杂功能的指令和多种灵活的编址方式，这导致硬件越来越复杂，造价也相应提高。一般 CISC 计算机所含的指令数目在 300 条以上，有的甚至超过 500 条。

2. 精简指令集运算(Reduced Instruction Set Computing，RISC)

RISC 是一种执行计算机指令类型较少的指令系统，它起源于 20 世纪 80 年代的 MIPS 主机(即 RISC 机)。RISC 中采用的微处理器统称为 RISC 处理器，它能够以更快的速度执行操作(每秒执行百万级机器指令，即 MIPS)。

ARM 指令集使用大量的寄存器，所有数据处理都在寄存器中完成；只用 Load/Store 指令访问内存单元；每条 ARM 指令都是 32 位固定长度(ARMv7 版本、ARMv8 略有不同)。这些都是典型的 RISC 结构的特点，但 ARM 指令集又不是纯粹的 RISC 结构，这主要体现在指令格式的灵活性和寻址方式的多样性上。首先，ARM 指令集对不同类型的指令设计了不同的寻址方式，包括立即数寻址、寄存器寻址、寄存器间接寻址、寄存器变址寻址、多寄存器寻址、块寻址、堆栈寻址和相对寻址等 8 种寻址方式，寻址方式编码在操作码中。其次，ARM 指令对指令中的一个源操作数采取了以移位操作为基础的预处理操作，不但丰富了指令的功能，而且解决了较大 32 位立即数的实现问题。另外，ARM 指令格式中还增加了条件码,使指令能够有条件地执行。所有这些设计,都使得 ARM 指令集更加高效、简洁、实用。

　　ARM 公司设计了大量廉价、高性能、低功耗的 RISC 处理器,适用于多个领域,比如嵌入控制、消费/教育类多媒体、DSP 和移动式应用等。ARM 公司将其设计授权给世界上许多著名的半导体、软件和 OEM 厂商,每个厂商得到的都是独一无二的 ARM 相关技术及服务。利用这种合作关系,ARM 成为许多全球性 RISC 标准的缔造者。

　　一个公司若想使用 ARM 的内核来做自己的处理器,比如 Apple、SAMSUNG、TI 等公司,必须根据使用需求向 ARM 公司购买其架构下的不同层级授权。ARM 架构的授权方式有 3 种:使用层级授权、架构层级授权和内核层级授权。要想使用一款处理器,得到使用层级的授权是最基本的,这就意味着你只能拿别人提供的定义好的 IP 核来嵌入你的设计中,不能更改人家的 IP 核,也不能借助人家的 IP 核创造自己的基于该 IP 的封装产品。架构层级授权是指可以对 ARM 架构进行大幅度改造,甚至可以对 ARM 指令集进行扩展或缩减。Apple 公司就是一个很好的例子,在使用 ARMv7-A 架构基础上,扩展出了自己的 swift 架构。内核层级授权是指可以以一个内核为基础,然后加上自己的外设,比如 USART、GPIO、SPI、ADC 等,最后形成自己的 MCU。

　　ARM 公司本身并不参与终端处理器芯片的制造和销售,而是向其他芯片厂商授权设计方案。业内多数手机处理器厂商选择直接购买 ARM CPU 内核设计方案,然后与其他组件(如 GPU、多媒体处理、调制解调器等)整合,制造出完整的 SoC 片上系统。但也有少数手机处理器厂商(如高通)直接在 ARMv7 指令集的基础上深度开发自己的处理器微架构(如高通公司的 Scorpion 和 Krait),进而设计自主的 CPU,具有更大的灵活性。举个例子,如果处理器相当于一栋完整的建筑,ARM 就像是建筑的框架,至于最后建造出来的房子长什么样,舒适度如何,就由处理器厂商自己决定了。但是采用相同架构的处理器,性能基本上已经锁定在一定的范围之内,不会有本质的区别。华为公司早在 2013 年已经取得了 ARM 的架构层级授权,即华为可以对 ARM 原有架构进行改造和对指令集进行扩展或缩减。从 2013 年至今华为麒麟处理器已经从 910 更新到等效 4 nm 芯片性能的麒麟 9020(2024 年 11 月发布的华为 Mate 70 Pro 手机搭载该芯片)。华为公司已拥有长期自主研发 ARM 处理器的能力。ARM 指令集架构版本及 ARM 处理器内核产品的关系如表 5-1 所示。

表 5-1　ARM 指令集架构版本及 ARM 处理器内核产品的关系

指令集架构版本	ARM 处理器内核产品系列
ARMv1	ARM1
ARMv2	ARM2
ARMv3	ARM6,ARM7
ARMv4	StrongARM,ARM7TDMI,ARM9TDMI
ARMv5	ARM7EJ,ARM9E,ARM10E,XScale
ARMv6	ARM11,Cortex-M
ARMv7	Cortex-A,Cortex-M,Cortex-R
ARMv8	Cortex-A53,A57,A72,A73,A75,A76,A77

　　表中左侧为 ARM 处理器的各个指令集架构版本,而右侧则是同一代的各个"家族"(或

者说"设计系列方案")。现在基本已是 ARMv7 的时代，ARMv6 及更早的架构只在一些低端的设备上能见到了，而 ARMv8 则是 ARM 平台的未来。

本书的重点是 ARMv7，更确切的是 ARMv7 中的 Cortex-M 系列核心。Cortex-M 系列处理器面向嵌入式应用，而 Cortex-R 系列面向实时应用，Cortex-A 则面向广大的手机用户。

5.1 ARM 指令概述

ARM 采用 RISC 架构，CPU 本身不能直接读取内存，需要先将内存中的内容加载到 CPU 的通用寄存器中。CPU 的内部结构如图 5-1 所示。所有运算处理都发生在通用寄存器(一般是 R0～R14)之中，所有存储器空间(如 C 语言变量的本质就是一个存储器空间上的几个字节)的值的处理都需要传送到通用寄存器来完成。因此，在代码中可以看到大量用于传送值的 LDR/STR 指令。

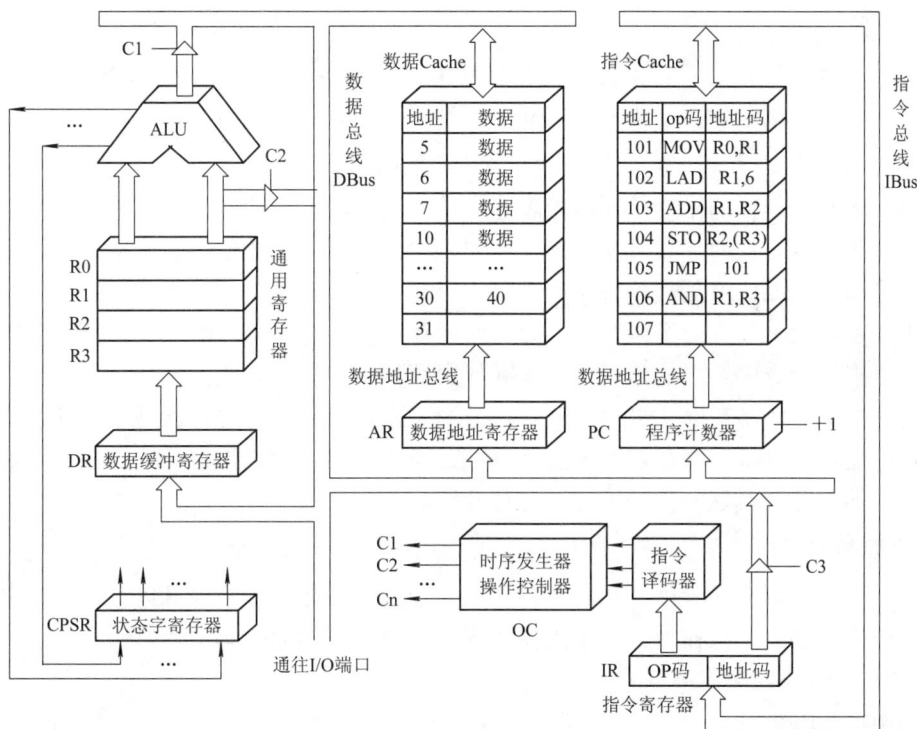

图 5-1 CPU 内部结构

LDR(Load Register)指令可将内存内容加载到通用寄存器，STR(Store Register)指令将寄存器内容写入内存空间，LDR/STR 组合使用可以实现 ARM CPU 和内存之间的数据交换。CPU 在执行一条指令时，主要有 3 个步骤：取指(将指令从内存或指令 Cache 中取入指令寄存器)、译码(指令译码器对指令寄存器中的指令进行译码操作，从而辨识出该指令是要执行 ADD，或是 SUB，或是其他操作，从而产生各种时序控制信号)、执行(指令执行单元根据译码的结果进行运算并保存结果)。做如下假设：① CPU 串行执行程序(即执行完一条指令后，再执行下一条指令)；② 指令执行的 3 个步骤中每个步骤都耗时 1 s；③ 整个程序共 10 条指令。那么，这个程序总的执行时间是多少呢？显然，是 30 s。这个结果非常不好，因为它太慢了。有没有办法让它提速 3 倍呢？仔细观察可以发现：取指阶段占用的 CPU 硬件是指令通路和指令寄存器；译码阶段占用的 CPU 硬件是指令译码器；执行阶段占用的 CPU 硬件是指令执行单元和数据通路。三者占用的 CPU 硬件完全不同，这样就使得如下的操作得以同时进行：在对第 1 条指令进行译码时，可以同时对第 2 条指令进行取指操作；在对第 1 条指令进行执行时，可以同时对第 2 条指令进行译码操作，对第 3 条指令进行取指操作，如图 5-2 所示。显然，这样就可以将该程序的运行总时间从 30 s 缩减为 12 s，提速近 3 倍。上面所述并行运行指令的方式就被称为流水线操作。

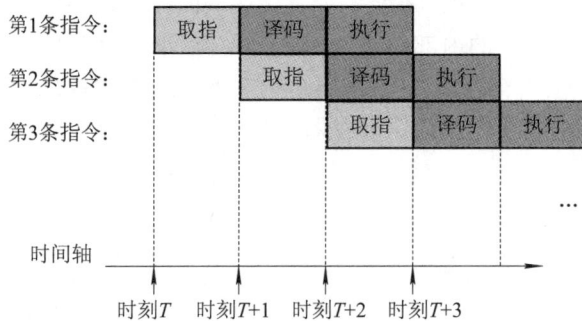

图 5-2　流水线指令执行图

　　可见，流水线操作的本质是利用指令运行的不同阶段使用的 CPU 硬件互不相同，并发地运行多条指令，从而提高时间效率。例如，ARM7 处理器核使用了典型 3 级流水线的冯·诺伊曼结构，ARM9 处理器核系列则采用了基于 5 级流水线的哈佛结构。

　　由于指令和数据都存放于内存中，要访问内存，就要知道内存的地址信息。寻址方式就是处理器根据指令中给出的地址信息来寻找内存物理地址的方式。

　　目前 ARM 处理器支持 9 种寻址方式，分别是立即数寻址、寄存器寻址、寄存器间接寻址、寄存器偏移寻址、寄存器基址变址寻址、多寄存器寻址、相对寻址、堆栈寻址和块拷贝寻址。下面分别对这 9 种寻址方式进行介绍。

1. 立即数寻址

　　立即数寻址也叫立即寻址，是一种特殊的寻址方式，即操作数本身包含在指令中，只要取出指令也就取到了操作数。这个操作数叫作立即数。例如：

```
MOV   R0,#64
ADD   R0, R0, #1
SUB R0, R0, #0X3D
```

　　在立即数寻址中，要求立即数以"#"为前缀，对于以十六进制表示的立即数，还要求在"#"后加上"0X"或"&"或"0x"。

　　在 ARM 处理器中，立即数是由一个存放在 32 位寄存器中的 8 bit 常数经循环移动偶数位得到的。合法的立即数必须能够找到得到它的那个常数，否则这个立即数就是非法的。

　　判断一个立即数是否合法可以用以下方法：对这个立即数进行循环左移或循环右移操作，看看经过移动偶数位后，是否可以得到一个不大于 0xFF 的立即数(即不超过 8 位的立即数)，如果可以得到，这个立即数就是合法的，否则就是非法的。例如，0x1010、0x1FA、

0x1FF 都是不合法的；0x80 是合法的，它可以通过 0x80 向左或向右移动 0 位得到。由于 8 位的常数都可以由其自身移动 0 位得到，因此 8 位的立即数都是合法的。0x03F8 也是合法的，把它写成二进制形式为 0011 1111 1000，可以看出如果将 0xFE 这个 8 位的常数在 16 位寄存器中循环左移 2 位就可以得到 0x03F8。

2. 寄存器寻址

寄存器寻址就是利用寄存器中的数值作为操作数，也称为寄存器直接寻址。例如：

    ADD R0, R1, R2

该指令的执行效果是将寄存器 R1 和 R2 的内容相加，其结果存放在寄存器 R0 中。

这种寻址方式是各类微处理器经常采用的一种方式，是执行效率较高的寻址方式。

3. 寄存器间接寻址

寄存器间接寻址就是把寄存器中的值作为地址，再通过这个地址去取得操作数，操作数本身存放在存储器中。例如：

    LDR R0, [R1]

这条指令以寄存器 R1 的值作为操作数的地址，再通过该地址把取得的操作数传送到 R0 中。

    ADD R0, R1, [R2]

这条指令以寄存器 R2 的值为操作数的地址,把通过该地址取得的操作数与 R1 相加，结果存入寄存器 R0 中。

4. 寄存器偏移寻址

寄存器偏移寻址是 ARM 指令集特有的寻址方式，它在寄存器寻址得到操作数后再进行移位操作，从而得到最终的操作数。例如：

    MOV　R0, R2, LSL #3

这条指令的执行结果是将 R2 的值左移 3 位，并将结果赋给 R0。

    MOV R0, R2, LSL R1

这条指令的执行结果是将 R2 的值左移 R1 位，并将结果放入 R0。

可采用的移位操作有：

LSL：逻辑左移(Logical Shift Left)，寄存器中字的低端空出的位补 0。

LSR：逻辑右移(Logical Shift Right)，寄存器中字的高端空出的位补 0。

ASL：算术左移(Arithmetic Shift Left)，和逻辑左移 LSL 相同。

ASR：算术右移(Arithmetic Shift Right)，移位过程中符号位不变，即如果源操作数是正数，则字的高端空出的位补 0，否则补 1。

ROR：循环右移(Rotate Right)，由字的低端移出的位填入字的高端空出的位。

RRX：带扩展的循环右移(Rotate Right eXtended)，操作数右移 1 bit，高端空出的位用进位标志 C 的值来填充，低端移出的位填入进位标志位。

5. 寄存器基址变址寻址

寄存器基址变址寻址又称为基址变址寻址，它是在寄存器间接寻址的基础上扩展而来的。它将寄存器(该寄存器一般称作基址寄存器)中的值与指令中给出的地址偏移量相加，从而得到一个地址，通过这个地址取得操作数。例如：

　　LDR　R0, [R1, #4]

这条指令将 R1 的内容加上 4 形成操作数的地址，将按此地址取得的操作数存入寄存器 R0 中。

　　LDR　R0, [R1, #4]!

这条指令将 R1 的内容加上 4 形成操作数的地址，将按此地址取得的操作数存入寄存器 R0 中，然后 R1 的内容自增 4 个字节。其中！表示指令执行完毕，把最后的数据地址写到 R1(R1 自动加 4)。

　　LDR R0, [R1, R2]

这条指令将寄存器 R1 的内容加上寄存器 R2 的内容形成操作数的地址，将按此地址取得的操作数存入寄存器 R0 中。

　　STR R0, [R1, #-4]

这条指令将 R1 中的数值减 4 作为地址，把 R0 中的数据存放到这个地址中。

　　LDR R0, [R1], #4

这条指令将 R1 的内容存入寄存器 R0，同时将 R1+4 后赋值给 R1。

6. 多寄存器寻址

多寄存器寻址方式可以一次完成多个寄存器值的传送。例如：

　　LDMIA　R0, {R1, R2, R3, R4}

该指令的后缀 IA 表示在每次执行完加载/存储操作后，R0 按字长度增加，因此，该指令可将连续存储单元的值传送到 R1～R4。

　　LDMIA　R0, {R1-R4}

其功能与上条语句相同。

使用多寄存器寻址指令时，寄存器子集如果按由小到大的顺序排列，可以使用"-"连接；否则，用"，"分隔书写。

7. 相对寻址

相对寻址是一种特殊的基址寻址，其特殊性是指它把程序计数器 PC 中的当前值作为基地址，语句中的地址标号作为偏移量，将两者相加之后得到操作数的地址。例如：

　　BL　NEXT　　　　　；相对寻址, 跳转到 NEXT 处执行。

　　…

　　…

　　NEXT

　　…

8. 堆栈寻址

堆栈是一种数据结构，按先进后出(First In Last Out，FILO)的方式工作，使用堆栈指针(Stack Pointer, SP)指示当前的操作位置，堆栈指针总是指向栈顶。

根据堆栈的生成方式不同，可以把堆栈分为递增堆栈和递减堆栈两种类型：

(1) 递增堆栈：向堆栈写入数据时，堆栈由低地址向高地址生长。

(2) 递减堆栈：向堆栈写入数据时，堆栈由高地址向低地址生长。

同时，根据堆栈指针(SP)指向的位置，又可以把堆栈分为满堆栈(Full Stack, FS)和空堆栈(Empty Stack, ES)两种类型：

(1) 满堆栈(FS)：堆栈指针指向最后压入堆栈的数据。满堆栈在向堆栈存放数据时的操作是先移动 SP 指针，然后存放数据。在从堆栈取数据时，先取出数据，随后移动 SP 指针。这样保证了 SP 一直指向有效的数据。

(2) 空堆栈(ES)：堆栈指针 SP 指向下一个将要放入数据的空位置。空堆栈在向堆栈存放数据时的操作是先放数据，然后移动 SP 指针。在从堆栈取数据时，先移动指针，再取数据。这种操作方式保证了堆栈指针一直指向一个空地址(没有有效数据的地址)。

上述两种堆栈类型的组合，可以得到 4 种基本的堆栈类型(如图 5-3 所示)：

(1) 满递增堆栈(Full Ascending Stack, FAS)：堆栈指针指向最后压入的数据，且堆栈由低地址向高地址生长。

(2) 满递减堆栈(Full Descending Stack, FDS)：堆栈指针指向最后压入的数据，且堆栈由高地址向低地址生长。

(3) 空递增堆栈(Empty Ascending Stack, EAS)：堆栈指针指向下一个将要压入数据的地址，且堆栈由低地址向高地址生长。

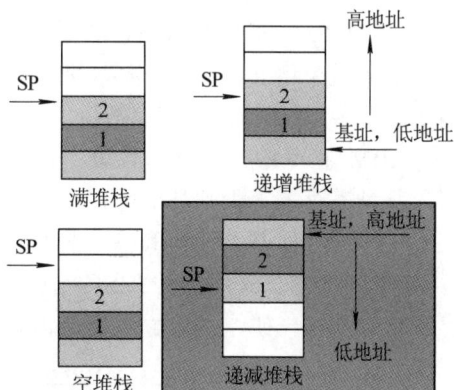

图 5-3　ARM 的 4 种基本堆栈类型

(4) 空递减堆栈(Empty Descending Stack, EDS)：堆栈指针指向下一个将要压入数据的地址，且堆栈由高地址向低地址生长。

堆栈寻址举例如下：

    STMFD   SP!, {R1-R7, LR}

这条指令的作用是将 R1～R7 和 LR 寄存器压入堆栈，堆栈为满递减堆栈。

    LDMED   SP!, {R1-R7, LR}

这条指令的作用是将堆栈中的数据取回到 R1～R7 和 LR 寄存器，堆栈为空递减堆栈。

9. 块拷贝寻址

块拷贝寻址用于寄存器数据的批量复制，它实现由基址寄存器所指示的一片连续存储器向寄存器列表所指示的多个寄存器传送数据。块拷贝寻址与堆栈寻址的区别在于：堆栈寻址中数据的存取是面向堆栈的，块拷贝寻址中数据的存取是面向寄存器指向的存储单元的。

在块拷贝寻址方式中，基址寄存器传送一个数据后有 4 种增长方式：

(1) IA(Increment After)：每次传送后地址增加 4；

(2) IB(Increment Before)：每次传送前地址增加 4；

(3) DA(Decrement After)：每次传送后地址减少 4；

(4) DB(Decrement Before)：每次传送前地址减少 4。

对于 32 bit 的 ARM 指令，每次地址的增加和减少都是 4 个字节单位。

例如：

    STMIA   R0!, {R1-R7}

这条指令将 R1～R7 的数据保存到 R0 指向的存储器中,存储器指针在保存第一个值之后增加 4，向上增长。R0 作为基址寄存器。

　　　　STMIB　R0!, {R1-R7}

　　这条指令将 R1～R7 的数据保存到存储器中，存储器指针在保存第一个值之前增加 4，向上增长。R0 作为基址寄存器。

　　　　STMDA　R0!, {R1-R7}

　　这条指令将 R1～R7 的数据保存到 R0 指向的存储器中，存储器指针在保存第一个值之后减少 4，向下减少。R0 作为基址寄存器。

　　　　STMDB　R0!, {R1-R7}

　　这条指令将 R1～R7 的数据保存到存储器中，存储器指针在保存第一个值之前减少 4，向下减少。R0 作为基址寄存器。

　　ARM 指令中！为可选后缀，若选用该后缀，则当数据传送完毕之后，将最后的地址写入基址寄存器，否则基址寄存器的内容不改变。

　　基址寄存器不允许为 R15，寄存器列表可以为 R0～R15 的任意组合。

　　ARMv7 内核采用的是 RISC 精简指令集，所有的指令都是 32 位的，在这 32 位里既包含了指令的操作码，也包含了指令需要运算的数据，其指令编码如图 5-4 所示。

指令类型	31 30 29 28	27 26 25	24 23 22 21 20	19 18 17 16	15 14 13 12	11 10 9 8	7 6 5	4	3 2 1 0
立即数偏移数据处理指令	cond [1]	0 0 0	OPCode　　S	Rn	Rd	移位数	移位	0	Rm
杂项指令	cond [1]	0 0 0	1 0 x x 0	x x x x x x x x x x x x x x x x x x			0	x x x x
寄存器移位的数据处理指令[2]	cond [1]	0 0 0	OPCode　　S	Rn	Rd	Rs　0	移位	1	Rm
杂项指令	cond [1]	0 0 0	1 0 x x 0	x x x x x x x x x x x x x x 0			x x 1	x x x x
块存取指令	cond [1]	0 0 0	x x x x x	x x x x x x x x x x x x x x x x 1			x x 1	x x x x
立即数数据处理指令[2]	cond [1]	0 0 1	OPCode　　S	Rn	Rd	循环	立即数		
未定义	cond [1]	0 0 1	1 0 x 0 0	x x x x x x x x x x x x x x x x x x x x x x x x				
传送立即数到状态寄存器	cond [1]	0 0 1	1 0 R 1 0	掩膜	SBO	循环	立即数		
基址寻址存取访问指令	cond [1]	0 1 0	P U B W L	Rn	Rd	立即数			
寄存器偏移的存取访问指令	cond [1]	0 1 1	P U B W L	Rn	Rd	移位数	移位	0	Rm
多媒体指令	cond [1]	0 1 1	x x x x x	x x x x x x x x x x x x x x x x 1				x x x x
未定义	cond [1]	0 1 1	1 1 1 1 1	x x x x x x x x x x x x x x 1 1 1 1				x x x x
多寄存器存取访问指令	cond [1]	1 0 0	P U S W L	Rn	寄存器列表				
分支和分支跳转指令	cond [1]	1 0 1	L	24位偏移量					
协处理器内存操作指令	cond [3]	1 1 0	P U N W L	Rn	CRd	cp_num	8位偏移量		
协处理器数据处理指令	cond [3]	1 1 1 0	OPCode1	CRn	CRd	cp_num	OPCode2	0	CRm
协处理器寄存器传送指令	cond [3]	1 1 1 0	OPCode1　L	CRn	Rd	cp_num	OPCode2	1	CRm
软件中断指令	cond [1]	1 1 1 1	中断数						
无条件执行指令	1 1 1 1	x x x x x x x x x x x x x x x x x x x x x x x x x x x x							

图 5-4　ARMv7 指令编码

ARMv7 机器指令包含条件码、操作码(OPCode)、指令 S 标志、目的寄存器与操作数寄存器。下面通过几条机器指令来说明如何通过指令的操作码识别出这些指令,又如何在 32 位机器码里找到源寄存器和目的寄存器。机器码格式示例及说明如表 5-2 所示。

表 5-2 指令机器码格式示例及说明

指令:MOV R1,#0x64 机器码:E3A01064							
指 令 格 式							
cond	00	I	OPCode	S	SBZ	Rd	shifer_operand
1110	00	1	1101	0	0000	0001	000001100100
条件码为 1110 适用于任何条件		立即数方式	MOV 的操作码	指令无 S 标志		目的寄存器为 R1	源操作数为立即数 0x64

指令:MOVS PC,R14 机器码:E1B0F00E							
指 令 格 式							
cond	00	I	opcode	S	SBZ	Rd	shifer_operand
1110	00	0	1101	1	0000	1111	000000001110
条件码为 1110 适用于任何条件		寄存器方式	MOV 的操作码	指令有 S 标志		目的寄存器为 R15	源操作数为寄存器 R14

指令:MOVLT R3, #0x1 机器码:B3A03001							
指 令 格 式							
cond	00	I	opcode	S	SBZ	Rd	shifer_operand
1011	00	1	1101	0	0000	0011	000000000001
LT 的条件码为 1011		立即数方式	MOV 的操作码	指令无 S 标志		目的寄存器为 R3	源操作数为立即数 1

当执行一条指令时,CPU 就会将这条指令的条件码与状态寄存器中的状态标志的值做比较。如果状态寄存器中的状态标志满足这条指令的条件码,则执行这条指令;如果不满足该指令的条件码,则不执行这条指令。状态寄存器中的状态标志受到某些指令(加后缀 S 的指令或 CMP、CMN、TST、TEQ 等指令)的影响。因此,在使用有条件码的指令进行判断前,必须有其他指令配合使用,并预先修改状态寄存器中的状态标志。

5.2 条件执行指令

条件执行指令用来控制程序执行跳转,或者在满足条件的情况下执行特定指令。相关条件在 CPSR 寄存器中描述。CPSR 寄存器中的条件比特位的变化决定着不同的条件。几乎所有 ARM 的指令都可以基于 CPSR 中的条件标志进行带条件判断的执行,也就是根据 CPSR 寄存器中 N、Z、C、V 等标志位决定是否执行该指令。当条件满足时正常执行该指令,当条件不满足时该指令不做任何操作,但不影响指令流的正常执行。例如,对中断和预取异常的检测相当于执行了一条 NOP 指令(空指令)。ARM 汇编语句中，当前语句很多时候要隐含地使用上一句的执行结果，而上一句的执行结果存放在 CPSR 寄存器中。

CPSR 寄存器的格式如图 5-5 所示。

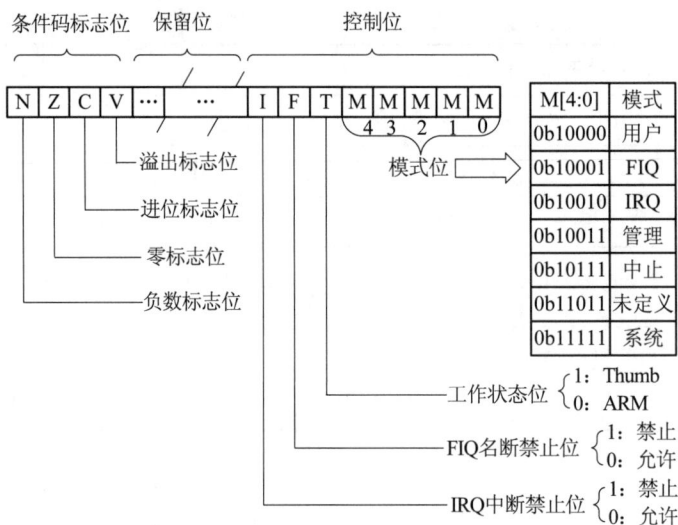

图 5-5　CPSR 程序状态寄存器格式

从图 5-5 中可以看到，条件码设置有 4 位(高位 28～31 位)共有 16 个状态，各条件码的含义和助记符如表 5-3 所示。需要条件执行的指令可以在助记符的扩展域加上条件码助记符，从而在特定的条件下执行指令(指令条件码与 CPSR 中条件标志位的值要匹配)。

表 5-3　ARM 机器指令的条件码含义

条件码	助记符	CPSR 中条件标志位的值	运算含义	指令示例
0000	EQ	$Z = 1$	相等	BEQ
0001	NE	$Z = 0$	不相等	BNE
0010	CS/HS	$C = 1$	无符号数大于/等于	BCS
0011	CC/LO	$C = 0$	无符号数小于	BCC
0100	MI	$N = 1$	负数	BMI
0101	PL	$N = 0$	正数或零	BPL
0110	VS	$V = 1$	溢出	BVS
0111	VC	$V = 0$	无溢出	BVC
1000	HI	$C = 1$ and $Z = 0$	无符号数大于	BHI
1001	LS	$C = 0$ or $Z = 1$	无符号数小于/等于	BLS
1010	GE	$N = V$	带符号数大于/等于	BGE
1011	LT	$N \neq V$	带符号数小于	BLT
1100	GT	$Z = 0$ and $N = V$	带符号数大于	BGT
1101	LE	$Z = 1$, or $N \neq V$	带符号数小于/等于	BLE
1110	AL	Any	无条件执行(预设值)	BAL

例如，下面的指令无条件地把立即数 80 装入寄存器 R4 中。

　　MOV　R4, #80

而下面的指令只有当 CPSR 中 Z=1 时，才把立即数 80 装入寄存器 R4 中。

　　MOVEQ　R4, #80

由于条件执行可以有效地减少分支指令的数目，从而减少指令流水线的暂停次数，因此条件执行既可以改善代码执行的性能，又可以提高代码的密度。

例如，求最大公约数的 C 语言代码片段为：

```
while (a != b) {
    if (a > b)
        a -= b;
    else
        b -= a;
}
```

不采用条件执行的 ARM 汇编代码为：

```
gcd
    CMP       R1, R2                ; R1=a, R2=b
    BEQ       complete
    BLT       lessthan
    SUB       R1, R1, R2
    B         gcd
lessthan
    SUB       R2, R2, R1
    B         gcd
complete
```

而采用条件执行的 ARM 汇编代码为：

```
gcd
    CMP       R1, R2
    SUBGT     R1, R1, R2
    SUBLT     R2, R2, R1
    BNE       gcd
```

可见 ARM 中采用指令的条件执行其优点是非常明显的，可以大幅度提高代码密度及其执行效率。

5.3　操作数预处理指令

ARM 处理器的一个显著特征就是在操作数进入 ALU 之前，先对其中一个操作数进行指定位数的左移或右移处理，如图 5-6 所示。这种功能增强了许多数据处理操作的

灵活性。图中，运算结果存放在 Rd 寄存器中，Rn
寄存器中是一个源操作数，另一个源操作数是寄存
器 Rm 或立即数 Imm_8，经过移位器移位操作后的
结果是 shifter_operand 或 Imm_32。下面主要讨论
shifter_operand 和 Imm_32 的生成方法。

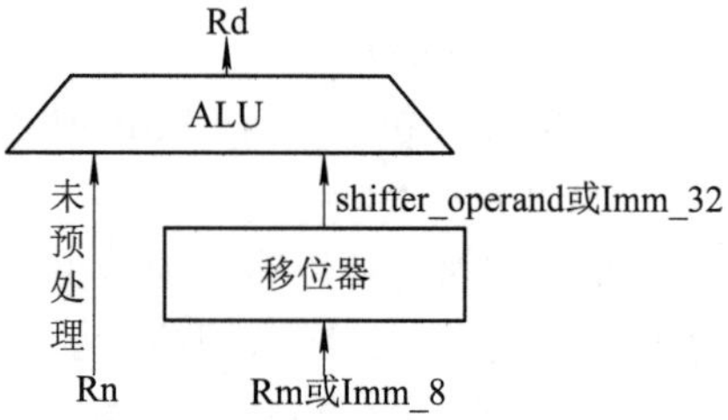

1. 立即数的预处理

在运算类指令中，ARM 允许立即数寻址，立
即数位于指令格式中第 0~11 位。ARM 利用预处理

图 5-6　预处理示意图

功能，使得在指令格式中留给立即数只有 12 位的情况下，能够生成一个 32 位的立即数
Imm_32。具体方法是把指令格式中的第 0~11 位再分成两部分，其中第 0~7 位用来存放一
个 8 位的立即数 Imm_8，第 8~11 位存放一个 4 位的数值 rotate_imm，如图 5-7 所示。

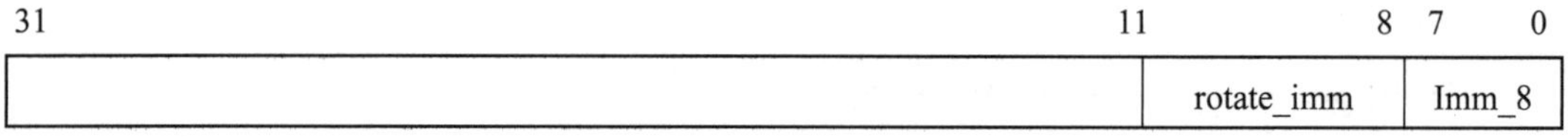

图 5-7　立即数的预处理

真正的立即数 Imm_32 通过把 Imm_8 循环右移 rotate_imm × 2 次来生成。由于 rotate_imm
只有 4 位，最大表示值为 15，不能把 Imm_8 移位成 32 位，因此，ARM 规定循环右移次数为
rotate_imm × 2。例如，指令

　　　MOV　R8, #0x04000000

在 ADS1.2(集成开发环境)中对应的机器码为：

　　　0xE3A08640

该机器码的指令编码格式如图 5-8 所示。

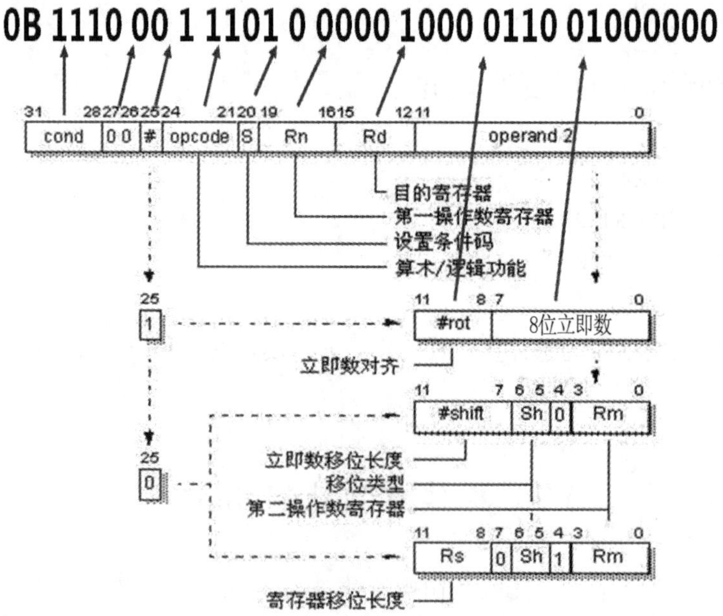

图 5-8　指令编码格式

图 5-8 中第 0～11 位为 0x640，当把 0x40(Imm_8)看成高位为 0 的 32 位数，将其循环右移 0x6(rotate_imm) × 2 次后，结果为 0x04000000，即立即数 0x04000000 的指令编码为 0x640，化为二进制即 01000000(0x40)循环右移 12 位得到 0000 0100 0000 0000 0000 0000 0000 0000(0x04000000)。

用户不需要计算某个立即数的 12 位机器编码是多少，这是由 ARM 汇编编译器来自动完成的。也就是说，汇编指令中的立即数 Imm_32 由汇编编译器将其分解成能通过上述方法生成 Imm_32 的 Imm_8(8 位)和 rotate_imm(4 位)。

需要注意以下两个问题：

(1) 用 12 位编码表示一个 32 位的立即数，很明显不能全部表示，如 0xFF0 可以用编码 0xEFF 表示，但 0xFF1 就无法表示。可以用下面的指令得到 0xFF1：

```
MOV      R7, #0xFF0
ADD      R7, R7, #1
```

(2) 一个立即数可以由不同的编码来生成，如 0x04000000 可以用编码 0x510、0x404 和 0x301 等来生成。一般 ARM 汇编编译器应该选择使 rotate_imm 最小的编码方式。

2. 寄存器数的预处理

在运算类指令和传送类指令中，ARM 允许对某个寄存器的值在运算之前进行预处理，即做某种类型的移位操作，因此，ARM 没有专门的移位指令。ARM 总共规定了 5 种类型的移位操作，即算术右移(ASR)、逻辑右移(LSR)、逻辑左移(LSL)、循环右移(ROR)和扩展循环右移(RRX)，各种移位操作的具体动作如图 5-9 所示。

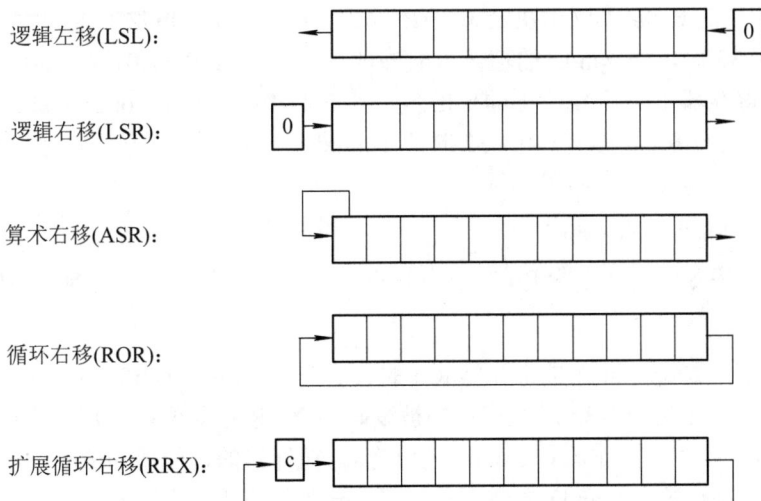

图 5-9　ARM 的移位操作示意图

移位的次数可以由立即数或另一个寄存器给出。由于扩展循环右移(RRX)只移动 1 bit，因此，寄存器数的预处理有 9 种情况，它们对应的汇编格式如下：

```
<Rm>, LSL   #<#shift >
<Rm>, LSL   <Rs>
<Rm>, LSR   #<#shift >
```

<Rm>, LSR　<Rs>

<Rm>, ASR　#<#shift >

<Rm>, ASR　<Rs>

<Rm>, ROR　#<#shift >

<Rm>, ROR　<Rs>

<Rm>, RRX

其中：Rm 是需要进行移位操作的寄存器；#<#shift>是需要移位的位数，在 ARM 指令格式中所占的位数为 5 位；Rs 是包含移位位数的寄存器。下面具体介绍每种情况下实际操作数 operand2 的生成方法。

1) <Rm>, LSL　#<#shift >

指令的操作数 operand2 是寄存器 Rm 的数值逻辑左移#shift 位。这里 #shift 的范围为 0～31。如果 #shift 为 0，则 operand2 的值就是 Rm 的值，循环器的进位值(Carry-out)为 CPSR 中的 C 标志位；如果 #shift 不为零，则 operand2 的值为 Rm 中的值逻辑左移 #shift 位后的值，循环器的进位值为 Rm 寄存器中最后被移出的位的值。例如：

 MOV　R3, #30

 MOV　R4, R3, LSL #0x12

执行以上两条指令后，寄存器 R4 的值为 30(0x1E)逻辑左移 18(0x12)位，即 0x00780000。

2) <Rm>, LSL　<Rs>

指令的操作数 operand2 是寄存器 Rm 的数值逻辑左移一定位数的值，移位的位数由 Rs 寄存器的最低 8 位 Rs[7:0]决定。当 Rs[7:0] = 0 时，operand2 的值就是 Rm 的值；当 0 < Rs[7:0] < 32 时，operand2 的值为 Rm 中的值逻辑左移 Rs[7:0]位后的值，循环器的进位值为 Rm 寄存器中最后被移出的位的值；当 Rs[7:0] = 32 时，operand2 的值为 0，循环器的进位值为 Rm[0]；当 Rs[7:0] > 32 时，operand2 的值为 0，循环器的进位值为 0。例如：

 MOV　R3, #0xF000000E

 MOV　R4, R3, LSL　R3

执行以上指令后，寄存器 R4 的值为 0x00038000，即将#0xF000000E 逻辑左移 14 位。

3) <Rm>, LSR　#<#shift >

指令的操作数 operand2 是寄存器 Rm 的数值逻辑右移 #<#shift >位。这里 #shift 的范围为 1～32，当 shift_imm = 32 时在指令中被编码为 0。进行移位操作后，空出的位置为 0。当 shift_imm = 32 时，操作数 operand2 的值为 0，循环器的进位值为 Rm 的最高位 Rm[31]；其他情况下，操作数 operand2 的值为寄存器 Rm 的数值逻辑右移 #shift 位，循环器的进位值为 Rm 最后被移出位的值。例如：

 MOV　R3, #0xF000000E

 MOV　R4, R3,　LSR　#32

执行以上指令后，R4 的值为 0。

若执行下面两条指令：

 MOV　R3,　#0x30

　　　MOV　R4，R3，LSR　#0x5

则 R4 的值为 1。

　　4) <Rm>，LSR　<Rs>

　　指令的操作数 operand2 是寄存器 Rm 的数值逻辑右移一定位数的值，移位的位数由 Rs 寄存器的最低 8 位 Rs[7:0]决定。当 Rs[7:0] = 0 时，operand2 的值就是 Rm 的值，循环器的进位值(Carry-out)为 CPSR 中的 C 标志位；当 0 < Rs[7:0] < 32 时，operand2 的值为 Rm 中的值逻辑右移 Rs[7:0]位后的值，循环器的进位值为 Rm 寄存器中最后被移出的位 Rm[Rs[7:0]−1]的值；当 Rs[7:0] = 32 时，operand2 的值为 0，循环器的进位值为 Rm[31]；当 Rs[7:0] > 32 时，operand2 的值为 0，循环器的进位值为 0。例如：

　　　MOV　R3, #0xF000000E

　　　MOV　R4, R3, LSR　R3

　　执行以上指令后，寄存器 R4 的值为 0x0003C000，即将#0xF000000E 逻辑右移 14 bit。

　　5) <Rm>，ASR　#<#shift >

　　指令的操作数 operand2 是寄存器 Rm 的数值算术右移 #<#shift >位。这里 #shift 的范围为 1~32，当 #shift = 32 时在指令中被编码为 0。进行移位操作后，空出的位置为 Rm 的最高位值 Rm[31]。当 #shift = 32 时，将进行 32 次算术右移操作，这时若 Rm[31] = 0，则操作数 operand2 的值为 0，循环器的进位值为 Rm 的最高位 Rm[31]，也为 0；若 Rm[31] = 1，则操作数 operand2 的值为 0xFFFFFFFF，循环器的进位值为 Rm 的最高位 Rm[31]，也为 1。其他情况下，操作数 operand2 的值为寄存器 Rm 的数值算术右移 #shift 位，循环器的进位值为 Rm 最后被移出位的值。例如：

　　　MOV　R3, #0xF000000E

　　　MOV　R4, R3, ASR　#32

　　执行以上指令后，R4 的值为 0xFFFFFFFF。若执行以下两条指令：

　　　MOV　R3, #0x30

　　　MOV　R4, R3, ASR　#32

则 R4 的值为 0。若执行以下两条指令：

　　　MOV　R3, #0x30

　　　MOV　R4, R3, ASR　#4

则 R4 的值为 3。

　　6) <Rm>，ASR　<Rs>

　　指令的操作数 operand2 是寄存器 Rm 的数值算术右移一定位数的值，移位的位数由 Rs 寄存器的最低 8 位 Rs[7:0]决定。当 Rs[7:0] = 0 时，operand2 的值就是 Rm 的值，循环器的进位值(Carry-out)为 CPSR 中的 C 标志位；当 0 < Rs[7:0] < 32 时，operand2 的值为 Rm 中的值算术右移 Rs[7:0]位后的值，循环器的进位值为 Rm 寄存器中最后被移出的位 Rm[Rs[7:0]-1]的值；当 Rs[7:0]≥32 时，将进行 32 次算术右移操作，这时若 Rm[31] = 0，则 operand2 的值为 0，循环器的进位值为 Rm 的最高位 Rm[31]，即为 0；若 Rm[31] = 1，则 operand2 的值为 0xFFFFFFFF，循环器的进位值为 Rm 的最高位 Rm[31]，即为 1。例如：

MOV　R3, #0xF000000E

MOV　R4, R3, ASR　R3

执行以上指令后，寄存器 R4 的值为 0xFFFFC000，即将#0xF000000E 算术右移 14 位。若执行以下指令：

MOV　R3, #0x00000FF0

MOV　R4, R3, ASR　R3

则寄存器 R4 的值为 0。

7) <Rm>, ROR　#<#shift >

指令的操作数 operand2 是寄存器 Rm 的数值循环右移 #<#shift >位。这里 #shift 的范围为 1~31。进行移位操作后，从寄存器右端移出的位又插入寄存器左端空出的位上。循环器的进位值为 Rm 最后被移出位的值。例如：

MOV　R3, #0x00000FF0

MOV　R4, R3, ROR　#10

执行以上指令后，寄存器 R4 的值为 0xFC000003。

8) <Rm>, ROR　<Rs>

指令的操作数 operand2 是寄存器 Rm 的数值循环右移一定位数的值，移位的位数由 Rs 寄存器的最低 8 位 Rs[7:0]决定。当 Rs[7:0] = 0 时，operand2 的值就是 Rm 的值，循环器的进位值(Carry-out)为 CPSR 中的 C 标志位；当 Rs[4:0] = 0 时，operand2 的值为 Rm 的值，循环器的进位值为 Rm[31]；当 Rs[4:0] > 0 时，operand2 的值为寄存器 Rm 的数值循环右移 Rs[4:0]位，循环器的进位值为 Rm 最后被移出的位 Rm[Rs[4:0]−1]。例如：

MOV　R3, #0x00000FF0

MOV　R4, R3, ROR　R3

执行以上指令后，寄存器 R4 的值为 0x0FF00000。

9) <Rm>, RRX

指令的操作数 operand2 是寄存器 Rm 的数值右移一位，并用 CPSR 中的 C 标志位填补空出的位，CPSR 中的 C 位则用移出的位代替。例如：

MOV　R3, #0x00000FF0

MOV　R4, R3, RRX

执行以上指令后，寄存器 R4 的值为 0x000007F8。

5.4　数据处理指令

数据处理指令只能对寄存器内容进行操作，不能对存储器内容进行操作。所有数据处理指令均可使用 S 后缀影响标志位，主要包括数据传送指令、算术逻辑运算指令和比较指令等。数据处理指令的助记符及其功能如表 5-4 所示。

表 5-4 数据处理指令助记符及其功能

指令助记符	指令功能	指令助记符	指令功能
MOV	数据传送指令	MVN	数据求反传送指令
CMP	比较指令	CMN	基于相反数的比较指令
TST	位测试指令	TEQ	相等测试指令
ADD	加法指令	ADC	带进位加法指令
SUB	减法指令	SBC	带借位减法指令
RSB	逆向减法指令	RSC	带借位逆向减法指令
AND	逻辑与操作指令	ORR	逻辑或操作指令
EOR	逻辑异或操作指令	BIC	位清除指令
MUL	32 位乘法指令	MLA	32 位带加数乘法指令
SMULL	64 位有符号数乘法指令	SMLAL	64 位带加数有符号数乘法指令
UMULL	64 位无符号数乘法指令	UMLAL	64 位带加数无符号数乘法指令

数据处理指令的指令编码格式如图 5-10 所示。

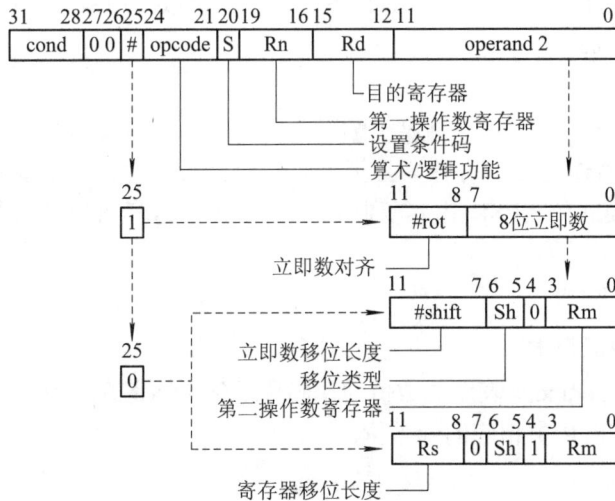

图 5-10 数据处理指令编码格式

下面对表 5-4 中所列的数据处理指令进行详细介绍。

1. MOV(传送指令)

MOV 指令将<operand2>表示的数值传送到目标寄存器<Rd>中，并根据操作的结果有条件地更新 CPSR 中相应的标志位。

指令的语法格式为：

    MOV{<cond>}{S} <Rd>, < operand2>

<cond>为指令执行的条件码，当<cond>忽略时指令为无条件执行。S 决定指令的操作是否影响 CPSR 中条件标志位的值，当没有 S 时指令不更新 CPSR 中条件标志位的值。当

有 S 时分两种情况：① 若指令中的目标寄存器<Rd>为 R15，则当前处理器模式对应的 SPSR 的值被复制到 CPSR 中，对于用户模式和系统模式，由于没有相应的 SPSR，指令执行的结果不可预期；② 若<Rd>不是 R15，则指令根据传送的数值设置 CPSR 中的 N 位和 Z 位，并根据移位器的进位值(Carry-out)设置 CPSR 的 C 位，CPSR 中其他位不受影响。<Rd>为目标寄存器。<operand2>为向目标寄存器传送的数据，其寻址方式为立即数寻址或寄存器寻址。

使用举例如下：

(1) 下面的指令将数据从一个寄存器传送到另一个寄存器中。

　　MOV　R4，R5

(2) 下面的指令将一个立即数传送到一个寄存器中。

　　MOVEQ　R4，#300　　　　　; 若前一条指令的结果为 0，则 R4=300

(3) 下面的指令不包括算术/逻辑运算的移位操作，左移 n 位可以实现将操作数乘以 2^n。

　　MOV　R4，R4，LSL　#3

(4) 当 PC 寄存器作为目标寄存器时，下面的指令可以实现程序在整个程序空间中无条件跳转。

　　MOV　PC，Address　　　　　;Address 为目标地址(立即数或寄存器寻址)

(5) 当 PC 寄存器作为目标寄存器时，下面的指令可以实现从子程序中返回。

　　BL　　　Subroutine

　　…

　　MOV　PC，LR　　　　　　　; 从子程序返回

(6) 当 PC 寄存器作为目标寄存器且指令中 S 位被设置时，指令在执行跳转操作的同时，将当前处理器模式的 SPSR 内容复制到 CPSR 中，这样可以实现从某些异常中断中返回。

　　MOVS　PC，LR

2. MVN(求反传送指令)

MVN 指令将< operand2>表示的数值的反码传送到目标寄存器<Rd>中，并根据操作的结果有条件地更新 CPSR 中相应的标志位。

指令的语法格式为：

　　MVN{<cond>}{S}　<Rd>，< operand2>

各参数的用法与 MOV 指令相同。

由于 MVN 指令真正的操作是向目标寄存器传送源操作数的反码，若按补码解释，则真正的负数为源操作数加 1。因此，若要用 MVN 指令(还有其他的方法)向寄存器中传送一个负数 x，则指令中源操作数应为 $|x|-1$。

使用举例如下：

(1) 如果需要给寄存器 R4 传送−300，则指令如下：

　　MVNMI　R4，#299　　　　　; 若前一条指令的结果为负，则 R4=-300

(2) 生成位掩码，指令如下：

　　MVN　R4，#0x01

(3) 求一个数的反码，指令如下：

　　MVN　R4，R4

3. ADD(加法指令)

ADD 指令将<operand2>表示的数值与寄存器<Rn>中的值相加，并把结果保存到目标寄存器<Rd>中，同时根据操作的结果更新 CPSR 中相应的条件标志位。

指令的语法格式为：

　　ADD{<cond>}{S}　<Rd>，<Rn>，< operand2>

<cond>为指令执行的条件码，当<cond>忽略时指令为无条件执行。S 决定指令的操作是否影响 CPSR 中条件标志位的值。当没有 S 时指令不更新 CPSR 中条件标志位的值。当有 S 时分两种情况：① 若指令中的目标寄存器<Rd>不是 R15，则指令根据加法运算的结果设置 CPSR 中的 N 位和 Z 位，并根据加法结果是否产生进位(无符号溢出)设置 CPSR 的 C 位，根据加法结果是否产生符号溢出设置 CPSR 的 V 位，CPSR 中其他位不受影响；② 若<Rd>为 R15，则当前处理器模式对应的 SPSR 的值被复制到 CPSR 中，对于用户模式和系统模式，由于没有相应的 SPSR，指令执行的结果不可预期。<Rd>为目标寄存器。<Rn>为第一个源操作数所在的寄存器。< operand2>为向目标寄存器传送的数据，其寻址方式为立即数寻址或寄存器寻址。

使用举例如下：

(1) 一个寄存器中的值和一个立即数相加，示例指令如下：

　　ADD　R4，R5，#300

(2) 一个寄存器中的值和另一个寄存器中的值相加，示例指令如下：

　　ADDNE　R4，R5，R6　　；若前一条指令的结果为不相等, 则 R4=R5+R6

(3) 一个寄存器中的值和另一个寄存器中的值经过预处理之后相加，示例指令如下：

　　ADD　R4，R5，R6，LSL　#3

(4) 下面的指令生成基于 PC 的跳转指针：

　　ADD　R4，PC，#offset

4. ADC(带进位加法指令)

ADC 指令将< operand2>表示的数值与寄存器<Rn>中的值相加，再加上 CPSR 中 C 条件标志位的值，并把结果保存到目标寄存器<Rd>中，同时根据操作的结果更新 CPSR 中相应的条件标志位。

指令的语法格式为：

　　ADC{<cond>}{S}　<Rd>，<Rn>，< operand2>

各参数用法同 ADD 指令。

使用举例如下：

ADC 指令和 ADD 指令联合可以实现两个 64 位二进制数相加，比如要计算两个 64 位二进制数 0x2345678912345678 和 0x4567890134567890 的和，对应的汇编程序代码如下：

　　LDR　R0，=0x12345678

　　LDR　R1，=0x23456789

　　LDR　R2，=0x34567890

```
LDR     R3,  =0x45678901
ADDS    R4,  R0, R2
ADC     R5,  R1, R3
```

这里 LDR 是一条汇编伪指令，两个 64 位二进制数位加法运算的结果 0x68ACF08A468 ACF08 保存在 R4 和 R5 寄存器中。若将 ADC 改为 ADCS，则操作结果将影响到 CPSR 中相应条件标志位的值。注意，第一个加法指令必须带 S。

5. SUB(减法指令)

SUB 指令从寄存器<Rn>中减去< operand2>表示的数值，并把结果保存到目标寄存器<Rd>中，同时根据操作的结果更新 CPSR 中相应的条件标志位。

指令的语法格式为：

```
SUB{<cond>}{S}   <Rd>,  <Rn>,  < operand2>
```

各参数用法同 ADD 指令。

使用举例如下：

(1) 下面的指令从一个寄存器中的值减去一个立即数，并影响 CPSR。

```
SUBS  R4, R5, #300
```

(2) 下面的指令从一个寄存器中的值减去另一个寄存器中的值。

```
SUBVS  R4, R5, R6      ; 若前一条指令的结果为上溢出，则 R4=R5-R6
```

(3) 下面的代码段执行后，R8 寄存器的值为 0x11111111。

```
LDR     R0,  =0xa0000000
LDR     R1,  =0xb0000000
LDR     R2,  =0x12345678
LDR     R3,  =0x23456789
ADDS    R4,  R0, R1
SUBVSSR8, R3, R2
```

一个寄存器中的值减去另一个寄存器中经过预处理之后的值(注意"="赋值的意义表示，如果 label 是立即数，就把数值赋给 R0，如果 lable 是标识符，就把 label 地址的值赋给 R0)。

(4) 下面这条指令将 R5 减去 R6 逻辑左移 3 位的值赋值给 R4。

```
SUB  R4, R5, R6, LSL  #3
```

(5) 当 SUBS 指令与跳转指令联合使用时可以实现循环程序,这时就不用 CMP 指令了。示例如下：

```
MOV  R4, #100
Loop1
…
SUBS  R4, R4, #1
BNE   Loop1
```

注意，在 SUBS 指令中，如果发生了借位操作，则 CPSR 中的 C 标志位设置成 0；如果没有发生借位操作，则 C 标志位设置成 1。这与 ADDS 指令中的进位刚好相反，主要是为了适应 SBC 等指令的操作需求。

6. SBC(带借位减法指令)

SBC 指令从<Rn>中减去<operand2>表示的数值,再减去 CPSR 中 C 条件标志位的反码,并把结果保存到目标寄存器<Rd>中,同时根据操作的结果更新 CPSR 中相应的条件标志位。

指令的语法格式为:

　　SBC{<cond>}{S}　<Rd>,　<Rn>,　< operand2>

各参数用法同 ADD 指令。

SBC 指令和 SUB 指令联合可以实现两个 64 位二进制数相减,指令序列如下所示。寄存器 R0 和 R1 中存放一个 64 位二进制数,其中 R0 存放低 32 位,R1 存放高 32 位。R2 和 R3 中存放另一个 64 位二进制数,R2 存放低 32 位,R3 存放高 32 位。

　　SUBS　R4,　R0,　R2

　　SBC　　R5,　R1,　R3

两个 64 位二进制数减法运算的结果保存在 R4 和 R5 寄存器中。若将 SBC 改为 SBCS,则操作结果将影响到 CPSR 中相应条件标志位的值。第一个减法指令必须带 S。

注意,在 SBCS 指令中,如果发生了借位操作,则 CPSR 中的 C 标志位设置成 0;如果没有发生借位操作,则 C 标志位设置成 1。这与 ADDS 指令中的进位刚好相反。

7. RSB(逆向减法指令)

RSB 指令从<operand2>表示的数值中减去寄存器<Rn>的值,并把结果保存到目标寄存器<Rd>中,同时根据操作的结果更新 CPSR 中相应的条件标志位。

指令的语法格式为:

　　RSB{<cond>}{S}　<Rd>,　<Rn>,　< operand2>

其中:<operand2>为第 1 个源操作数;<Rn>为第 2 个源操作数;其他各参数用法同 ADD 指令。

使用举例如下:

(1) 求一个寄存器值的反码,并影响 CPSR。指令如下:

　　RSBS　R4,　R5,　#0　　　　　　; R4 = -R5

(2) 求一个寄存器值的 2^n-1。指令如下:

　　RSBEQ　R4,　R5,　R5,　LSL　#n　　　; 条件执行, R4 = R5 × (2^n-1)

注意,在 RSBS 指令中,如果发生了借位操作,则 CPSR 中的 C 标志位设置成 0;如果没有发生借位操作,则 C 标志位设置成 1。这与 ADDS 指令中的进位刚好相反,主要是为了适应 RSC 等指令的操作需求。

8. RSC(带借位逆向减法指令)

RSC 指令从<operand2>表示的数值中减去寄存器<Rn>的值,再减去 CPSR 中 C 标志位的反码,并把结果保存到目标寄存器<Rd>中,同时根据操作的结果更新 CPSR 中相应的条件标志位。

指令的语法格式为:

　　RSC{<cond>}{S}　<Rd>,　<Rn>,　< operand2>

各参数用法同 RSB 指令。

使用举例如下：

RSC 指令的典型用途是求一个 64 位二进制数的负数。指令如下：

```
RSBS   R2,  R0,  #0
RSC    R3,  R1,  #0
```

64 位二进制数存放在寄存器 R0 与 R1 中，其负数放在 R2 与 R3 中，其中 R0 与 R2 中放低 32 位值。

注意，在 RSCS 指令中，如果发生了借位操作，则 CPSR 中的 C 标志位设置成 0；如果没有发生借位操作，则 C 标志位设置成 1。这与 ADDS 指令中的进位刚好相反。

9. AND(逻辑与操作指令)

AND 指令将< operand2>表示的数值与寄存器<Rn>的值按位进行与运算，并把结果保存到目标寄存器<Rd>中，同时根据操作的结果更新 CPSR 中相应的条件标志位。

指令的语法格式为：

```
AND{<cond>}{S}   <Rd>,  <Rn>,  < operand2>
```

其中：<Rn>为第 1 个源操作数所在的寄存器；<operand2>为第 2 个源操作数；其他各参数用法同 MOV 指令。

AND 指令可用于提取寄存器中某些位的值，具体做法是：设置一个掩码值，将该值中对应于寄存器中欲提取的位设为 1，其他的位设为 0，然后将寄存器的值与该掩码做与操作，即可得到提取的位的值。

使用举例如下：

```
MOV   R2,  #0x80000000
AND   R3,  R3,  R2      ; 提取 R3 寄存器的最高位
```

10. ORR(逻辑或操作指令)

ORR 指令将<operand2>表示的数值与寄存器<Rn>的值按位进行或运算，并把结果保存到目标寄存器<Rd>中，同时根据操作的结果更新 CPSR 中相应的条件标志位。

指令的语法格式为：

```
ORR{<cond>}{S}   <Rd>,  <Rn>,  < operand2>
```

各参数用法同 AND 指令。

ORR 指令可用于将寄存器中某些位的值设置成 1，具体做法是：设置一个掩码值，将该值中对应于寄存器中欲设置成 1 的位设为 1，其他的位设为 0，然后将寄存器的值与该掩码做逻辑或操作，即可将需要设置的位设置为 1。

使用举例如下：

```
MOV   R0,  R2,  LSR  #24
; 将 R2 的高 8 位数据传送到 R0 中, R0 的高 24 位设置为 0
ORR   R3,  R0,  R3,  LSL  #8
; 将 R3 中数据逻辑左移 8 位, 这时 R3 的低 8 位为 0, ORR 操作将 R0(高 24 位为 0)中低 8 位数据
  传送到寄存器 R3 中
```

上面的汇编代码最终将 R2 寄存器中的高 8 位数据传送到 R3 的低 8 位中。

11. EOR(逻辑异或操作指令)

EOR 指令将<operand2>表示的数值与寄存器<Rn>的值按位进行异或运算,并把结果保存到目标寄存器<Rd>中,同时根据操作的结果更新 CPSR 中相应的条件标志位。

指令的语法格式为:

EOR{<cond>}{S} <Rd>, <Rn>, < operand2>

各参数用法同 AND 指令。

EOR 指令可用于将寄存器中某些位的值取反。将某一位值与 0 做异或操作,该位值不变;将某一位值与 1 做异或操作,该位值将被求反。

使用举例如下:

```
LDR  R1,  =0xFFFF0000
EOR  R3,  R2,  R1
```

上面的代码将 R2 中高 16 位值取反。

12. BIC(位清除指令)

BIC 指令将寄存器<Rn>的值与<operand2>的反码做"逻辑与"操作,并将结果保存到目标寄存器<Rd>中。在使用 BIC 指令时,如果带有 S 后缀,那么 CPSR 的标志位将会根据结果被更新。

指令的语法格式为:

BIC{<cond>}{S} <Rd>, <Rn>, < operand2>

各参数用法同 AND 指令。

BIC 指令可用于将寄存器中某些位的值设置成 0。将某一位值与 1 做 BIC 操作,该位值被设置成 0;将某一位值与 0 做 BIC 操作,该位值保持不变。

使用举例如下:

```
LDR  R1,  =0xFFFF0000
BIC  R3,  R2,  R1
```

上面的代码将 R2 中高 16 位值设置成 0。

13. CMP(比较指令)

CMP 指令从寄存器<Rn>中减去<operand2>表示的数值,根据操作的结果更新 CPSR 中相应的条件标志位,后面的指令就可以根据 CPSR 中相应的条件位来判断是否执行。

指令的语法格式为:

CMP{<cond>} <Rn>, < operand2>

其中:<cond>为指令执行的条件码,当<cond>忽略时指令为无条件执行;<Rn>为第 1 个操作数所在的寄存器;< operand2>为第 2 个操作数,其寻址方式是立即数寻址或寄存器寻址。

CMP 指令类似于 SUBS 指令,只是 CMP 指令不保存结果,而 SUBS 指令需要保存结果,并且 CMP 指令总是影响 CPSR 中的相应位。

使用举例如下:

```
CMP  R2,  R3
```

14. CMN(基于相反数的比较指令)

CMN 指令将寄存器<Rn>中的值加上<operand2>表示的数值,根据操作的结果更新 CPSR

中相应的条件标志位，后面的指令就可以根据 CPSR 中相应的条件位来判断是否执行。

指令的语法格式为：

CMN{<cond>}　<Rn>,　< operand2>

各参数的使用方法与 CMP 指令相同。

加上第 2 个操作数与减去第 2 个操作数的负数这两个操作对 CPSR 中条件标志位的影响有细微的差别，当第 2 个操作数为 0 或者 0x80000000 时两者结果不同。

使用举例如下：

CMP　R2,　#0　　　; C=1

CMN　R2,　#0　　　; C=0

15. TST(位测试指令)

TST 指令将寄存器<Rn>中的值与<operand2>表示的数值按位做逻辑与操作，根据操作的结果更新 CPSR 中相应的条件标志位。

指令的语法格式为：

TST{<cond>}　<Rn>,　< operand2>

各参数的使用方法与 CMP 指令相同。

TST 指令通常用于测试寄存器中某些(个)位是 0 还是 1。

使用举例如下：

TST　R3,　#01　　　; 测试 R3 寄存器中最低位是 0 还是 1

16. TEQ(相等测试指令)

TEQ 指令将寄存器<Rn>中的值与<operand2>表示的数值按位做逻辑异或操作，根据操作的结果更新 CPSR 中相应的条件标志位。

指令的语法格式为：

TEQ{<cond>}　<Rn>,　< operand2>

各参数的使用方法与 CMP 指令相同。

TEQ 指令通常用于比较两个数是否相等，这种比较操作不影响 CPSR 中的 V 位和 C 位(影响 Z 位)。TEQ 指令也可用于比较两个操作数符号是否相同，该指令执行后，CPSR 中的 N 位为两个操作数符号异或操作的结果。

使用举例如下：

TEQ　R3,　#01

17. MUL(32 位乘法指令)

MUL 指令实现两个 32 位二进制数(可以为无符号数，也可为有符号数)的乘法，并将结果的低 32 位存放到一个 32 位寄存器中，同时可以根据运算结果设置 CPSR 中相应的标志位。考虑指令执行的效率，指令中所有操作数都放在寄存器中，其指令编码格式如图 5-11 所示。

31　　28	27　　24	23　21	20	19　　16	15　　12	11　　8	7　　4	3　　0
cond	0 0 0 0	mul	S	Rd/RdHi	Rn/RdLo	Rs	1 0 0 1	Rm

图 5-11　乘法指令编码格式

指令的语法格式为：

　　　　MUL{<cond>}{S}　<Rd>,　<Rm>,　<Rs>

其中：<cond>为指令执行的条件码，当忽略<cond>时，指令为无条件执行；S 决定指令的操作是否影响 CPSR 中的条件标志位，当有 S 时指令更新 CPSR 中的条件标志位，否则不更新；<Rd>寄存器为目标寄存器；<Rm>寄存器为第 1 个乘数所在的寄存器；<Rs>寄存器为第 2 个乘数所在的寄存器。

　　当<Rm>、<Rn>、<Rd>为 R15 时，或<Rd>与<Rm>相同时，指令执行的结果不可预测。MUL 指令不影响 CPSR 中的 C 标志位。

　　由于两个 32 位的二进制数相乘的结果为 64 位，而 MUL 指令仅仅保存了 64 位结果中的 32 位，考虑到 32 位操作数的符号位在最高位以及负数在寄存器中用补码表示的实际情况，MUL 指令只能实现两个无符号 16 位二进制数的乘法。

　　使用举例如下：

```
LDR   R0,  =0x1234
MOV R1,  #16
MUL R2,  R0,  R1
```

执行上述指令后，R2 中值为 0x12340。

18. MLA(32 位带加数乘法指令)

　　MLA 指令实现两个 32 位二进制数(可以为无符号数，也可为有符号数)的乘积，再将乘积加上第 3 个操作数，并将结果的低 32 位存放到一个 32 位寄存器中，同时可以根据运算结果设置 CPSR 中相应的标志位。考虑指令执行的效率，指令中所有操作数都放在寄存器中。

　　指令的语法格式为：

　　　　MLA{<cond>}{S}　<Rd>,　<Rm>,　<Rs>,　<Rn>

其中：<Rn>为第 3 个操作数所在的寄存器，该操作数是一个加数，其余参数的使用方法与 MUL 指令相同。

　　除了将乘积再加上第 3 个操作数之外，MLA 指令与 MUL 指令相同。

　　使用举例如下：

```
LDR   R0,  =0x1234
MOV R1,  #16
MOV R2,  #5
MLA R3,  R0,  R1,  R2
```

执行上述指令后，R2 中的值为 0x12345。

19. SMULL(有符号数乘法指令)

　　SMULL 指令实现两个 32 位的有符号数的乘法，同时可以根据运算结果设置 CPSR 中相应的标志位。考虑指令执行的效率，指令中所有操作数都放在寄存器中。

　　指令的语法格式为：

　　　　SMULL{<cond>}{S}　<RdLo>,　<RdHi>,　<Rm>,　<Rs>

其中：<RdHi>寄存器存放乘积结果的高 32 位数据；<RdLo>寄存器存放乘积结果的低 32 位数据；其余参数的使用方法与 MUL 指令相同。

当<Rm>、<Rn>、<RdHi>、<RdLo>、<Rs>为 R15 时，指令执行的结果不可预测。另外，<RdHi>、<RdLo>和<Rm>必须是 3 个不同的寄存器，否则指令执行的结果不可预测。SMULL 指令不影响 CPSR 中的 C 标志位和 V 标志位。

SMULL 是最常用的 32 位符号数的乘法指令。

使用举例如下：

```
MVN     R0,   #15        ; R0=-16
MVN     R1,   #63        ; R1=-64
SMULL   R2,   R3,   R0,   R1
```

执行上述指令后，R3 = 0x00000000，R2 = 0x00000400。若将以上语句更改为：

```
MOV     R0,   #16        ; R0 = 16
MVN     R1,   #63        ; R1 = -64
SMULL   R2,   R3,   R0,   R1
```

则 R3 = 0xFFFFFFFF，R2 = 0xFFFFFC00。

20. SMLAL(64 位带加数有符号数乘法指令)

SMLAL 指令将两个 32 位有符号数的 64 位乘积结果与<RdHi>和<RdLo>中的 64 位二进制数相加，加法结果的高 32 位存放到一个 32 位的寄存器<RdHi>中，加法结果的低 32 位存放到另一个 32 位寄存器<RdLo>中，同时可以根据运算结果设置 CPSR 中相应的标志位。考虑指令执行的效率，指令中所有操作数都放在寄存器中。

指令的语法格式为：

```
SMLAL{<cond>}{S}   <RdLo>,   <RdHi>,   <Rm>,   <Rs>
```

其中：<RdHi>寄存器在指令执行前存放 64 位加数的高 32 位数据，指令执行后存放加法结果的高 32 位数据；<RdLo>寄存器在指令执行前存放 64 位加数的低 32 位数据，指令执行后存放加法结果的低 32 位数据；其余参数的使用方法与 SMULL 指令相同。

除了将 64 位乘积再加上第 3 个 64 位操作数之外，SMLAL 指令与 SMULL 指令相同。

使用举例如下：

```
MVN     R0,   #15        ; R0=-16
MVN     R1,   #63        ; R1=-64
LDR     R2,   =0x400
MOV     R3,   #0x20
SMLAL   R2,   R3,   R0,   R1
```

执行上述语句后，则 R3=0x00000020，R2=0x00000800。若上述语句更改为：

```
MOV     R0,   #16        ; R0=16
MVN     R1,   #63        ; R1=-64
LDR     R2,   =0x400
MOV     R3,   #0x20
SMLAL   R2,   R3,   R0,   R1
```

则 R3=0x00000020，R2=0x00000000。

21. UMULL(无符号数乘法指令)

UMULL 指令实现两个 32 位的无符号数的乘积,乘积结果的高 32 位存放到一个 32 位的寄存器<RdHi>中,乘积结果的低 32 位存放到另一个 32 位寄存器<RdLo>中,同时可以根据运算结果设置 CPSR 中相应的标志位。考虑指令执行的效率,指令中所有操作数都放在寄存器中。

指令的语法格式为:

UMULL{<cond>}{S}　<RdLo>, <RdHi>, <Rm>, <Rs>

各参数的使用方法与 SMULL 指令相同。

当<Rm>、<Rn>、<RdHi>、<RdLo>、<Rs>为 R15 时,指令执行的结果不可预测。另外,<RdHi>、<RdLo>和<Rm>必须是 3 个不同的寄存器,否则指令执行的结果不可预测。UMULL 指令不影响 CPSR 中的 C 标志位和 V 标志位。

UMULL 是最常用的 32 位无符号数的乘法指令。

使用举例如下:

```
LDR      R0,  =12345678
LDR      R1,  =23456789
UMULL  R2, R3,  R0, R1
```

执行上述语句后,R3 = 0x00010761,R2 = 0x6AEDE366。

22. UMLAL(64 位带加数无符号数乘法指令)

UMLAL 指令将两个 32 位无符号数的 64 位乘积结果与<RdHi>和<RdLo>中的 64 位二进制数相加,加法结果的高 32 位存放到一个 32 位的寄存器<RdHi>中,加法结果的低 32 位存放到另一个 32 位寄存器<RdLo>中,同时可以根据运算结果设置 CPSR 中相应的标志位。考虑指令执行的效率,指令中所有操作数都放在寄存器中。

指令的语法格式为:

UMLAL{<cond>}{S}　<RdLo>, <RdHi>, <Rm>, <Rs>

各参数的使用方法与 SMLAL 指令相同。

除了将 64 位乘积再加上第 3 个 64 位操作数之外,UMLAL 指令与 SMLAL 指令相同。

使用举例如下:

```
MOV      R0,  #16
MOV      R1,  #64
MOV      R2,  0x40000
MOV      R3,  0x20
UMLAL  R2, R3, R0, R1
```

执行上述语句后,R3 = 0x00000020,R2 = 0x00040400。

5.5　控 制 类 指 令

ARM 的控制类指令主要包括分支指令、CPSR 访问指令、信号量指令、异常处理指令和协处理器指令等。控制类指令的助记符及其功能如表 5-5 所示。

表 5-5　控制类指令助记符及其功能

指令助记符	指 令 功 能
B	跳转指令
BL	带返回的跳转指令
BX	带状态切换的跳转指令
MSR	通用寄存器到状态寄存器的传送指令
MRS	状态寄存器到通用寄存器的传送指令
SWP	字交换指令
SWPB	字节交换指令
SWI	软中断指令
CDP	协处理器数据操作指令
LDC	协处理器数据读取指令
STC	协处理器数据写入指令
MCR	ARM 寄存器到协处理器寄存器的数据传送指令
MRC	协处理器寄存器到 ARM 寄存器的数据传送指令

1. B(跳转指令)

B 指令将<24-bit signed word offset>表示的目标地址通过计算传送到 PC 中，从而改变程序的执行流程，这种改变可以是有条件的，也可以是无条件的，其指令编码格式(BL 与此相同)如图 5-12 所示。

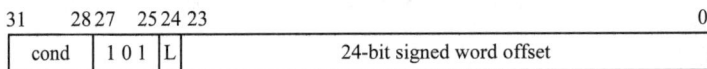

图 5-12　跳转指令编码格式

指令的语法格式为：

B{<cond>}　<24-bit signed word offset >

其中：<cond>为指令执行的条件码；<24-bit signed word offset >为指令跳转的目标地址。在指令格式中给<24-bit signed word offset >字段的编码位数为 24 位，这个目标地址的计算方法是将指令中 24 位带符号的补码立即数扩展为 32 位(扩展其符号位)，并将此 24 位数(可表示 16 M 寻址空间)左移 2 位，将得到的值加到 PC 寄存器中，即得到跳转的目标地址。由这种计算方法可知 B 指令跳转的范围为-32 M～+32 M(符号位可表示正负)。

B 指令跳转的目标地址采用相对寻址方式，即指令中的目标地址<24-bit signed word offset >是真正目标地址相对于当前指令的地址(由 PC 指出)的偏移量。由于 ARM 指令都是 32 位定长指令，因此所有指令的地址的最低 2 位都为 0，当然其偏移量的最低 2 位也为 0。ARM 汇编编译器在编译时将 26 位偏移量右移 2 位(不保存最低 2 位 0)，编码在 24 位的地址字段中。指令执行时再左移 2 位(补上最低 2 位 0)，生成 26 位的偏移量，使得在 24 位的编码字段中保存 26 位的偏移量(时时处处体现 ARM 的技巧)。规定 26 位偏移量为带符号数，可以使 B 指令在程序中既可以向前跳转 32 M，又可以向后跳转 32 M。

在汇编程序中偏移量一般用标号表示，当偏移量的绝对值大于 32 M 时，结果不可预知。

B 指令主要的应用还在于条件跳转。由于有 15 个条件码，因此在实际应用中可以有 15 种不同的条件跳转指令。

使用举例如下：

下面的程序段求 R1 和 R2 寄存器中值的最大公约数。

```
        MOV R1,  #56
        MOV R2,  #49
    gcd
        CMP  R1,  R2
        BEQ  complete           ; 条件跳转，向后
        BLT  lessthan           ; 条件跳转，向后
        SUB  R1,  R1,  R2
        B    gcd                ; 无条件跳转，向前
    lessthan
        SUB  R2,  R2,  R1
        B    gcd                ; 无条件跳转，向前
    complete
```

2. BL(带返回的跳转指令)

BL 将<24-bit signed word offset >表示的目标地址通过计算传送到 PC 中，同时将当前指令的下一条指令的地址保存在寄存器 LR 中，从而实现子程序的调用。

指令的语法格式为：

BL{<cond>}　　<24-bit signed word offset >

各参数的使用方法与 B 指令相同。

BL 指令的目标地址的计算方法与 B 指令相同。

BL 指令的目标地址一般为子程序的入口地址，子程序的返回可以通过将 LR 寄存器的值复制到 PC 寄存器中来实现，通常有下面 3 种方法实现这种复制：

(1) BX 　　 LR;

(2) MOV 　 PC, LR;

(3) 当子程序入口中使用"STMFD 　 R13!, {<registers>, R14}"时，可以在子程序最后用"LDMFD 　 R13!, {<registers>, PC}"来实现返回。

下面的程序段是一个子程序调用的简单例子。

```
        BL subroutine
    exit
        …
    subroutine
        MOV   R9,   #100
        MOV   R10,  #90
        ADD   R11,  R9,  R10
```

　　　　MOV　　PC, LR

3. BX(带状态切换的跳转指令)

　　BX 也是一种跳转指令,但目标地址采用寄存器寻址,其指令编码格式如图 5-13 所示。BX 指令用 Rm 寄存器的最低位来影响 CPSR 中的 T 标志位,同时将计算后的目标地址保存在寄存器 PC 中。因此,BX 指令既可以实现远距离($\pm 2^{31}$)的绝对跳转,也可实现 ARM 空间到 Thumb 空间的切换。

```
     BX
  31     2827                                        6 5 4 3     0
 ┌──────┬────────────────────────────────────────┬───┬───┬──────┐
 │ cond │    0 0 0 1 0 0 1 0 1 1 1 1 1 1 1 1 1 1 0 0 │ L │ 1 │  Rm  │
 └──────┴────────────────────────────────────────┴───┴───┴──────┘
```

图 5-13　BX 指令编码格式

　　指令的语法格式为:

　　　　BX{<cond>}　　<Rm>

其中:<cond>为指令执行的条件码,当<cond>忽略时指令为无条件执行;<Rm>为跳转的目标地址,其计算方法为使 CPSR 中的 T 位等于 Rm 寄存器中最低位的值,然后将 Rm 寄存器中的值与 0xFFFFFFFE 进行与操作,将结果传送到 PC 中。

　　BX 指令主要用于从 ARM 代码区跳转到 Thumb 代码区,ARM 指令为 32 位,其指令地址的最低 2 位为 0,Thumb 指令为 16 位,其指令地址的最低 1 位为 0。显然 Thumb 指令地址的最低 2 位也可以为 0,因此不能单凭指令地址的最低 2 位来区分指令类型。但由于两种指令的最低位都为 0,因此指令系统允许用户通过人为设置该位来标记目标地址,规定该位为 1 表示目标地址处为 Thumb 指令,该位为 0 表示目标地址处为 ARM 指令。如前所述,如果指令地址的最低位为 1,则为非法地址,因此必须将其与 0xFFFFFFFE 进行与操作来恢复其最初的值。事实上,处理器是根据 CPSR 的 T 位来决定是否按 Thumb 代码来执行,而不是单凭指令地址。

　　当 BX 指令的目标地址不设置最低位时,可实现在 ARM 空间 $\pm 2^{31}$ 范围的绝对跳转。

　　当从 Thumb 空间返回 ARM 空间时,也要用 BX 指令。

　　下面的程序段演示了 BX 指令的作用。

```
        CODE32
        LDR    R0, =thumbcode+1    ; 加 1 是人为设置最低位, 准备进入 Thumb 代码区
        MOV    LR, PC
        BX     R0
…
exit
…
        CODE16
thumbcode
        ADD    R7, #1
        BX     LR
```

注意 PC 的值，由于 ARM 采用了流水线机制，在指令中 PC 作为源操作数时，读出的值是当前指令地址值加 8。所以此例中 MOV 指令送到 LR 寄存器中的是 BX 指令下面那条指令的地址。

4. MSR(通用寄存器到状态寄存器的传送指令)

MSR 指令用于将某通用寄存器的内容或一个立即数传送到状态寄存器中，其指令编码格式如图 5-14 所示。

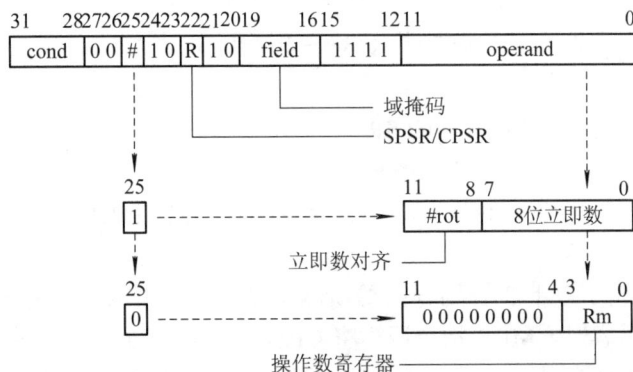

图 5-14 MSR 指令编码格式

指令的语法格式为：

MSR{<cond>}   CPSR_<fields>,   #<operand>

MSR{<cond>}   CPSR_<fields>,   #<Rm>

MSR{<cond>}   SPSR_<fields>,   #< operand >

MSR{<cond>}   SPSR_<fields>,   #<Rm>

其中，<fields>设置状态寄存器中需要操作的位，状态寄存器的 32 位可以分为 4 个 8 位的域：① bits[31:24]为条件标志域，用 f 表示；② bits[23:16]为状态位域，用 s 表示；③ bits[15:8]为扩展位域，用 x 表示；④ bits[7:0]为控制位域，用 c 表示。< operand >为将要传送到状态寄存器中的立即数，该立即数为 12 位，往状态寄存器传送的时候，根据<fields>的标记只传送对应域的位。<Rm>寄存器包含将要传送到状态寄存器中的数据，也是只传送对应域的位。

MSR 指令通常用于恢复状态寄存器的内容或修改状态寄存器的内容。需要强调以下 3 点：① 一般对状态寄存器的修改是通过"读取—修改—写回"的操作序列来实现的；② CPSR 控制域中的 T 位只能通过 BX 指令更改，不能通过 MSR 指令修改；③ CPSR 中有些位是能用的，但是不建议用户使用。

下面的程序代码将处理器模式切换到特权模式。

```
MRS   R0,  CPSR           ; 读取 CPSR
BIC   R0,  R0,  #0x1F      ; 修改, 去除当前处理器模式
ORR   R0,  R0,  #00x13     ; 修改, 设置为特权模式
MSR   CPSR_C, R0           ; 写回, 仅仅修改 CPSR 中的控制域
```

注意，在用户模式下，只能修改 CPSR 中的条件标志域 f，无权修改控制域 c。

5. MRS(状态寄存器到通用寄存器的传送指令)

MRS 指令用于将状态寄存器的内容传送到某通用寄存器中,其指令编码格式如图 5-15 所示。

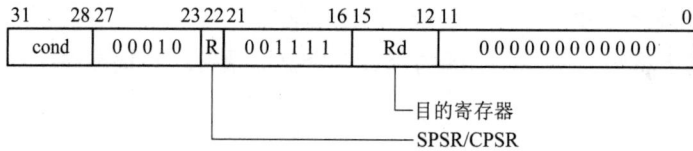

图 5-15　MRS 指令编码格式

指令的语法格式为:

MRS{<cond>}　　<Rd>,　　CPSR

MRS{<cond>}　　<Rd>,　　SPSR

其中:<cond>为指令执行的条件码,忽略条件码时指令无条件执行;<Rd>寄存器为目标寄存器。

MRS 指令主要用于以下 3 种场合:① 通常,在通过"读取—修改—写回"操作序列修改状态寄存器的内容时,MRS 指令用于将 CPSR 的内容读到通用寄存器中;② 当异常中断允许嵌套时,需要在进入异常中断之后、嵌套中断发生之前保存当前处理器模式对应的 SPSR,这时需要先通过 MRS 指令读出 SPSR 的值,再用其他指令将 SPSR 的值保存起来;③ 在进程切换时也需要保存当前状态寄存器的值。

下面的指令读取 SPSR 中的值到寄存器 R10 中。

MRS　　R10, SPSR

6. SWP(字交换指令)

SWP 指令用于寄存器和存储器之间的数据交换,即将一个内存字单元(该单元地址放在寄存器<Rn>中)的内容读取到一个寄存器<Rd>中,同时将另一个寄存器<Rm>的内容写入到该内存单元中。当<Rd>和<Rm>为同一个寄存器时,指令交换该寄存器和内存单元的内容,其指令编码格式如图 5-16 所示。

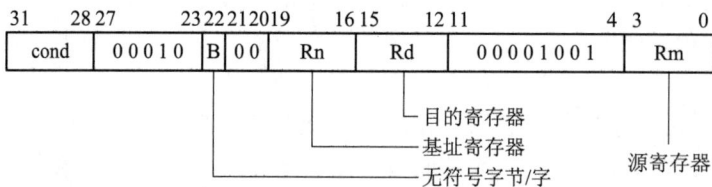

图 5-16　SWP 指令编码格式

指令的语法格式为:

SWP{<cond>}　　<Rd>, <Rm>, <Rn>

其中:<cond>为指令执行的条件码,当<cond>忽略时指令为无条件执行;<Rd>为目标寄存器;<Rm>包含将要保存到内存中的数值;<Rn>包含将要访问的内存单元的地址。

本指令主要用于实现信号量操作。

使用举例如下:

SWP   R1，R2，[R3]   ；将内存单元[R3]中字数据读取到寄存器 R1 中，同时将 R2 寄存器
                            的数据写入到内存单元[R3]中
SWP   R1，R1，[R2]   ；将 R1 寄存器的内容和内存单元[R2]的内容进行交换

7．SWPB(字节交换指令)

SWPB 指令用于将一个内存字节单元(该单元地址放在寄存器<Rn>中)的内容读取到一个寄存器<Rd>中，将寄存器<Rd>的高 24 位设置为 0，同时将另一个寄存器<Rm>的低 8位数值写入到该内存单元中。当<Rd>和<Rm>为同一个寄存器时，该指令交换寄存器低 8位和内存字节单元的内容。该指令编码格式同 SWP 指令。

指令的语法格式为：

SWPB{<cond>}   <Rd>，<Rm>，<Rn>

各参数用法与 SWP 指令相同。

该指令主要用于实现信号量操作。

使用举例如下：

SWPB R1，R2，[R3] ；将内存单元[R3]中字节数据读取到寄存器 R1 中，R1 的高 24 位设
                      置为 0，同时将 R2 寄存器的低 8 位数据写入到内存单元[R3]中

8．SWI(软中断指令)

SWI 指令用于产生软件中断，是实现从用户模式到特权模式的切换并执行特权程序的指令，称为"监控调用"。它将处理器置于监控(SVC)模式，其指令编码格式如图 5-17 所示。

31 28	27 24	23 0
cond	1 1 1 1	24位立即数

图 5-17 SWI 指令编码格式

指令的语法格式为：

SWI{<cond>}   <immed_24>

其中：<cond>为指令执行的条件码，当<cond>忽略时指令为无条件执行；<immed_24>为24 位的立即数，被操作系统用来判断用户程序请求的服务类型。

注意，因为在该指令为立即数<immed_24>分配了 24 位的编码长度，因此，这里的立即数总是合法的。

SWI 指令执行时，首先将该指令的下一条指令的地址保存在 R14_svc 寄存器中，将 CPSR保存在 SPSR_svc 寄存器中；然后设置处理器模式为特权模式，并设置运行在 ARM 环境(而不是 Thumb 环境)下；接着禁止一般中断；最后将 PC 值设置为 0x00000008 或 0xFFFF0008。

SWI 指令主要用于用户程序调用操作系统的系统服务。操作系统在 SWI 的异常中断处理程序中提供相关的系统服务，并定义了参数传递的方法。该指令通常有以下两种使用方法：① 指令中 24 位立即数指定用户请求的服务类型，参数通过寄存器传递；② 指令中的24 位立即数被忽略，用户请求的服务类型由寄存器 R0 的数值决定，参数通过其他通用寄存器传递。ADS1.2 中采用的就是第一种方法。

使用举例如下：

MOV R0，#0x18
LDR   R1，=0x20026

     SWI   0x123456   ; 注意这里的立即数没有符号 "#"

上面的代码段使程序正常返回系统。

9. CDP(协处理器数据操作指令)

ARM 微处理器可支持多达 16 个协处理器,用于各种协处理操作。在程序执行的过程中,每个协处理器只执行针对自身的协处理器指令,忽略 ARM 处理器与其他协处理器之间的指令。ARM 的协处理器指令主要用于:

(1) ARM 处理器初始化。

(2) ARM 协处理器的数据处理操作。

(3) 在 ARM 协处理器的寄存器和处理器的寄存器之间传送数据。

(4) 在 ARM 协处理器的寄存器和存储器之间传送数据。

CDP 指令用于 ARM 处理器通知其协处理器执行特定的操作,该操作由协处理器完成。如果协处理器不能成功地执行该操作,将产生未定义的指令异常中断。利用这个特点,可以通过软件模拟该协处理器的操作。

指令的语法格式为:

       CDP{<cond>} <coproc>, <opcode_1>, <CRd>, <CRn>, < CRm >, <opcode_2>

其中:<cond>为指令执行的条件码,当<cond>忽略时指令为无条件执行;<coproc>为协处理器的编码,可以是 P0~P15;<opcode_1>为协处理器即将执行的操作码 1;<CRd>为目标寄存器的协处理器寄存器;<CRn>为存放第 1 个操作数的协处理器寄存器;<CRm>为存放第 2 个操作数的协处理器寄存器;<opcode_2>为协处理器即将执行的操作码 2。

ARM 的协处理器提供一种灵活的、可选的扩展内核处理功能的方法。不同系列的、不同类型的 ARM 微处理器可以支持不同的协处理器,如处理器 ARM920T 配置了 CP14(调试通信通道协处理器)和 CP15(系统控制协处理器) 两个协处理器,ARM9E 系列还支持协处理器 CP10(单精度浮点协处理器)。不同的协处理器具体用法不同,详细信息可参阅相关的协处理器文档。

10. LDC(协处理器数据读取指令)

LDC 指令用于将源寄存器所指向的存储器中的字数据传送到目标寄存器中。如果协处理器无法成功完成传送操作,则会产生未定义指令异常。指令编码格式如图 5-18 所示。

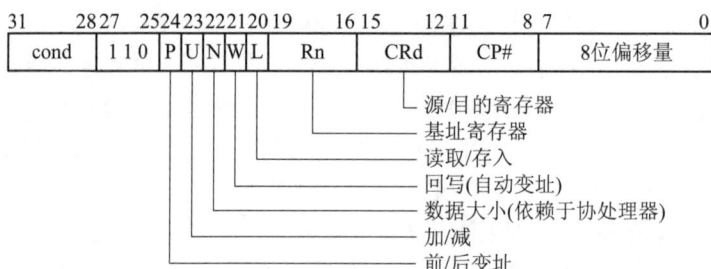

图 5-18   LDC 指令编码格式

指令的语法格式为:

      LDC{<cond>}{L}   <CP#>,   <CRd>,   <addressing_mode>

其中:<cond>为指令执行的条件码,当<cond>忽略时指令为无条件执行;L 指示选项表示指令为长读取操作,如用于双精度数据的传输;<CP#>为协处理器的编码,可以是 P0~P15;<CRd>作为目标寄存器的协处理器寄存器;<address_mode>为指令的寻址方式,指出内存单元的地址,共有 4 种地址的计算方法,详细内容参见相关参考文献。

使用举例如下:

    LDC P6, CR4, [R2,#4]

这行代码中 R2 为 ARM 寄存器,LDC 指令读取内存单元 R2+4 的字数据,然后将其传送到协处理器 P6 的 CR4 寄存器中。

11. STC(协处理器数据写入指令)

STC 指令将协处理器寄存器中的数据写入到一系列连续的内存单元中。如果协处理器不能成功地执行该操作,则会产生未定义的指令异常中断。STC 指令的编码格式同 LDC 指令。

指令的语法格式为:

    STC{<cond>}{L}　< CP#>,　<CRd>,　<addressing_mode>

使用举例如下:

    STC p8, CR8, [R2,#4]!

这行代码中 R2 为 ARM 寄存器,STC 指令将协处理器 P8 的 CR8 寄存器中的字数据写入到内存单元(R2+4)中,然后执行 R2=R2+4 操作

12. MCR(ARM 寄存器到协处理器寄存器的数据传送指令)

MCR 指令将 ARM 处理器寄存器中的数据传送到协处理器寄存器中。如果协处理器不能成功地执行该操作,则会产生未定义的指令异常中断。指令编码格式如图 5-19 所示。

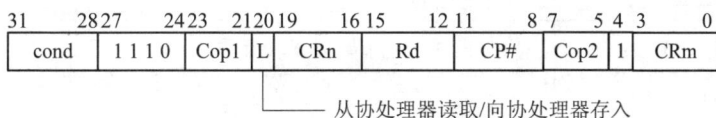

图 5-19　MCR 指令编码格式

指令的语法格式为:

    MCR{<cond>}　< CP#>,<opcode_1>,　<Rd>,<CRn>,<CRm>{,<opcode_2>}

其中:<cond>为指令执行的条件码,当<cond>忽略时指令为无条件执行;<CP#>为协处理器的编码,可以是 P0~P15;<opcode_1>为协处理器即将执行的操作码 1;<Rd>为 ARM 寄存器,其值将被传送到协处理器寄存器中;<CRn>为目标寄存器的协处理器寄存器;<CRm>为附加的目标寄存器或者源寄存器的协处理器寄存器;<opcode_2>为可选的协处理器即将执行的操作码 2。

使用举例如下:

    MCR　P14, 3, R7, C7, C11, 6

在这个例子中,MCR 指令从 ARM 寄存器中将数据传送到协处理器 P14 的寄存器中,其中 R7 为 ARM 寄存器,存放源操作数,C7 和 C11 为协处理器寄存器,均为目标寄存器,操作码 1 为 3,操作码 2 为 6。

13. MRC(协处理器寄存器到 ARM 寄存器的数据传送指令)

MRC 指令将协处理器寄存器中的数据传送到 ARM 处理器寄存器中。如果协处理器不

能成功地执行该操作,将产生未定义的指令异常中断。MRC 指令的编码格式同 MCR 指令。

指令的语法格式为:

MRC{<cond>}　<CP#>,　<opcode_1>,　<Rd>,　<CRn>,　<CRm>{, <Cop2>}

其中:<Rd>为目标寄存器的 ARM 寄存器;<CRn>为源寄存器的协处理器寄存器;<CRm>为附加的目标寄存器或者源寄存器的协处理器寄存器;其他参数与 MCR 指令相同。

使用举例如下:

MRC P15, 2, R5, C0, C2, 4

这个例子中,MRC 指令将协处理器寄存器 P15 中的数据传送到 ARM 寄存器中,其中,R5 为 ARM 寄存器,是目标寄存器,C0 和 C2 为协处理器寄存器,存放源操作数,操作码 1 为 2,操作码 2 为 4。

5.6　传送类指令

Load/Store 是唯一用于寄存器和存储器之间进行数据传送的指令,LDR、STR 是单寄存器的存取指令,LDM、STM 是多寄存器存取指令。传送类指令的助记符及其功能如表 5-6 所示。

表 5-6　传送类指令助记符及其功能

指令助记符	指令功能
LDR	字数据读取指令
LDRBT	用户模式的字节数据读取指令
LDRSB	有符号的字节数据读取指令
LDRT	用户模式的字数据读取指令
STRB	字节数据写入指令
STRH	半字数据写入指令
LDM	批量字数据读取指令
LDRB	字节数据读取指令
LDRH	半字数据读取指令
LDRSH	有符号的半字数据读取指令
STR	字数据写入指令
STRBT	用户模式的字节数据写入指令
STRT	用户模式的字数据写入指令
STM	批量字数据写入指令

单字和无符号字节数据传送指令的编码格式如图 5-20 所示。

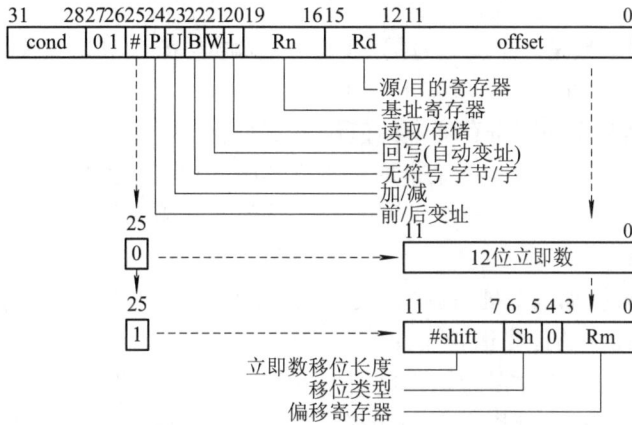

图 5-20 单字和无符号字节数据传送指令的编码格式

半字和有符号字节的数据传送指令编码格式如图 5-21 所示。

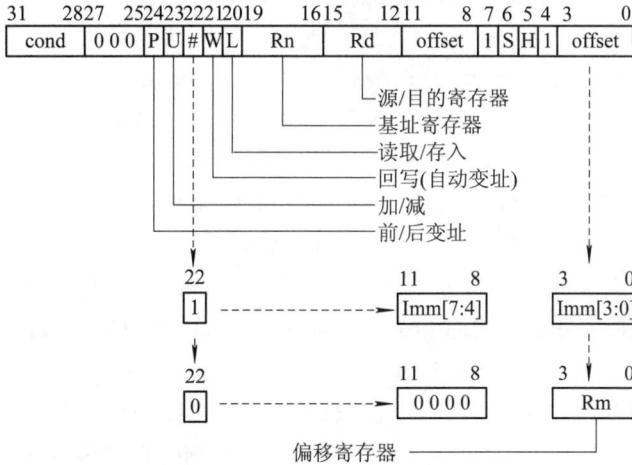

图 5-21 半字和有符号字节的数据传送指令编码格式

1. LDR(字数据读取指令)

LDR 指令用于从内存中将一个 32 位的字数据读取到指令中的目标寄存器中。如果指令中寻址方式确定的地址不是字对齐的，则从内存中读出的数值需要进行循环右移操作，移位的位数为寻址方式确定地址的 bit[1:0]的 8 倍。这样对于 Little-endian 的内存模式，指令想要读取的字节数据存放在目标寄存器的低 8 位；对于 Big-Endian 的内存模式，指令想要读取的字节数据存放在目标寄存器的 bit[31:24](寻址方式确定的地址 bit[0]为 0)或目标寄存器的 bit[15:8](寻址方式确定的地址 bit[0]为 1)。

指令的语法格式为：

　　　LDR{<cond>} <Rd>, <addressing_mode>

其中：<cond>为指令执行的条件码，当<cond>忽略时指令为无条件执行；<Rd>为目标寄存器；<addressing_mode>为源操作数的地址，该地址总是指向一个内存单元。<addressing_mode>由两部分组成，一部分为一个基址寄存器<Rn>，另一部分为一个地址偏移量。基址寄存器可以为任一个通用寄存器，地址偏移量有以下 3 种格式：

(1) 立即数：立即数是一个无符号的 12 位二进制数<offset_12>，该立即数总是合法(即不需要通过移位生成，在指令中就有 12 位编码空间)。

(2) 寄存器：用某个通用寄存器中的值作为偏移量。

(3) 寄存器及一个移位常数：某个通用寄存器中的数值根据指令中的移位标志及移位常数做一定的移位操作，生成一个地址偏移量。移位常数为 5 位，移位标志为 LSL、LSR、ASR、ROR 和 RRX。

地址偏移量既可以加到基址寄存器，也可以从基址寄存器中减去该地址偏移量。

<addressing_mode>的计算也有 3 种方法：

(1) 直接计算：基址寄存器和偏移量相加减，生成操作数的地址。

(2) 事先更新方法：基址寄存器和偏移量相加减，生成操作数的地址。指令执行后，这个生成的操作数地址被写入基址寄存器。

(3) 事后更新方法：先将基址寄存器的值作为操作数地址进行内存访问，然后将基址寄存器和偏移量相加减，生成的操作数地址写入基址寄存器。

使用举例如下：

```
LDR  R4,  [R5]        ; 将 R5 的值所指的内存字单元的数据读取到 R4
LDR  R4,  [R5, #-4]  ; R5 的值减去 4 所指的内存字单元的数据后放到 R4
LDR  R4,  [R5, R6]   ; R5 的值加上 R6 的值所指的内存字单元的数据后放到 R4
LDR  R4,  [R5, R6,  LSL  #2]   ; R5 的值加上 R6 逻辑左移 2 位后的值所指的内存字单元的
                                  数据后放到 R4
LDR  R4,  [R5,  #4]!  ; R5 的值加上 4 所指的内存字单元的数据后放到 R4, 同时 R5=R5+4
LDR  R4,  [R5,  -R6]! ; R5 的值减去 R6 的值所指的内存字单元的数据后放到 R4, 同时
                           R5=R5-R6
LDR  R4,  [R5, R6,  LSL  #2]!  ; R5 的值加上 R6 逻辑左移 2 位后的值所指的内存字单元的
                                  数据后放到 R4, 同时 R5=R5+R6×4
LDR  R4,  [R5],  #4   ; R5 的值所指的内存字单元的数据放到 R4, 然后 R5=R5+4
LDR  R4,  [R5], R6    ; R5 的值所指的内存字单元的数据放到 R4, 然后 R5=R5+R6
LDR  R4,  [R5], -R6,  LSL  #2
     ; R5 的值所指的内存字单元的数据取到 R4, 然后 R5=R5-R6×4
```

对于目标地址不是字对齐的情况，假设从内存地址 0 开始的连续 4 个字节单元的值为 0x10、0x00、0xFF、0xE7，且 R5 寄存器的值为 0，则 LDR 指令及执行结果如下：

```
LDR  R4,  [R5, #0]    ; R4=0xE7FF0010
LDR  R4,  [R5, #1]    ; R4=0x10E7FF00
LDR  R4,  [R5, #2]    ; R4=0x0010E7FF
LDR  R4,  [R5, #3]    ; R4=0xFF0010E7
```

当 PC 被作为 LDR 指令的目标寄存器时，指令从内存中读取的字数据将被视为下一条指令的地址值，从而实现跳转操作。由于指令的地址必须是字对齐的(最低 2 位为 0)，因此可能导致不可知性，这样的操作要小心。

另外，ARM 还有一条汇编伪指令也叫 LDR，要注意区分。

2. LDRB(字节数据读取指令)

LDRB 指令用于从内存中将一个 8 位的字节数据读取到指令中的目标寄存器中，并将目标寄存器的高 24 位清零。

指令的语法格式为：

LDR{<cond>}B　　<Rd>,　<addressing_mode>

各参数的用法同 LDR 指令。

使用举例如下：

假设从内存地址 0 开始的连续 4 个字节单元的值为 0x10、0x00、0xFF、0xE7，且 R5 寄存器的值为 0，则 LDRB 指令及执行结果如下：

```
LDRB   R4,   [R5, #0]      ; R4=0x00000010
LDRB   R4,   [R5, #1]      ; R4=0x00000000
LDRB   R4,   [R5, #2]      ; R4=0x000000FF
LDRB   R4,   [R5, #3]      ; R4=0x000000E7
```

3. LDRBT(用户模式的字节数据读取指令)

LDRBT 指令用于从内存中将一个 8 位的字节数据读取到指令中的目标寄存器中，并将目标寄存器的高 24 位清零。当在特权级的处理器模式下使用本指令时，内存系统将该指令当作一般用户模式下的内存访问操作。

指令的语法格式为：

LDR{<cond>}BT　　<Rd>,　<addressing_mode>

各参数的用法同 LDR 指令。

异常中断程序是在特权级的处理器模式下执行的，这时如果需要按照用户模式的权限访问内存，就可以使用 LDRBT 指令。

使用举例如下：

LDRBT   R4,   [R5]

该指令将内存中起始地址为 R5 的一个字节数据装入 R4 中。

4. LDRH(半字数据读取指令)

LDRH 指令用于从内存中将一个 16 位的半字数据读取到指令中的目标寄存器中，并将目标寄存器的高 16 位清零。如果指令中的内存地址不是半字对齐的，指令会产生不可预知的结果。

指令的语法格式为：

LDR{<cond>}H　　<Rd>,　<addressing_mode>

各参数的用法同 LDR 指令。

使用举例如下：

LDRH R4, [R5]；将内存单元[R5]中的半字读取到 R4 中，R4 中高 16 位设置为 0

5. LDRSB(有符号的字节数据读取指令)

LDRSB 指令用于从内存中将一个 8 位的字节数据读取到指令中的目标寄存器中，并将目标寄存器的高 24 位设置成该字节数据的符号位的值(即将该字节数据进行符号位扩展，生成 32 位数据)。

指令的语法格式为：

  LDR{<cond>}SB <Rd>, <addressing_mode>

各参数的用法同 LDR 指令。

使用举例如下：

  LDRSB R4, [R5, #-4]！ ; 将内存单元[R5]-4 中的字节读取到 R4 中, R4 中高 24 位
            ; 设置为该字节数据的符号位, 同时 R5=R5-4

6. LDRSH(有符号的半字数据读取指令)

LDRSH 指令用于从内存中将一个 16 位的半字数据读取到指令中的目标寄存器中，并将目标寄存器的高16位设置为该半字数据的符号位的值(即将该半字数据进行符号位扩展，生成 32 位数据)。如果指令中的内存地址不是半字对齐的，则指令会产生不可预知的结果。

指令的语法格式为：

  LDR{<cond>}SH <Rd>, <addressing_mode>

各参数的用法同 LDR 指令。

使用举例如下：

  LDRSH R4, [R5], #4 ; 将内存单元[R5]中的半字数据读取到 R4 中, R4 中高 16 位
            ; 设置为该半字数据的符号位，然后 R5=R5+4

7. LDRT(用户模式的字数据读取指令)

LDRT 指令用于从内存中将一个 32 位的字数据读取到指令指定的目标寄存器中。如果指令中寻址方式确定的地址不是字对齐的，则从内存中读出的数值需要进行循环右移操作，移位的位数为寻址方式确定地址的 bit[1:0]的 8 倍。这样对于 Little-endian 的内存模式，指令想要读取的字节数据存放在目标寄存器的低 8 位；对于 Big-Endian 的内存模式，指令想要读取的字节数据存放在目标寄存器的 bit[31:24](寻址方式确定的地址 bit[0]为 0)或目标寄存器的 bit[15:8](寻址方式确定的地址 bit[0]为 1)。

在特权级的处理器模式下使用本指令时，内存系统将该操作当作一般用户模式下的内存访问操作。

指令的语法格式为：

  LDR{<cond>}T <Rd>, <addressing_mode>

各参数的用法同 LDR 指令。

异常中断程序是在特权级的处理器模式下执行的，这时如果需要按照用户模式的权限访问内存，就可以使用 LDRT 指令。

使用举例如下：

  LDRT R4, [R5, #1]

8. STR(字数据写入指令)

STR 指令用于将一个 32 位的字数据写入指令中指定的内存单元。

指令的语法格式为：

  STR{<cond>} <Rd>, <addressing_mode>

其中：<cond>为指令执行的条件码，当<cond>忽略时指令为无条件执行；<Rd>为源寄存器；<addressing_mode>描述目标操作数的寻址方式，具体算法同 LDR 指令。

使用举例如下：

```
STR    R0,  [R1,  #0x100]   ; 将 R0 的值写入内存单元[R1+0x100]
STR    R0,  [R1],  #8        ; 将 R0 的值写入内存单元[R1]，然后 R1=R1+8
```

9. STRB(字节数据写入指令)

STRB 指令用于将一个 8 位的字节数据写入指令指定的内存单元，该字节数据为指令中存放源操作数的寄存器的低 8 位。

指令的语法格式为：

```
STR{<cond>}B    <Rd>,    <addressing_mode>
```

各参数用法同 STR 指令。

使用举例如下：

```
STRB   R0,[R1,#0x100]!  ; 将 R0 中低 8 位写入内存单元[R1+0x100]，同时 R1=R1+0x100
```

10. STRH(半字数据写入指令)

STRB 指令用于将一个 16 位的半字数据写入指令中指定的内存单元，该半字数据为指令中存放源操作数的寄存器的低 16 位。如果指令中的内存地址不是半字对齐的，则会产生不可预知的结果。

指令的语法格式为：

```
STR{<cond>}H    <Rd>,    <addressing_mode>
```

各参数用法同 STR 指令。

使用举例如下：

```
STRH   R0, [R1], #0x60   ; 将 R0 中低 16 bit 写入内存单元[R1]，然后 R1=R1+0x60
```

11. STRT(用户模式的字数据写入指令)

STRT 指令用于将一个 32 位的字数据写入指令中指定的内存单元。当在特权级的处理器模式下使用本指令时，内存系统将该操作当作一般用户模式下的内存访问操作。

指令的语法格式为：

```
STR{<cond>}T    <Rd>,    <addressing_mode>
```

各参数用法同 STR 指令。

异常中断程序是在特权级的处理器模式下执行的，这时如果需要按照用户模式的权限访问内存，就可以使用 STRT 指令。

使用举例如下：

```
STRT     R0,  [R1] ; 将 R0 的值写入内存单元[R1]
```

12. STRBT(用户模式的字节数据写入指令)

STRBT 指令用于将一个 8 位的字节数据写入指令指定的内存单元，该字节数据为指令中存放源操作数的寄存器的低 8 位。当在特权级的处理器模式下使用本指令时，内存系统将该操作当作一般用户模式下的内存访问操作。

指令的语法格式为：

　　　STR{<cond>}BT　　<Rd>,　　<addressing_mode>

各参数用法同 STR 指令。

异常中断程序是在特权级的处理器模式下执行的，这时如果需要按照用户模式的权限访问内存，可以使用 STRBT 指令。

使用举例如下：

　　　STRBT　　R0,　[R1,　#4]；将 R0 的低 8 位值写入内存单元[R1+4]

13. LDM(批量字数据读取指令)

LDM 指令将数据从连续的内存单元中读取到寄存器列表中的各寄存器中，主要用于块数据的读取、数据堆栈的操作以及从子程序中返回等操作。

指令的语法格式为：

　　　LDM{<cond>}<addressing_mode>　　<Rn>{!}　　<registers>{^}

其中：<cond>为指令执行的条件码，当<cond>被忽略时，指令为无条件执行。<addressing_mode>表示地址的变化方式。如果指令中含符号"!"，则指令将最后生成的内存单元的地址写入基址寄存器，否则不写。如果指令中含符号"^"且寄存器列表中有 PC，则将当前处理器模式下的 SPSR 值复制到 CPSR 中；如果寄存器列表中不含 PC，则表示指令中用到的寄存器为用户模式下的寄存器。<registers>为寄存器列表，其中编号低的寄存器对应内存中低地址单元，编号高的寄存器对应内存高地址单元；寄存器列表需用花括号"{}"括住；寄存器名之间用逗号分隔，连续的寄存器可用连字符"-"表示，如 R3-R6；寄存器的书写顺序可任意。

LDM 指令既可用于普通数据块传送，又可用于数据栈的操作，由参数<addressing_mode>区分。

对于普通数据块传送，<addressing_mode>有以下 4 种方式：

(1) IA：表示寄存器列表中编号最小的寄存器对应的内存单元为基址寄存器<Rn>所指的内存单元，随后每个寄存器对应的内存单元地址为前一个内存地址加 4。

(2) IB：表示寄存器列表中编号最小的寄存器对应的内存单元为基址寄存器<Rn>加 4 所指的内存单元，随后每个寄存器对应的内存单元地址为前一个内存地址加 4。

(3) DA：表示寄存器列表中编号最大的寄存器对应的内存单元为基址寄存器<Rn>所指的内存单元，随后每个寄存器对应的内存单元地址为前一个内存地址减 4。

(4) DB：表示寄存器列表中编号最大的寄存器对应的内存单元为基址寄存器<Rn>减 4 所指的内存单元，随后每个寄存器对应的内存单元地址为前一个内存地址减 4。

对于数据栈的操作，由于写入和读出的顺序不同，也有以下 4 种方式：

(1) FA：表示寄存器列表中编号最小的寄存器对应的内存单元为基址寄存器<Rn>加 4 所指的内存单元，随后每个寄存器对应的内存单元地址为前一个内存地址加 4。

(2) EA：表示寄存器列表中编号最小的寄存器对应的内存单元为基址寄存器<Rn>所指的内存单元，随后每个寄存器对应的内存单元地址为前一个内存地址加 4。

(3) FD：表示寄存器列表中编号最大的寄存器对应的内存单元为基址寄存器<Rn>减 4 所指的内存单元，随后每个寄存器对应的内存单元地址为前一个内存地址减 4。

（4）ED：表示寄存器列表中编号最大的寄存器对应的内存单元为基址寄存器<Rn>所指的内存单元，随后每个寄存器对应的内存单元地址为前一个内存地址减4。

LDM 指令主要有 3 种用途，使用举例如下：

（1）内存数据块的读取。

> LDMIA　R0,　{R1-R12}
>
> ; 从内存[R0]处连续读取 12 个字数据，分别送到 R1～R12 寄存器中

（2）数据栈操作。

> LDMFA　R12,　{R0, R4-R9, R11}
>
> ; 从[R12]所指堆栈中读取 11 个字数据，分别送到 R0、R4～R9 和 R11 寄存器中
>
> ; 注意，其他通用寄存器也可作为堆栈指针，但最好用 R13

（3）从子程序中返回。如果在子程序入口使用了 STM 指令，则可用 LDM 指令从子程序中返回，例如：

> LDR　R13, Stackaddress　　; 设置堆栈指针
>
> 　…
>
> BL　subroutine
>
> …
>
> exit
>
> 　…
>
> subroutine
>
> 　　　STMED　R13!, {R10,　R11,　LR}
>
> 　　　MOV　　R9,　#100
>
> 　　　MOV　　R10,　#90
>
> 　　　ADD　　R11,　R9,　R10
>
> 　　　LDMED　R13,　{R10,　R11,　PC}

14. STM(批量字数据写入指令)

STM 指令将指令中寄存器列表中的各寄存器的数值写入连续的内存单元中。它主要用于块数据的写入、数据堆栈的操作以及进入子程序时保存相关寄存器等操作。

指令的语法格式为：

> STM{<cond>}<addressing_mode>　<Rn>{!}　<registers>{^}

各参数用法与 LDM 指令相同。

STM 指令主要有 3 种用途，使用举例如下：

（1）将寄存器中的数值写入内存块。

> STMIA　R0, {R1-R12}；将 R1～R12 寄存器中的数写入[R0]所指的连续内存单元中

（2）数据栈操作。

> STMFA　R12,　{R0, R4-R9, R11}　　; 将寄存器 R0、R4～R9 和 R11 的值保存到由 R12 所指的
>
> 　　　　　　　　　　　　　　　　　　　　　　堆栈中

（3）进入子程序时保存相关寄存器的值，参考前例。

5.7　ARMv8体系架构

ARMv8(目前，ARMv8只有A系列，即ARMv8-A)体系架构是ARM公司为满足新需求而重新设计的一个架构，是近20年来ARM架构变动最大的一次。它引入的Execution State、Exception Level、Security State等新特性与旧的ARM架构有很大差距。从最初的ARMv4(ARM7系列)到ARMv7(Cortex-A,-M,-R系列)，都是针对功耗比较敏感的移动设备的。就性能而言，基于ARM处理器的设备始终无法与PC相提并论。但从ARMv7开始，情况开始有些转变，ARM的市场开始扩展到除移动设备之外的其他领域，这也是ARMv7划分了A(Application)、R(Real-time)和M(Microcontroller) 3个系列的原因，其实质就是细分为3个市场。其中的A系列主要是针对性能要求较高的应用。特别是在Cortex-A9之后，ARM的处理性能有很大的提高，渐渐地吸引了一些PC用户。因此，基于ARM的类PC产品(如平板电脑)开始大量涌现。此时，ARM的处理能力已经有机会应用于其他领域了(如企业设备、服务器等)。当然，其优势依然是低功耗。

早在2007年，ARM公司已经开始了64位架构的研发。2011年11月ARM公司发布了新一代处理器架构ARMv8，支持64位指令集。由于ARM处理器的授权内核被广泛用于手机等诸多电子产品，故ARMv8架构作为下一代处理器的核心技术而受到普遍关注。ARM于2012年推出基于ARMv8架构的处理器内核并开始授权，而面向消费者和企业的样机于2013年在苹果公司的A7处理器上首次运用。ARMv8是在32位ARM架构上进行开发的，被首先用于对扩展虚拟地址和64位数据处理技术有更高要求的产品领域，如企业应用、高档消费电子产品等。ARM指令集架构发展到今天，已经形成一个比较庞大的家族，有多个功能各异的版本，其版本演化如图5-22所示。

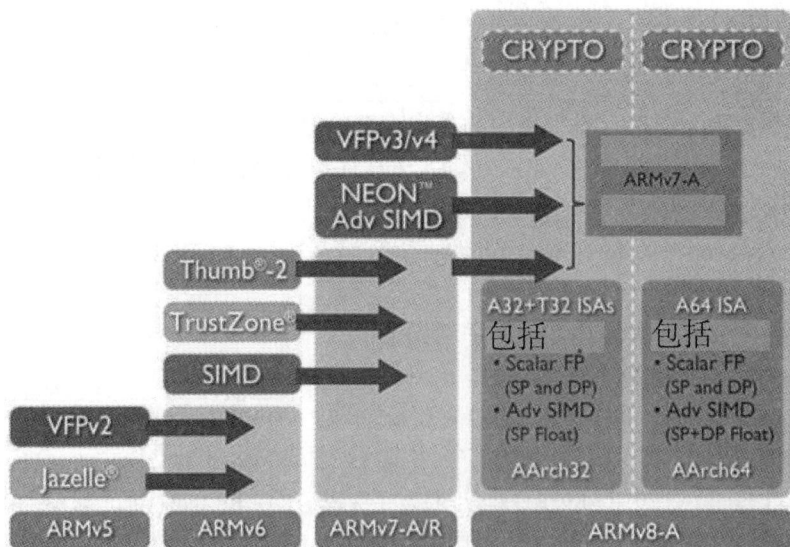

图 5-22　ARM指令集版本演化

ARMv8 指令集架构包括 AArch64 和 AArch32 两种主要执行状态。AArch32 架构在继承 ARMv7 及之前处理器技术的基础上，除了提供现有的 16/32 位的 Thumb2 指令支持外，也向上兼容现有的 A32 指令集。基于 64 位的 AArch64 架构，除了新增 A64 指令集外，还扩充了现有的 A32 和 T32 指令集，同时还新增加了对 CRYPTO(加密)模块的支持。ARMv8 指令集架构图如图 5-23 所示。本章主要介绍 ARMv8-AArch32(基于 32 位运行的 ARMv8 架构)。

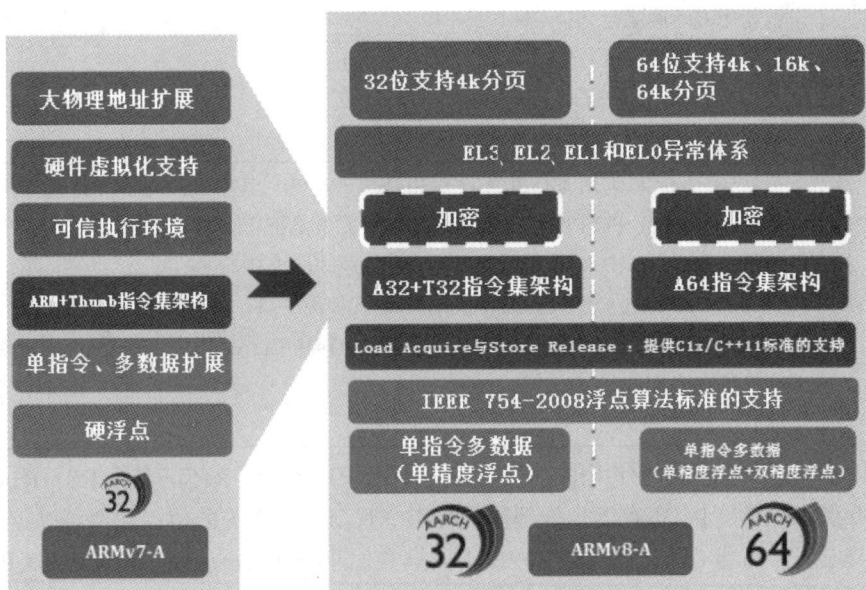

图 5-23 ARMv8 指令集架构

ARMv8 架构支持 3 种指令集：A64、A32 和 T32 指令集。T32 和 A32 都具有 32 位的固定指令长度；A64 是支持 64 位操作数的新指令，大多数指令可以具有 32 位或 64 位参数。T32 作为一组 16 位指令的补充引入，支持用户代码有更好的代码密度。随着时间的推移，T32 演变成 32 位和 16 位混合长度指令集，为编译器提供了优势，可以在单个指令集中平衡性能和代码大小。为便于统一，表 5-7 列出了本节中涉及的相关术语及解释。

表 5-7 ARMv8 架构术语及解释

术 语	解 释
AArch32	基于 32 位运行的 ARMv8 架构
AArch64	基于 64 位运行的 ARMv8 架构
A32、T32	AArch32 架构指令集(支持 A32、T32 和 T16 3 种类型的指令集合)
A64	在 AArch64 模式下支持的 ARM 64 位指令集
Interprocessing	AArch32 和 AArch64 两种执行状态之间的切换
SIMD	Single-Instruction, Multiple-Data (单指令多数据)

ARMv8 提供 AArch32 和 AArch64 两种执行状态，如表 5-8 所示是两种执行状态的对比。

表 5-8　ARMv8 两种执行状态的对比

执行状态	描　述
AArch32	提供 13 个 32 位通用寄存器 R0~R12，一个 32 位 PC 指针(R15)、一个堆栈指针 SP (R13)和一个链接寄存器 LR (R14) 提供一个 32 位异常链接寄存器 ELR，用于 Hyp mode 下的异常返回 32 个 64 位 SIMD 向量和标量提供 floating-point 支持 只使用 CPSR 保存 PE 状态 提供两个指令集 A32(32 位)和 T32(16/32 位) 兼容 ARMv7 的异常模型 协处理器只支持 CP10\CP11\CP14\CP15
AArch64	提供 31 个 64 位通用寄存器 X0~X30 (W0~W30)，其中 X30 是程序链接寄存器 LR 提供一个 64 位 PC 指针、堆栈指针 SPx、异常链接寄存器 ELRx 32 个 128 位 SIMD 向量和标量提供 floating-point 支持 定义了 ARMv8 异常等级 ELx(x<4)，x 越大等级越高，权限越大 定义了一组 PE state 寄存器 PSTATE(NZCV/DAIF/CurrentEL/SPSel 等)，用于保存 PE 当前的状态信息 没有协处理器概念

在 ARMv7-A 中有供软件使用的 16 个 32 位通用寄存器(R0~R15)，其中 R0~R14 用于通用的数据存储，R15 是 PC 寄存器，处理器执行指令时会修改 R15 的值。软件可以访问 CPSR 的值，在异常发生时将 CPSR 拷贝到 SPSR 中，异常处理结束后再从 SPSR 恢复到 CPSR 中。

可以看到，ARMv8-A 处理器处于 AArch32 执行状态时，与 ARMv7-A 处理器存在对应关系，是 ARMv7-A 架构的兼容升级。

AArch64 是全新的 32 位固定长度指令集，支持 64 位操作数的新指令，大多数指令可以具有 32 位或 64 位参数。AArch64 拥有 31 个通用寄存器，系统运行在 64 位状态下的时候名字叫 Xn，运行在 32 位的时候就叫 Wn，其对应关系如图 5-24 所示。

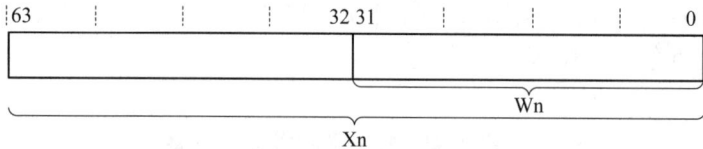

图 5-24　64 位通用寄存器与 32 位通用寄存器的对应关系

除了 31 个(X0~X30)ARMv8-A 核心寄存器之外，AArch64 还有几个特殊的寄存器，见图 5-25。

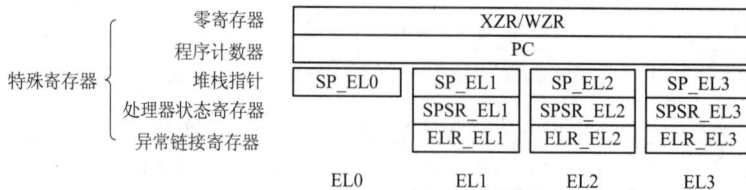

图 5-25　AArch64 中的几个特殊寄存器

注意，没有名为 X31 或 W31 的寄存器。一些指令被编码了，用数字 31 代表零寄存器 ZR(WZR/XZR)。还有一组受限制的指令，其中一个或多个参数被编码，用数字 31 代表堆栈指针(SP)。AArch64 下特殊寄存器的描述如表 5-9 所示。

表 5-9　AArch64 下特殊寄存器的描述

名　字	大　小	描　述
WZR	32 位	零寄存器
XZR	64 位	零寄存器
WSP	32 位	当前栈指针
SP	64 位	当前栈指针
PC	64 位	程序计数器

在 A32 与 T32 之间做切换只要通过 BX 指令即可，但要在 AArch32 与 AArch64 之间做切换只能通过 Exception(只有通过复位或者发生异常这两种方式才可以改变执行状态)。AArch32 和 AArch64 之间的切换如图 5-26 所示。

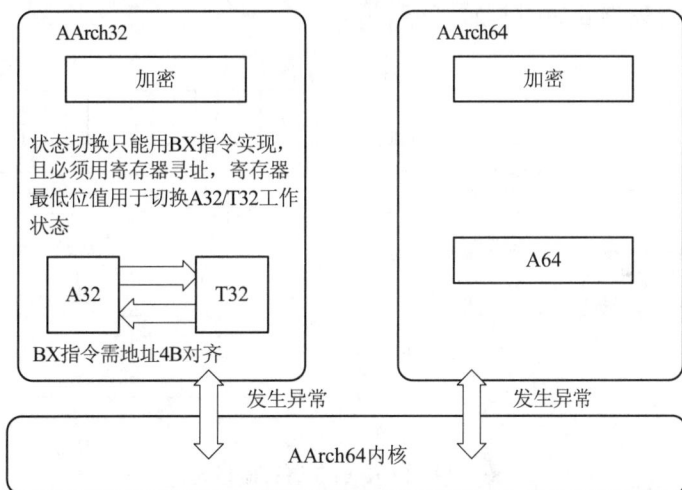

图 5-26　AArch32 和 AArch64 之间的切换

SPSR_EL1.M[4]决定 EL0 的执行状态，为 0 则是 64 位，否则是 32 位。SPSR_EL1 寄存器格式如图 5-27 所示。

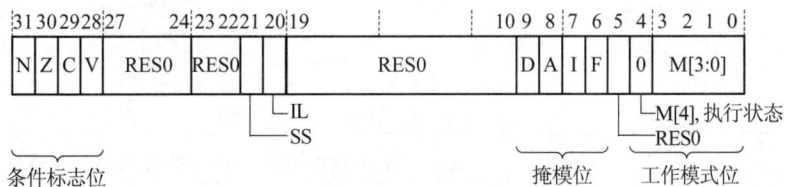

图 5-27　SPSR_EL1 寄存器格式

HCR_EL2.RW 决定 EL1 的执行状态，为 1 则是 64 位，否则是 32 位。HCR_EL2(Hypervisor Configuration Register)寄存器格式如图 5-28 所示。

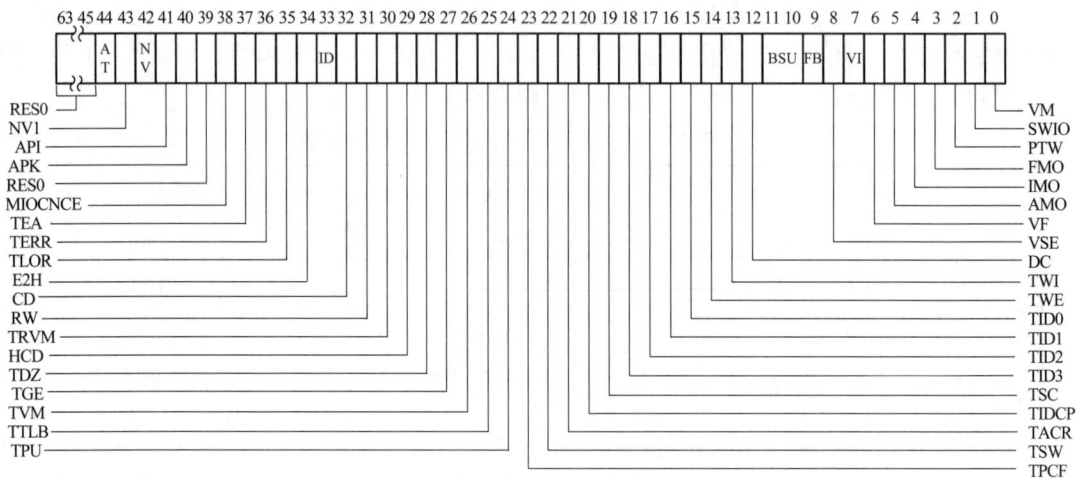

图 5-28 HCR_EL2 寄存器格式

SCR_EL3.RW 确定 EL2 或 EL1 的执行状态，为 1 表示 64 位运行，否则表示 32 位运行。SCR_EL3 寄存器格式如图 5-29 所示。

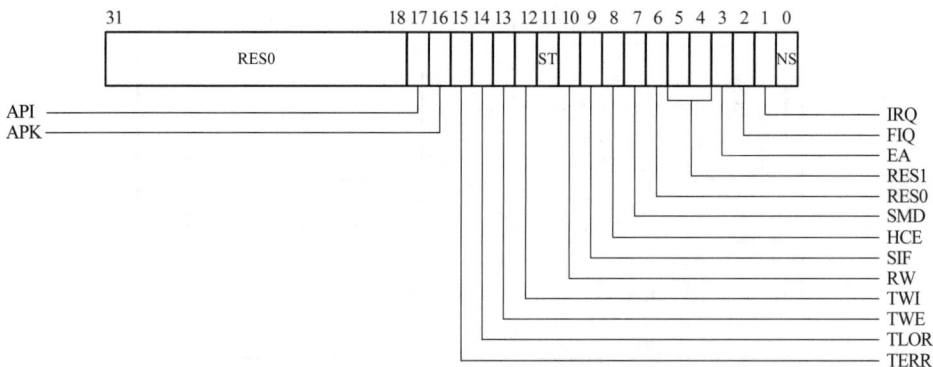

图 5-29 SCR_EL3 寄存器格式

ARMv8 定义了异常等级(Exception Level)来进行权限控制，分别是 EL0、EL1、EL2、EL3，其含义如表 5-10 所示。

表 5-10 ARMv8 异常等级

异常等级	运行内容
EL0	Application
EL1	Linux kernel- OS
EL2	Hypervisor (可以理解为运行多个虚拟 OS)
EL3	Secure Monitor (ARM Trusted Firmware)

假设 EL0~EL3 都已经实现，那么将会有多种异常等级和执行状态的组合，如表 5-11 所示。

表 5-11　异常等级和执行状态的组合

执行状态的组合	64 位到 32 位之间的切换
EL0/EL1/EL2/EL3 运行于 AArch64	此两类组合不存在 64 位到 32 位之间的所谓 Interprocessing 切换
EL0/EL1/EL2/EL3 运行于 AArch32	
EL0 运行于 AARCH32,EL1/EL2/EL3 运行于 AArch64	此三类组合存在 64 位到 32 位之间的所谓 Interprocessing 切换
EL0/EL1 运行于 AArch32,EL2/EL3 运行于 AArch64	
EL0/EL1/EL2≤AArch32,EL3 运行于 AArch64	
组合规则	
字宽(ELx)≤字宽(EL(x+1))　{ x=0,1,2 }	原则：上层字宽不能大于底层字宽

有关 ARMv8-A 异常等级的说明如下：

(1) 在 AArch64 中，ARMv8 架构已不再使用用户模式(User Mode)、管理模式(Supervisor Mode)、中止模式(Abort Mode)等传统处理器模式的概念,但ARMv8需要向前兼容,在AArch32中，就把这些处理器模式映射为 4 个异常等级。

(2) Application 位于特权等级最低的 EL0,Guest OS(Linux kernel、window 等)位于 EL1,提供虚拟化支持的 Hypervisor 位于 EL2(可以不实现)，提供 Security 支持的 Seurity Monitor 位于 EL3(可以不实现)。

(3) 只有在异常发生时(或者异常处理返回时)才能切换异常等级(这也是异常等级的命名原因，为了处理异常)。当异常发生时，有两种选择：停留在当前的异常等级；或者跳转到更高的异常等级，异常等级不能降级。同样，异常处理返回时，也有两种选择：停留在当前异常等级；或者调到更低的异常等级。

ARMv8-A 具有 31 个 64 位通用寄存器，在所有异常级别都可以访问。当发生从 AArch32 到 AArch64 的异常时，有一些特殊的情况要考虑。AArch64 处理程序代码可能需要访问 AArch32 寄存器，因此架构定义了映射以允许 AArch64 访问 AArch32 寄存器。

X 寄存器的[63:32]位在 AArch32 状态下不可用，并且要么为 0,要么是 AArch64 中写入的最后值。因此通常访问 AArch32 的寄存器用 W 寄存器表示。AArch32 与 AArch64 寄存器的映射关系如图 5-30 所示。

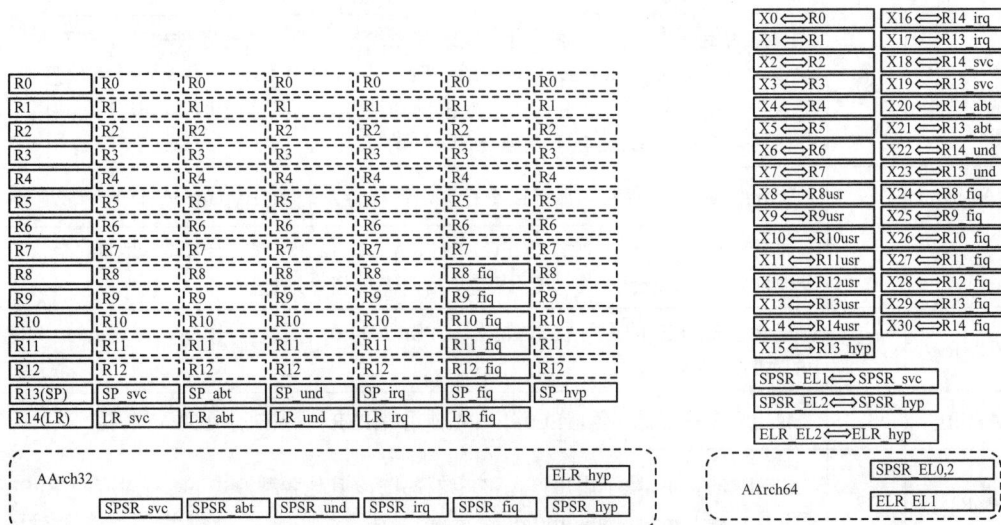

图 5-30　AArch32 与 AArch64 寄存器的映射关系

AArch32 还将存储的寄存器映射到其他无法被访问的 AArch64 寄存器，将 SPSR_svc 映射到 SPSR_EL1，SPSR_hyp 映射到 SPSR_EL2，ELR_hyp 映射到 ELR_EL2。

A32 状态下的寄存器组织见图 5-31。

	User	System	Hyp	Supervisor	Abort	Undefined	Monitor	IRQ	FIQ
R0	R0_usr								
R1	R1_usr								
R2	R2_usr								
R3	R3_usr								
R4	R4_usr								
R5	R5_usr								
R6	R6_usr								
R7	R7_usr								
R8	R8_usr								R8_fiq
R9	R9_usr								R9_fiq
R10	R10_usr								R10_fiq
R11	R11_usr								R11_fiq
R12	R12_usr								R12_fiq
SP	SP_usr		SP_hyp	SP_svc	SP_abt	SP_und	SP_mon	SP_irq	SP_fiq
LR	LR_usr			LR_svc	LR_abt	LR_und	LR_mon	LR_irq	LR_fiq
PC	PC								
APSR	CPSR								
			SPSR_hyp	SPSR_svc	SPSR_abt	SPSR_und	SPSR_mon	SPSR_irq	SPSR_fiq
			ELR_hyp						

图 5-31　A32 状态下的寄存器组织

AArch32 的主要寄存器及其描述如表 5-12 所示。

表 5-12　AArch32 的主要寄存器及其描述

寄存器类型	位数	描　　述
R0~R14	32	通用寄存器，但是 ARM 不建议使用有特殊功能的 R13、R14、R15 当通用寄存器使用
SP_x	32	通常称 R13 为堆栈指针，除了用户模式和系统模式外，其他各种模式下都有对应的 SP_x 寄存器：x ={ und/svc/abt/irq/fiq/hyp/mon}
LR_x	32	R14 为链接寄存器，除了用户模式和系统模式外，其他各种模式下都有对应的 SP_x 寄存器：x ={ und/svc/abt/svc/irq/fiq/mon}，用于保存程序返回链接信息地址，在 AArch32 环境下，也用于保存异常返回地址，也就是说 LR 和 ELR 是共用一个寄存器，但在 AArch64 下是独立的
ELR_hyp	32	Hyp mode 下特有的异常链接寄存器，保存异常进入 Hyp mode 时的异常地址
PC	32	通常称 R15 为程序计算器 PC 指针，AArch32 中 PC 指向取指地址，是执行指令地址 + 8，AArch64 中 PC 读取时指向当前指令地址
CPSR	32	记录当前 PE 的运行状态数据，CPSR.M[4:0]记录运行模式，AArch64 下使用 PSTATE 代替
APSR	32	应用程序状态寄存器，EL0 下可以使用 APSR 访问部分 PSTATE 值
SPSR_x	32	CPSR 的备份，除了用户模式和系统模式外，其他各种模式下都有对应的 SPSR_x 寄存器：x={ und/svc/abt/irq/fiq/hpy/mon}。注意：这些模式只适用于 32 位运行环境

寄存器类型	位数	描　　　述
HCR	32	EL2 特有，HCR.{TEG, AMO, IMO, FMO, RW}控制 EL0/EL1 的异常路由
SCR	32	EL3 特有，SCR.{EA, IRQ, FIQ, RW}控制 EL0/EL1/EL2 的异常路由，注意 EL3 始终不会路由
VBAR	32	保存任意异常进入非 Hyp mode 和 非 Monitor mode 的跳转向量基地址
HVBAR	32	保存任意异常进入 Hyp mode 的跳转向量基地址
MVBAR	32	保存任意异常进入 Monitor mode 的跳转向量基地址
ESR_ELx	32	保存异常进入 ELx 时的异常综合信息，包含异常类型 EC 等，可以通过 EC 值判断异常 class
PSTATE		不是一个寄存器，是保存当前 PE 状态的一组寄存器统称，其中可访问的寄存器有：PSTATE.{NZCV,DAIF,CurrentEL,SPSel}，属于 ARMv8 新增内容，主要用于 64 位环境下

A64 提供了对 64 位宽整数寄存器和数据操作的访问，并能够使用 64 位指针指向内存。A64 指令编码表如图 5-32 所示。

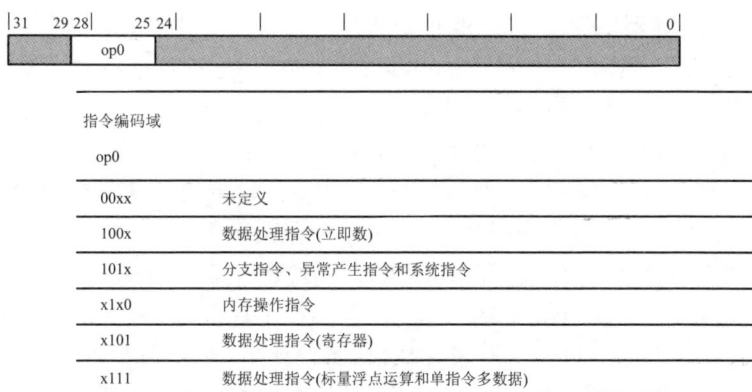

指令编码域 op0	
00xx	未定义
100x	数据处理指令(立即数)
101x	分支指令、异常产生指令和系统指令
x1x0	内存操作指令
x101	数据处理指令(寄存器)
x111	数据处理指令(标量浮点运算和单指令多数据)

图 5-32　A64 指令编码表

需要注意的是，A64 的指令编码为 32 位，其指令格式为：

　　<Opcode>{<Cond>}<S> <Rd>,<Rn> {,<Opcode2>}

各参数的含义如下：

Opcode：操作码，也就是助记符，说明指令需要执行的操作类型。

Cond：指令执行条件码，类似 ARMv7。

S：条件码设置项，决定本次指令执行是否影响 PSTATE 寄存器响应状态位值。

Rd/Xt：目标寄存器，A32 指令可以选择 R0～R14，T32 指令大部分只能选择 R0～R7，A64 指令可以选择 X0～X30。

Rn/Xn：第 1 个操作数的寄存器，和 Rd 一样，不同指令体系有不同要求。

Opcode2：第 2 个操作数，可以是立即数、寄存器 Rm 和寄存器移位方式(Rm，#shift)。

下面以比较和分支指令为例说明 A64 的指令编码格式，比较和分支指令的编码格式如图 5-33 所示。

比较和分支指令(立即数)

	31 30 29		28	27 26 25		24	23						5		4		0	

| sf | 0 1 1 0 1 0 | op | imm19 | Rt |

指令编码域			变量
sf	op		
0	0	CBZ	32位
0	1	CBNZ	32位
1	0	CBZ	64位
1	1	CBNZ	64位

图 5-33　比较和分支指令的编码格式及其说明

5.8　Thumb 指令集概述

A32 指令集支持 Thumb 指令集，Thumb 指令集是 ARM 为了适用 16 位应用系统，把 32 位 ARM 指令集的一个子集重新进行编码而生成的一个 16 位指令集。在 16 位数据总线宽度下，在 ARM 处理器上使用 Thumb 指令的性能要比使用 ARM 指令的性能更好，但在 32 位数据总线宽度下，则不宜使用 Thumb 指令。通常，使用 Thumb 指令将会获得更好的代码密度。

Thumb 指令集中数据处理指令的操作数仍然是 32 位，只是涉及立即数时，由于编码的因素，立即数的范围会比较小。另外，Thumb 指令的地址也是 32 位，但不再是字对齐，而是半字对齐，分支指令跳转范围也会由于编码的因素而较小。

Thumb 指令可以正常使用寄存器 R0～R7，高位寄存器(R8～R15)只能供少数 Thumb 指令使用，如 MOV、ADD、CMP 等。Thumb 指令也不提供访问 CPSR 和 SPSR 寄存器的指令，要访问状态寄存器，只能切换到 ARM 状态，使用 MSR 和 MRS 指令来实现。

Thumb 指令不再是条件执行，但 B 指令继承了 ARM 指令的条件执行。当 B 指令条件执行时，偏移量的计算是先将指令中 8 位偏移量左移一位(相当于最低位补 0，因为 Thumb 指令的地址是半字对齐的)，然后符号扩展成 32 位，再和 PC 相加，形成目标地址。因此，其转移范围为 -256～+254(因为最低位为 0)。B 指令还有一个变体就是无条件执行，这时去掉条件码，扩展偏移量编码位数为 11 位，从而使转移范围变为 -2048～+2046。

Thumb 指令不再含 S 位，CMP 和所有操作 R0～R7 寄存器的数据处理指令都无条件地影响 CPSR 中的条件标志位。

当处理器执行 ARM 指令时，处理器处于 ARM 状态；当处理器执行 Thumb 指令时，处理器处于 Thumb 状态。可以用 BX 指令来实现处理器两种状态的转换。注意：处理器状态和处理器模式是两个完全不同的概念。

Thumb-2 新指令对性能和代码密度进行了改进，从而提供低功耗、高性能的最优设计，更好地平衡代码性能和系统成本。Thumb-2 是混合的 16 位和 32 位指令格式，其 16

位指令在运行时被转换为 32 位指令执行。Thumb-2 指令集在 Thumb 指令的基础上做了如下扩充：① 增加了一些新的 16 位 Thumb 指令来改进程序的执行流程；② 增加了一些新的 32 位 Thumb 指令以实现 ARM 指令的一些专有功能，32 位的 ARM 指令也得到了扩充；③ 增加了一些新的指令来改善代码性能和数据处理的效率，给 Thumb 指令集增加 32 位指令，解决了之前 Thumb 指令集不能访问协处理器、特权指令和特殊功能指令的局限。新的 Thumb 指令集可以实现所有的功能，这样就不需要在 ARM 和 Thumb 状态之间反复切换了。开发者只需要关注对整体性能影响最大的那部分代码，其他部分使用缺省的编译配置就可以了。

　　Cortex-M3 处理器采用 ARMv7-M 架构。它包括所有的 16 位 Thumb 指令集和基本的 32 位 Thumb-2 指令集架构，使用的指令集是 Thumb-2 指令集的子集。它的(指令)工作状态只有一个，那就是 Thumb-2 状态。那么，处理器必须能够自动识别当前指令长度是 16 位还是 32 位，以正确地执行 Thumb-2 指令代码。处理器采用以下方法自动识别指令长度：根据 PC 寄存器半字中的 bits<15:11>决定该半字是 16 位指令还是属于 32 位指令的一部分。图 5-34 展示了 bits<15:11>确定指令长度的功能。

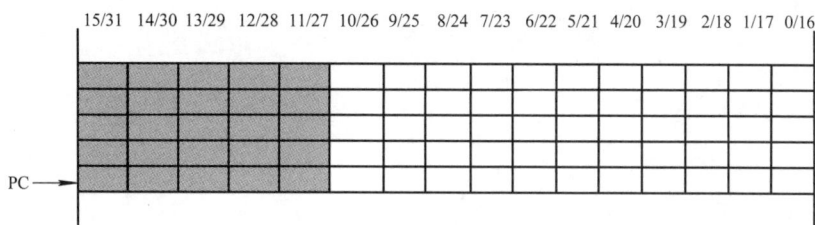

图 5-34　bits{15:11}确定指令长度

不同指令长度的 bits<15:11>编码格式如表 5-13 所示。

表 5-13　不同指令长度的 bits<15:11>编码格式

半字 bits<15:11>	功　　能
0b11100	16 位无条件分支 Thumb-2 指令，在所有 Thumb-2 体系结构中定义
0b111xx　(xx≠00)	32 位 Thumb-2 指令，在 Thumb-2 中定义
0bxxxxx　(xxxxx≠111xx)	16 位 Thumb-2 指令

　　在掌握 ARM 指令的情况下很容易理解 Thumb 及 Thumb-2 指令。另外，这两种指令集的设计主要面向编译器，而不是针对手工汇编，一般建议用 C 或 C++ 来编程，然后用编译器生成 Thumb 指令及 Thumb-2 指令的目标代码。因此，本书不再详述 Thumb 指令集，有需要者，可参阅参考文献中列出的相关书籍。

习　　题

1. 试描述 ARMv8 指令体系架构。

2. 举例说明 ARM 指令系统中条件执行的好处。

3. 举例说明 BX 指令的功能。

4. 举例说明 SWI 指令的功能。

5. 设 x = 123，y = −124，编写 x×y 的 ARM 指令代码。

6. 编写一段 ARM 汇编程序，实现数据块拷贝，将 R0 指向的 8 个字的连续数据保存到 R1 指向的一段连续的内存单元。

7. 简述 CISC 与 RISC 体系架构的优缺点。

8. 描述 Thumb 指令的特点以及 Thumb-2 指令如何区别 16 位指令和 32 位指令。

第 6 章

ARM 汇编程序设计

本章主要介绍 ARM 汇编语言程序设计，这是理解 ARM 硬件与软件交互的重要途径。通过本章的学习，读者可深入理解计算机系统的工作原理，并将计算机系统与 C 语言结合起来，有效地应用于嵌入式系统的开发当中；可培养严谨的逻辑思维和细致的工作态度，并保持对技术的敬畏之心；认识到汇编语言的复杂性和挑战性；可充分发挥主观能动性，培养自己的耐心和毅力，不畏艰难，勇于挑战自我，为将来在该技术领域深耕打下坚实基础。

尽管 ARM 嵌入式系统主要采用 C 语言作为开发语言，但是一些底层代码和一些关键代码还是需要用汇编语言编写。因为手工编写的汇编代码能达到最好的优化效果，从而提高程序的执行效率，增强系统的竞争力。

学习 ARM 汇编语言程序设计需要应用 ARM 汇编语言编译器。目前，主要的 ARM 汇编语言编译器有 4 个：

(1) ARM 公司开发的标准 ARM 汇编语言编译器为 armasm，它集成在 ADS 中，ADS 是 ARM 公司为方便用户在 ARM 芯片上进行应用软件开发而推出的集成开发环境。

(2) GNU 为支持 ARM 而开发的 GNU ARM 汇编语言编译器为 arm-elf-as，它需要与配套的链接工具(Arm-elf-ld)和调试工具(arm-elf-gdb)配合使用。

(3) IAR 公司开发的 IAR ARM 汇编语言编译器为 iasmarm，它集成在集成开发环境 EWRAM 中，EWRAM 是 IAR 公司推出的针对 ARM 系统的开发工具软件。

(4) ARM 公司推出的 ARM 编译器工具链 ARM Compiler 6，它集成在集成开发环境 ARM DS-5(ARM Development Studio 5)中。ARM Compiler 6 里面有两种汇编语言的编译器，一种是使用 GNU 汇编格式的 armclang，另一种是使用 ARM 汇编格式的 armasm。也就是说，以前 ARM Compiler 5 的汇编启动文件还是可以用的，但是 C 的内联汇编必须使用 GNU 内联格式。

6.1 ARM 汇编集成开发环境

6.1.1 ADS 集成开发环境简介

ADS(ARM Developer Suite)是 ARM 公司推出的 ARM 系统开发工具，它取代了早期的 ARM SDT(ARM Software Development Kit)，为用户开发 ARM 应用系统提供了全面的支持。

ARM 公司后期又推出了功能更为强大的 RVDS(RealView Development Suite)。这里主要介绍 ADS 集成开发环境下 ARM 汇编语言程序调试方法。

ADS 的最新版本是 3.0,主要应用于电子设计自动化领域及智能汽车领域,支持在 Windows 系统以及 Linux 系统等平台上使用。ARM ADS 由 6 部分组成,下面分别进行介绍。

1. 代码生成工具(Code Generation Tools)

代码生成工具包括 armcc(ARM C 编译器)、armcpp(ARM C++编译器)、tcc(Thumb C 编译器)、tcpp(Thumb C++编译器)、armasm(ARM 和 Thumb 汇编语言编译器)、armlink(ARM 目标代码连接器)和 armsd(ARM 和 Thumb 符号调试器)。本章主要介绍使用 armasm 和 armlink。

2. 集成开发环境(CodeWarrior IDE)

ADS 在其 Windows 版本中集成了 Metrowerks 公司比较有名的集成开发环境 CodeWarrior IDE。CodeWarrior IDE 包括工程管理器、代码生成接口、语法敏感编辑器、源文件和类浏览器、源代码版本控制系统接口、文本搜索引擎等。

3. 调试器(Debuggers)

ADS 调试器包括 ARM 扩展调试器 AXD(ARM eXtended Debugger)和 ARM 符号调试器 armsd(ARM symbolic debugger)。AXD 基于图形界面,具有一般意义上调试器的所有功能,包括简单和复杂断点设置、栈显示、寄存器和内存单元显示、命令行接口等。ARMSD 为命令行调试工具。本章主要使用 AXD。

4. 指令集模拟器(Instruction Set Simulators)

ADS 的指令集模拟器主要是 ARMulator,它能帮助用户无需任何硬件即可完成大部分调试工作。

5. ARM 开发包(ARM Firmware Suite)

ARM 开发包包括映像文件转换工具(Fromelf)、调试器运行时信息统计工具(Armprof)、库文件生成工具(Armar)和 Flash Downloader 等,其中 Fromelf 可以将 elf 格式的文件转换成多种二进制文件格式,同时也可以生成 elf 文件内部的相应信息;Flash Downloader 可以将可执行映像文件写入目标版的 Flash 中。

6. ARM 应用库(ARM Applications Library)

ARM 应用库包括标准 C 库和 C++库例程。

6.1.2　编辑 ARM 汇编语言源程序

下面先给出一个标准的 ARM 汇编语言程序作为例子,可以用任意纯文本编辑器编辑源程序文件,ARM 汇编语言源程序文件扩展名为 .s,为方便叙述,本例指定文件名为 ex6_1.s,存放在 C:\asm 目录下,代码如下:

```
AREA      ex6_1, CODE, READONLY
ENTRY
start MOV       r3, #10
MOV       r4, #3
ADD       r5, r3, r4
```

```
stop MOV      r0, #0x18
LDR      r1, =0x20026
SWI      0x123456
END
```

6.1.3　在命令行方式下调试

代码实例 ex6_1.s 的调试步骤如下：

(1) 用工具 armasm 汇编 ex6_1.s，生成目标代码 ex1.o，如图 6-1 所示。

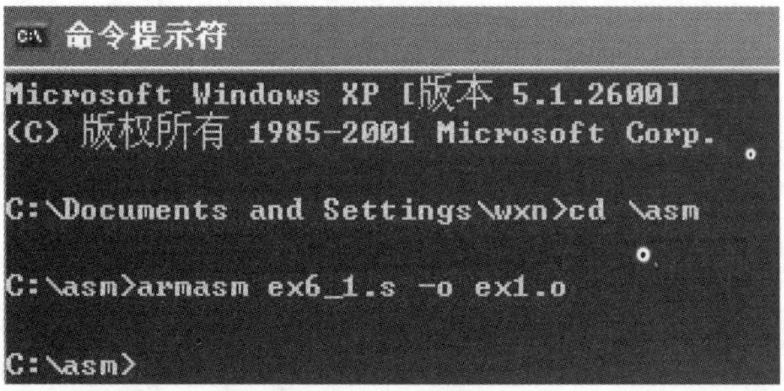

图 6-1　汇编源程序

(2) 用工具 armlink 链接目标代码 ex1.o，生成可执行文件 ex1，如图 6-2 所示。

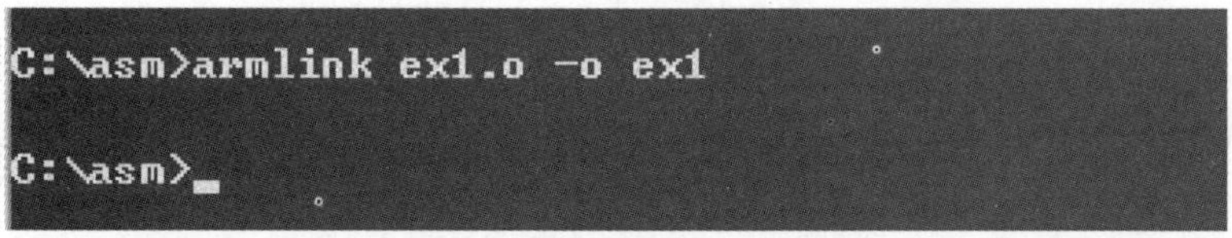

图 6-2　链接目标代码

(3) 用工具 armsd 调试可执行文件 ex1，如图 6-3 所示。

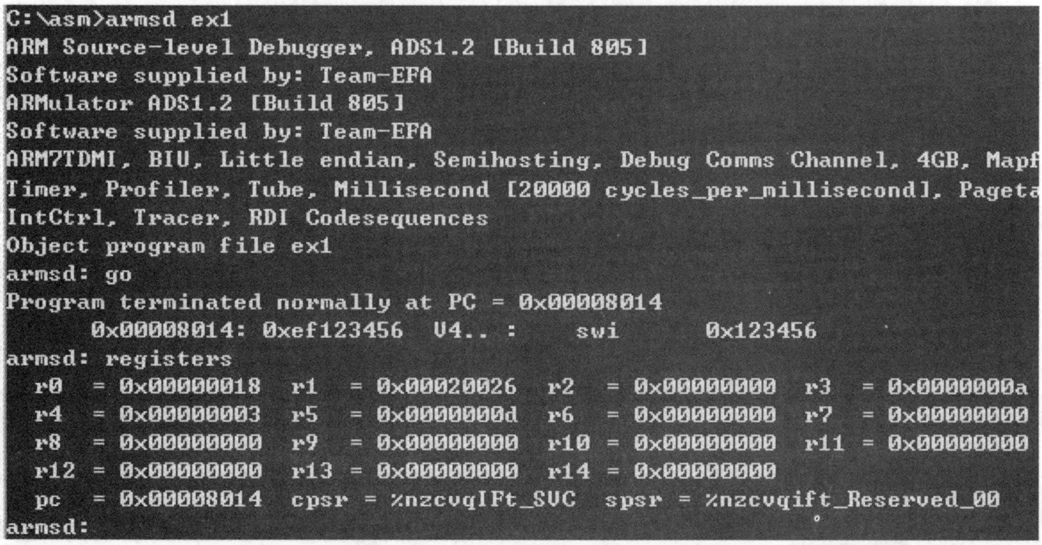

图 6-3　armsd 调试工具

在 armsd 下还有很多有用的调试命令，如查看内存单元(Examine)、列出程序代码(List) 和退出 armsd(Quit)等，有兴趣的读者可参阅参考文献。

6.1.4　在 IDE 环境下调试

1. 创建一个新工程

打开"CodeWarrior"，选择"File"菜单中的"New"选项，创建一个新工程，如图 6-4 所示，也可以在工具栏中单击"New"按钮打开新建工程对话框。

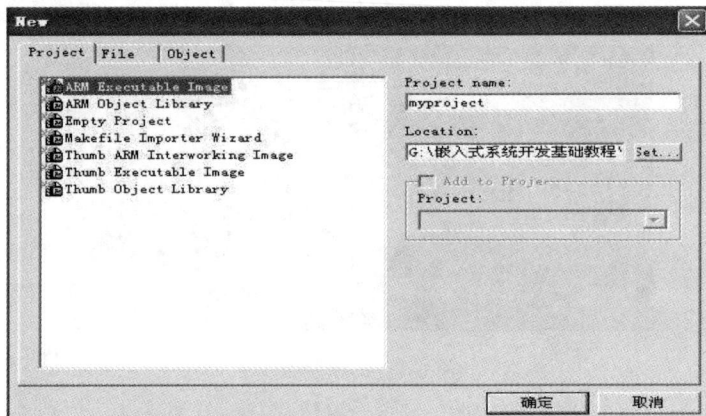

图 6-4　新建工程对话框

共有 7 种可选择的工程类型，列举如下：

(1) ARM Executable Image：用于由 ARM 指令的代码生成一个 elf 格式的可执行映像文件；

(2) ARM Object Library：用于由 ARM 指令的代码生成一个 armar 格式的目标文件库；

(3) Empty Project：用于创建一个不包含任何库或源文件的工程；

(4) Makefile Importer Wizard：用于将 Visual C 的 nmake 或 GNU make 文件转入到 Code Warrior IDE 工程文件；

(5) Thumb ARM Executable Image：用于由 ARM 指令和 Thumb 指令的混合代码生成一个可执行的 ELF 格式的映像文件；

(6) Thumb Executable Image：用于由 Thumb 指令创建一个可执行的 elf 格式的映像文件；

(7) Thubm Object Library：用于由 Thumb 指令的代码生成一个 armar 格式的目标文件库。

在这里选择默认的"ARM Executable Image"，然后在"Project name"文本框中输入工程文件名，本例为 myproject。单击"Location"文本框的"Set"按钮，设置工程的保存路径，然后单击"确认"按钮。这时会出现"myproject.mcp"窗口，在默认显示的第一个标签页"Files"中单击右键，弹出一个右键菜单，如图 6-5 所示。

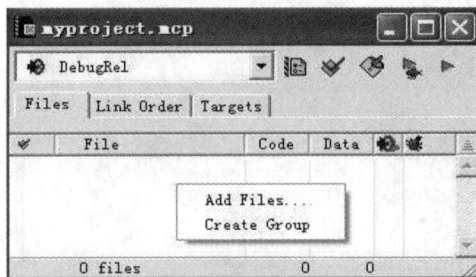

图 6-5　新建工程打开窗口

选中"Add Files"命令，即可弹出"Select Files to Add"对话框，选择需要的文件 ex1.s，单击"Open"，会弹出"Add Files"窗口，如图 6-6 所示。Add Files 窗口共有 3 个添加目标，其含义分别是：

(1) DebugRel：在生成目标时，为每一个源文件生成调试信息。

(2) Debug：为每一个源文件生成最完全的调试信息。

(3) Release：不会生成任何调试信息。

这里选择"DebugRel"，单击"OK"，完成文件添加。也可以选择"Project"菜单中"File"选项添加文件。

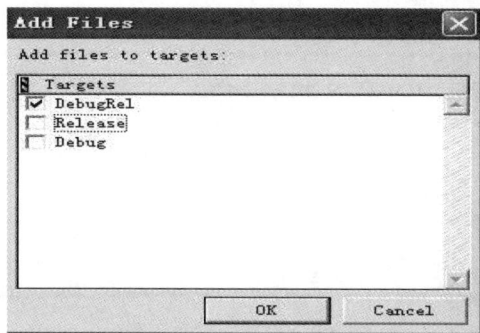

图 6-6 选择添加文件到指定目标

2. 编译和链接工程

单击"Edit"菜单，选择"DebugRel Setting"，出现如图 6-7 所示的对话框。

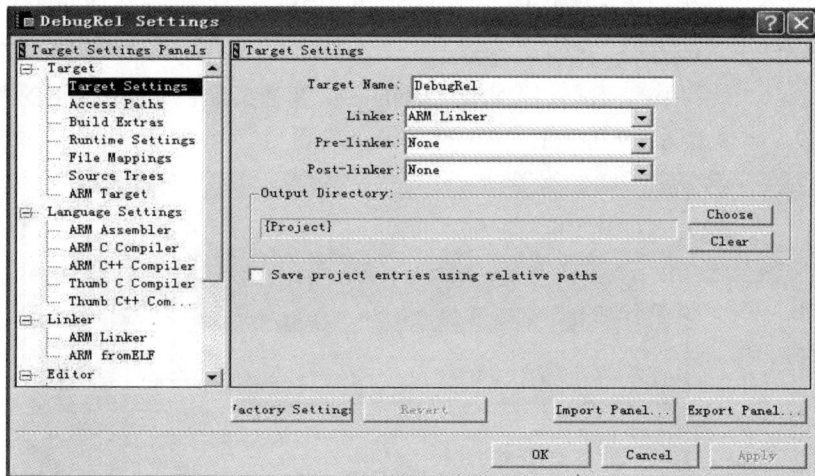

图 6-7 DebugRel 设置对话框

在"Target"选项下"Target Settings"的"Linker"文本选择框中选择默认的"ARM Linker"，表示选择 armlink 链接器。在"Language Settings"选项下"ARM Assemble"的"Architecture or processor"文本选择框中选择"ARM920T"，表示编译代码时针对处理器 ARM920T。选择"Linker"选项下"ARM Linker"的"Output"标签页，在"Linktype"对话框中选择"Simple"，在"Simple Image"对话框中，设置"RO Base"为"0x0000"，设置"RW Base"为"0x8000"，表示 RO(只读)段加载到内存 0x0000 处，RW(读写)段加

载到内存 0x8000 处。选择"Split Image",表示把 RO 段和 RW 段分为两个加载域。

单击"OK",结束 DebugRel 设置。

单击"Project"菜单下的"Make"选项(或按"F7"热键)开始编译工程 myproject。该工程只有一个文件 ex1.s,如果没有错误,会出现如图 6-8 所示的编译和链接结果。

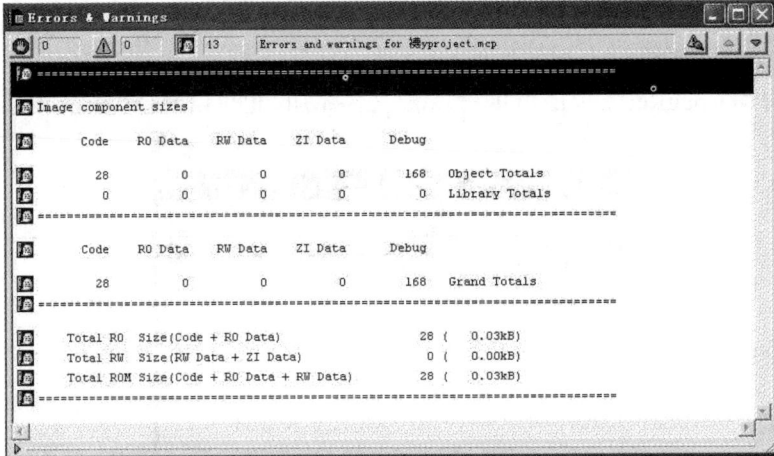

图 6-8　编译和链接结果

编译链接完成后,在工程 myproject 所在的目录下会生成一个名为工程名_Data 的目录,本例中为 myproject_Data。在这个目录下又有 Debug、DebugRel 和 Release 3 个子目录,分别对应不同类别的目标。由于本例中使用的是 DebugRel 目标,所以生成的最终文件都在该目录下,进入该目录,会发现 make 后生成的包含调试信息的映像文件 myproject.axf。

3. 在 AXD 中调试工程

运行 ADS1.2 软件中的调试软件 AXD Debugger,选择菜单"Options"下的"Configure Target"选项,出现如图 6-9 所示的"Choose Target"窗口。

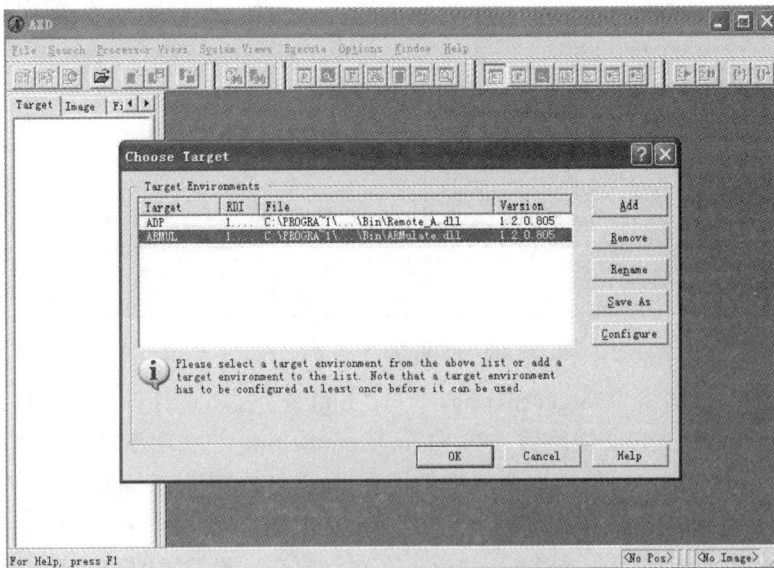

图 6-9　AXD 及其"Choose Target"窗口

AXD 调试环境既可以是 ADP(调试代理协议)方式，即通过 JTAG 进行远程仿真调试；又可以是 ARMUL 方式，即无需任何硬件，利用 AXD 嵌入的 ARM 软件模拟器 ARMulator 进行调试。这里选择 ARMUL 方式，然后单击"Configure"按钮，在"ARMulator Configuration"窗口中的"Processor"选择框中选择"ARM920T"，然后单击"OK"返回，再在"Choose Target"窗口中点击"OK"返回。此时，在"AXD"窗口左侧会出现"ARM920T"字样，表示目标处理器为 ARM920T。

在"AXD"窗口中选择"File"菜单下的"Load Image"选项，加载"myproject.axf"映像文件。然后单击"Execute"菜单下的"Go"选项来运行程序。单击工具栏中的"Processor Registers"按钮来观察寄存器中值的变化情况，单击工具栏中的"Memory"按钮来查看内存单元的值，单击工具栏中的"Disassembly"按钮查看汇编代码的机器码，如图 6-10 所示。

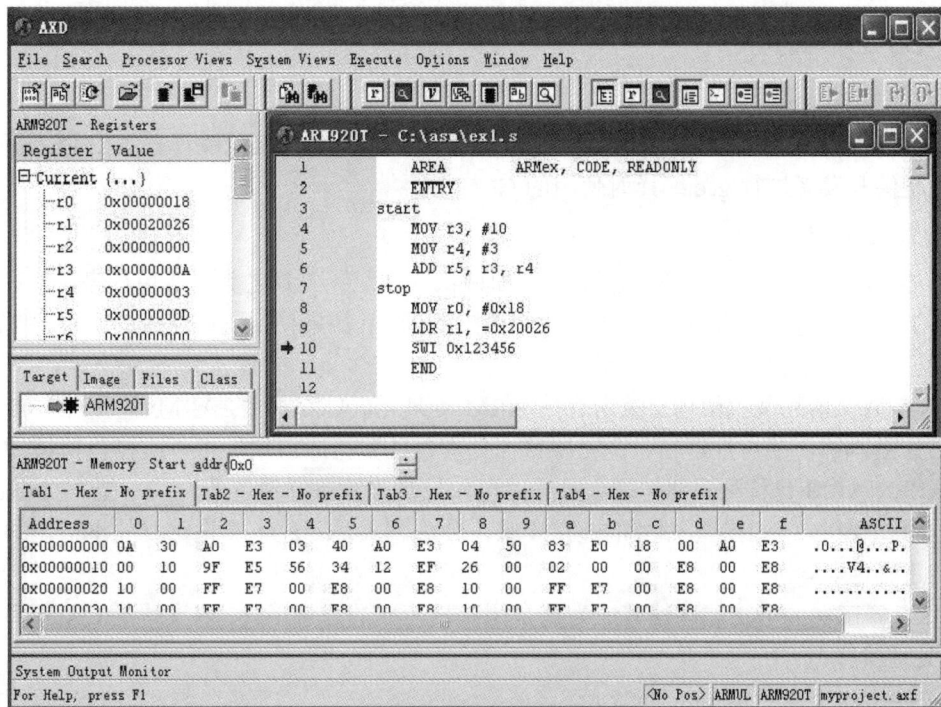

图 6-10　AXD 程序调试界面

ADS 软件的功能非常强大，它既支持 ARM 汇编语言，又支持 C、C++、Thumb 汇编语言以及它们的混合编程；它既提供模拟环境，又提供远程仿真；嵌入的 CodeWarrior 能实现全面的项目管理；调试器支持断点调试和远程下载。这里只是简要介绍了如何在 ADS 下调试 ARM 汇编语言程序，更多 ADS 内容请参阅参考文献。

6.1.5　ARM DS-5 集成开发环境简介

ARM DS-5(ARM Development Studio 5)是 ARM 公司从 2010 年开始推出的一款可扩展多功能，可调试裸板，支持 Linux、Android 系统，支持所有 ARM 内核的软件开发工具套件。ARM DS-5 提供具有跟踪、系统范围性能分析器、实时系统模拟器和编译器的应用程序和内核空间调试器。这些功能包含在定制的、功能强大且对用户友好的基于 Eclipse 的

IDE 中，其软件架构如图 6-11 所示。借助于该工具套件，可缩短系统的开发和测试周期，并且可帮助工程师创建资源利用效率高的软件。

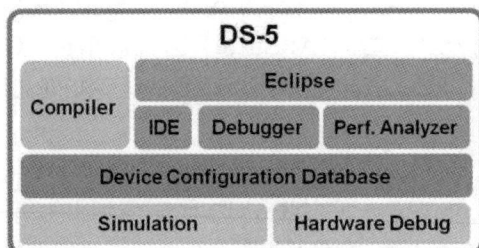

图 6-11　DS-5 软件架构

1. DS-5 新增的功能

1) ARM 编译器

DS-5 集成了两款编译器，一款是 ARM 公司开发的产业标准的编译器 ARM Compiler；另一款是供开发者进行 gcc 编译时使用的 GCC。

2) DS-5 调试器

新芯片流片后调试时，DS-5 提供了诸如调试硬件配置工具之类的实用程序，该工具使用 JTAG 自动检测用户的平台，只需修改细微配置即可。如果使用的是现成的部件，则 DS-5 中可能已经有一个预构建的调试配置。

DS-5 调试器的现代架构支持所有的 ARM 处理器(包括最新的 ARMv8 系列)，但是大部分的处理器都需要自行建立一个支持目标处理器的数据库。DS-5 可以支持任何被导入到该数据库的 ARM 目标处理器。这个数据库可以灵活设置目标设备的一些功能，如 trace 和寄存器内存映射，免去很多额外的连接步骤，使编程人员专注于真正重要的事情，即保障软件的正确性。

DS-5 调试器的多功能性使其成为整个团队规范化的理想工具，它支持从 CADI 界面到 ARM 处理器模型。

3) 性能分析器 Streamline

性能分析器 Streamline 能够让用户充分利用系统资源，创造出高性能、高能效的产品。它集系统性能计量、系统跟踪、统计分析和电源管理于一体，能够识别代码热点、系统瓶颈以及代码或系统架构的其他非预期效应。Streamline 还支持 OpenCL 依赖性的可视化，帮助用户平衡 GPU 和 CPU 之间的资源。

2. 版本之间的区别

ARM DS-5 有旗舰版、专业版和社区版(免费版) 3 个版本。DS-5 旗舰版是一款绝对重磅的 ARM 内核开发工具，除了支持 DS-5 专业版所有的功能外，还支持最新的 ARMv8 内核体系架构。DS-5 旗舰版最突出的特点是支持 Cortex-A53/A57 内核，即 ARMv8 内核架构，并且首次引入了 ARM Compiler 6 版本的编译器。同时，在 DS-5 旗舰版中还可以使用现成的 ARMv8 固定虚拟平台(模拟器)，DS-5 旗舰版与社区版、专业版的主要区别如图 6-12 所示。

功能	社区版（免费）	专业版	旗舰版
处理器支持			
Cortex-A50（ARMv8-A）			✓
ARM7、Cortex-M/R		✓	✓
ARM9、ARM11、Cortex-A（ARMv7-A）	✓	✓	✓
编译器			
ARM Compiler 6			✓
ARM Compiler 5、ARM 汇编器、MicroLib		✓	✓
Linaro GNU GCC Linux 编译器	✓	✓	✓
模拟器			
ARMv8 固定虚拟平台（FVP）			✓
多核 Cortex-A9 实时模拟器		✓	✓
Cortex-A8 固定虚拟平台（FVP）		✓	✓

图 6-12　DS-5 各版本之间的区别

　　DS-5 软件功能非常强大。DS-5 使用 ARM 原厂提供的 ARM CC 编译器，增加了 Linux/Andriod 系统内核调试，满足市场对复杂 SoC 系统开发的要求。图形化代码性能分析器 Streamline 等重要的功能更是让工程师节省了大量的开发时间，有效地突破了软件开发的瓶颈，帮助产品更快推向市场，大大地降低了软件开发环节的成本。目前几个主要的半导体原厂，如高通、华为、三星、全志、炬力等都在全面更新 DS-5 开发工具，所以下游的 ODM/OEM、手机平板及移动设备开发商很快就将随着半导体原厂工具平台的更新开始使用 DS-5 开发工具。

6.1.6　ARM DS-5 编辑运行 ARM 汇编语言源程序

　　DS-5 Eclipse 是一种集成开发环境(IDE)，将 ARM 的编译和调试工具结合在一起。它还包含开发 ARM Linux GNU 工具链。

　　DS-5 使用 C/C++ 和 DS-5 Debug 透视图，DS-5 Eclipse 软件界面如图 6-13 所示。

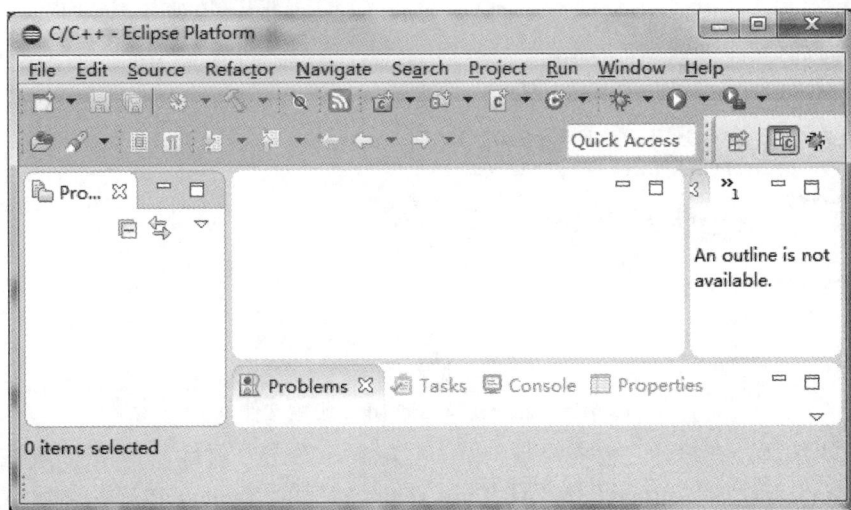

图 6-13　DS-5 Eclipse 软件界面

在 DS-5 Eclipse 软件环境下的编码及调试的步骤如下：

(1) 新建一个空的 C 项目，输入项目名称，选择"Tool Chains"为"ARM Compiler 6"。

(2) 右击刚才新建的项目，添加"Source File"。

(3) 新增一个 C 文件 main.c 和一个汇编文件 asm_add.s。写一个很简单的 a + b = c 的程序。代码的核心部分使用汇编实现，C 程序主要是入口以及检查结果的准确性。建立好的工程文件目录结构如图 6-14 所示。

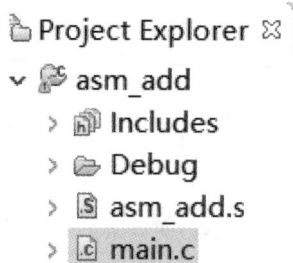

图 6-14　工程文件目录结构

需要编辑的 main.c 和 asm_add.s 汇编文件如图 6-15 所示。

```
#include <stdio.h>

extern int asm_add(int x, int y);

int main()
{
    int a = 2;
    int b = 3;
    int asm_result;
    int check_result;

    check_result = a + b;

    asm_result = asm_add(a, b);

    if (asm_result != check_result)
        printf("ERROR!\n");
    else
        printf("PASS!\n");

    return 0;
}
```

```
/*
 * asm_add.s
 *
 *  Created on: 2018年7月14日
 *
 */

.text

.global asm_add

asm_add:
    ADD W0, W0, W1
    RET
```

图 6-15　main.c 和 asm_add.s 汇编文件

(4) 代码编译。在编译之前需要预先做一些配置，右击"项目"，单击"属性"，选择"C/C++ Build"，选择"Settings"，将"All Tools settings"下的"Target CPU"更改为"ARMv8"，属性配置如图 6-16 所示。

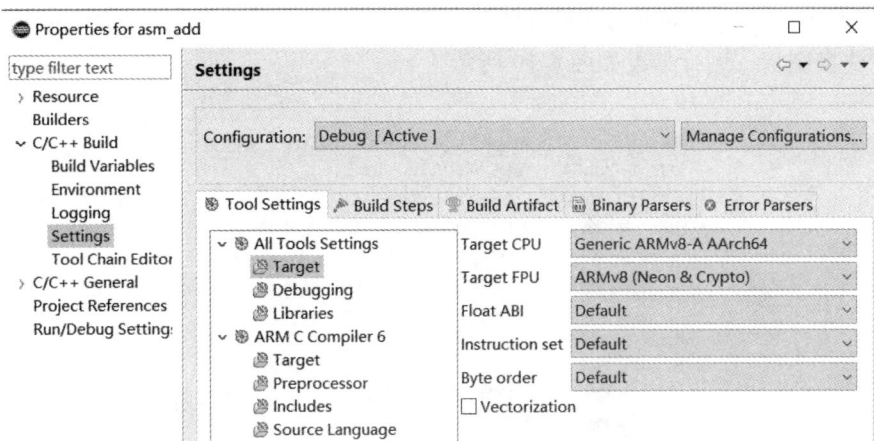

图 6-16　工程 Properties 属性配置

(5) 将 ARM Linker 6 中的 "Image_layout" 改为如图 6-17 所示的配置。

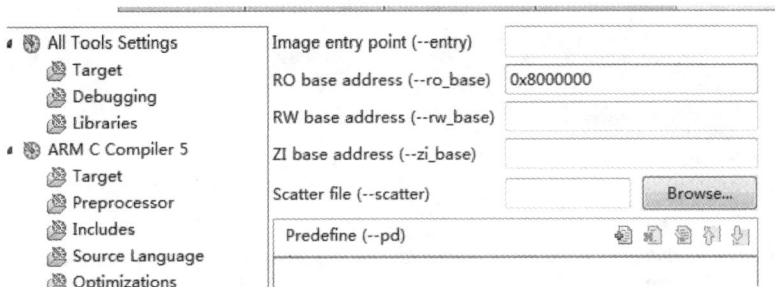

图 6-17　ARM Linker 6 中的 Image_layout 配置

(6) 应用以上修改后，右击 "项目"，选择 "Build Project"，如果编译成功，会在 Debug 目录下生成 object 和 axf 文件。

(7) Debug 设置，选择 "Run" → "Debug Configurations"，新建 "Debug" 配置，Connection 选择 ARMv8-A，配置如图 6-18 所示。

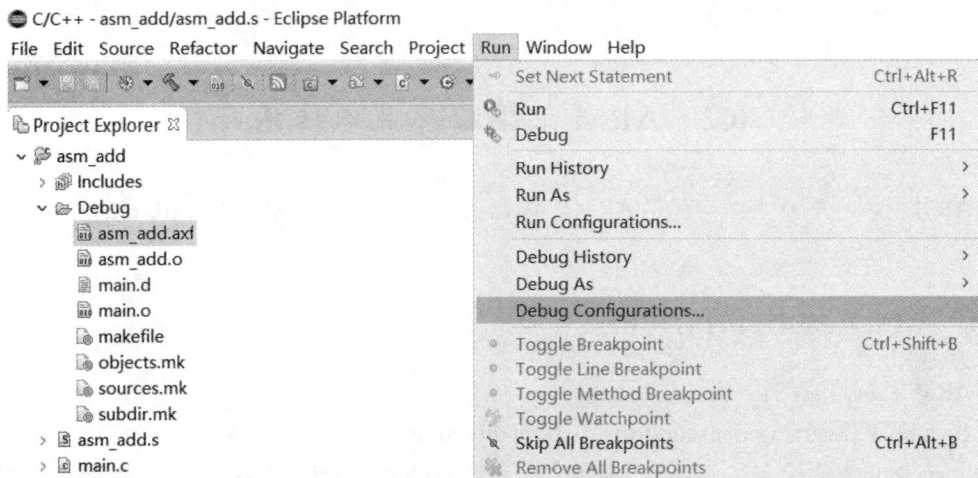

图 6-18　Debug 设置

(8) 工程文件中选择刚刚编译出来的 axf 文件，设置 Debugger，选择从"main"开始，单击运行快捷图标，运行结果如图 6-19 所示。

Name	Value	Size	Access
⊟ ⊯ AArch64	695 of 695 registers		
⊟ ⊯ Core	64 of 64 registers		
• X0	0x0000000000000000	64	R/W
• X1	0x0000000080004ED0	64	R/W
• X2	0x0000000080004EC8	64	R/W
• X3	0x0000000080004D90	64	R/W
• X4	0x0000000000000001	64	R/W
• X5	$AARCH64::$Core::$X4	64	R/W
• X6	0x00000000000FFFFFF	64	R/W
• X7	0x0000000000000000	64	R/W
• X8	0x0000000000000000	64	R/W
• X9	0x0000000000000000	64	R/W
• X10	0x0000000000000000	64	R/W
• X11	0x0000000000000000	64	R/W
• X12	0x0000000000000000	64	R/W

	<Next Instruction>		100
Address	Opcode	Disassembly	
EL3:0x0000000080004758	B8004420 STR	w0,[x1],#4	
EL3:0x000000008000475C	D1001042 SUB	x2,x2,#4	
EL3:0x0000000080004760	F100005F CMP	x2,#0	
EL3:0x0000000080004764	54FFFFA1 B.NE	__scatterload_zeroinit+8 ; 0x8000	
EL3:0x0000000080004768	D65F03C0 RET		
		main	
EL3:0x000000008000476C	D100C3FF SUB	sp,sp,#0x30	
EL3:0x0000000080004770	F90013FE STR	x30,[sp,#0x20]	
EL3:0x0000000080004774	320007E8 ORR	w8,wzr,#3	
EL3:0x0000000080004778	321F03E9 ORR	w9,wzr,#2	
EL3:0x000000008000477C	B9001FFF STR	wzr,[sp,#0x1c]	

图 6-19 寄存器及指令结果

在单步调试过程中，执行 ADD w0，w0，w1 指令时，监测到寄存器 X0 和 X1 的值已成功加载预设值，分别为 X0 = 2，X1 = 3。

6.2 ARM 汇编程序基本结构

ARM汇编程序基本结构包括ARM汇编语言的语句格式和ARM汇编语言的程序格式，下面分别介绍。

6.2.1 ARM 汇编语言的语句格式

ARM 汇编语言的语句格式如下：

{symbol} {instruction| pseudo-instruction| directive} {;comment}

其中，symbol 为符号。在 ARM 汇编语言中，符号必须从一行的行首开始，前面不能留有空白，并且符号中也不能含有空格。当没有符号时，机器指令、伪指令或者伪操作前面必须要有空格或制表符形成的空白，否则语句内容将被视为符号，从而导致编译出错。在指令和伪指令中符号用作地址标号，在有些伪操作中符号用作变量或常量。

instruction 为机器指令，可以是任意标准的 ARM 指令或 Thumb 指令。

pseudo-instruction 为伪指令。armasm 提供了一些标准 ARM 机器指令以外的指令(称为伪指令)，用于实现一些用标准指令不易实现的操作。用户在汇编语言程序中可以直接使用这些指令，但在编译时 armasm 会将其转化为能完成相同功能的若干条标准指令序列。

directive 为伪操作。伪操作不像机器指令或伪指令那样在运行期间由机器执行，它是由汇编程序在对源程序进行汇编期间处理的，主要为方便用户编写汇编语言源程序而设。一旦汇编结束，伪操作的使命就完成了。

comment 为注释。在 ARM 汇编语言中注释以分号 ";" 开头，注释的结尾即为一行的结尾，注释可以单独占一行(注意，在 A32 位下，单行注释采用 "@" 或者 "//" 开头，多行注释可以采用 "/* */"；在 A64 位下，单行注释采用 "//" 开头，多行注释采用 "/* */")。

另外，ARM 汇编语句中还有各种表达式。

在 ARM 汇编语言中，机器指令、伪指令及伪操作的助记符可以大写，也可以小写，但不能大小写混用。

如果一条语句很长，为了提高可读性，可以将该长语句分成若干行来写。这时在一行的末尾用反斜杠 "\" 表示下一行将续在本行之后。在 "\" 之后不能再有其他字符，包括空格和制表符。

"{}" 表示可选，"|" 表示 "或"，即在 ARM 汇编语言程序中，一行可以只有符号，也可以只有指令或伪指令或伪操作，还可以只有注释，甚至是一个空行，这样使源代码的可读性更好。

6.2.2　ARM 汇编语言的程序格式

ARM 汇编语言以段(section)为单位组织汇编语言源程序。段是相对独立的、具有特定名称的、在加载时不可分割的指令或者数据序列。段分为代码段和数据段两种，代码段存放执行代码，数据段存放代码段运行时操作的数据。一个 ARM 汇编语言源程序可以没有数据段，但至少要有一个代码段。一个大的程序可能包含多个代码段和数据段。

ARM 汇编语言源程序经过汇编链接处理后生成一个可执行的映像文件(elf 或 axf 格式)。该可执行的映像文件通常包括以下 3 个部分的内容：

(1) 一个或多个代码段，代码段通常是只读的。

(2) 零个或多个包含初始值的数据段，数据段通常是可读写的。

(3) 零个或多个不包含初始值的数据段，这些数据段被初始化为 0，通常是可读写的。

连接器根据一定的规则将各个段安排到内存中的相应位置。源程序中段之间的相邻关系与可执行映像文件中段之间的相邻关系并不一定相同。

下面的代码实例 ex6_2.s 示例了 ARM 汇编语言源程序的程序格式，为了叙述方便，在每行附加了行号。

```
1        AREA  ex6_2, CODE, READONLY
2        ENTRY
```

```
3    start  LDR    r9, =x
4           LDRB   r3, [r9]
5           LDRB   r4, [r9,#1]
6    gcd    CMP    r3, r4
7           BEQ    stop
8           BLT    less
9           SUB    r3, r3, r4
10          B      gcd
11   less   SUB    r4, r4, r3
12          B      gcd
13   stop   MOV    r0, #0x18
14          LDR    r1, =0x20026
15          SWI    0x123456
16
17          AREA   datasection, DATA, READWRITE
18   x DCB  48
19   y DCB  64
20          END
```

第 1 行用伪操作 AREA 定义了一个名为 ex6_2 的代码段，属性为只读。

第 2 行用伪操作 ENTRY 指定程序的入口点。

第 3～12 行为程序体,本程序段的功能为计算两个数的最大公约数。注意第 3 行的 LDR 是一条伪指令，而不是真正的 LDR 机器指令，该伪指令将标号 x 的地址传送给寄存器 r9。

第 13～15 行为返回 AXD 调试器的代码段。ARM 应用系统通常没有常用的输入输出设备。为了方便调试，ADS 提供了一种称为半主机(Semihosting)的机制，该机制允许应用系统的输入输出请求由宿主机的调试环境来完成，例如 printf()和 scanf()函数可以利用宿主机的键盘和显示器而不需要目标系统有一个键盘和显示器。Semihosting 机制通过一个 SWI 软中断来实现，在 ARM 状态下，中断号为 0x123456；在 Thumb 状态下，中断号为 0xAB。Semihosting 子功能号通过寄存器 r0 来传递,0x18 子功能使程序返回调用者(这里是 AXD)。其他参数作为一个块由 r1 指出。

第 16 行为一个空行，用于隔开代码段和数据段，方便阅读。

第 17 行用 AREA 伪操作定义了一个名为 datasection 的数据段，属性为可读写。

第 18～19 行的 DCB 是一个数据定义伪操作，该伪操作申请了两个字节的内存单元，并用值 48 和 64 进行初始化。

第 20 行用伪操作 END 告诉编译器已经到了源程序的结尾,END 之后的任何内容将不再被编译器处理。

以上通过一个例子大致说明了一个 ARM 汇编语言程序的基本结构和主要元素(注意 A32 程序结构与之有差异，A32 程序结构见图 6-15)。

6.3　ARM 汇编语言程序中的符号和表达式

在 ARM 汇编语言中，符号包括变量、数字常量、标号和局部标号，表达式包括数字表达式、字符串表达式、逻辑表达式和预定义表达式，下面分别进行介绍。

6.3.1　ARM 汇编语言中的符号

在 ARM 汇编语言中，符号可以代表地址、变量和数字常量。符号的命名规则如下：
(1) 符号由大小写字母、数字及下画线组成，符号区分大小写；
(2) 局部标号以数字开头，其他符号不能以数字开头；
(3) 符号在其作用范围内必须唯一；
(4) 符号不能与系统内部变量和预定义表达式同名；
(5) 符号通常不要与指令助记符或伪操作同名。当程序中的符号与指令助记符或伪操作同名时，用双竖线将符号括起来，如"||require||"，这时双竖线不是符号的组成部分。

1. 变量

在 ARM 汇编语言中，变量包括数字变量、逻辑变量和字符串变量，变量的类型在程序中是不能改变的。变量可以用符号定义伪操作来定义及赋值。

2. 数字常量

在 ARM 汇编语言中，数字常量是 32 位的整数，取值范围为 $0\sim2^{32}-1$ 或 $-2^{31}\sim2^{31}-1$。编译器并不区分一个数是无符号的还是有符号的，在进行大小比较时，认为数字常量都是无符号数。按照这种规则，有 $0 < -1$。数字常量用 EQU 伪操作来定义并初始化。

3. 标号

标号是程序中的指令或者数据地址的符号。根据生成方式的不同，标号分为以下 3 种：
(1) 基于 PC 的标号。基于 PC 的标号是指令前或伪操作定义前的符号。这种标号在汇编时将被处理成 PC 值加上(或减去)一个数字偏移量。它常用于表示跳转指令的目标地址或者是代码段中嵌入的数据的地址。
(2) 基于寄存器的标号。基于寄存器的标号通常用 MAP 和 FIELD 伪操作定义，在汇编时被处理成寄存器的值加上(或减去)一个数字偏移量。它常用于访问位于程序中的数据。
(3) 绝对地址。绝对地址是一个 32 位的数字量，它可以寻址的范围为 $0\sim2^{32}-1$，即直接可以寻址整个内存空间。

4. 局部标号

局部标号主要用于局部范围代码中，在宏定义中也是很有用的。局部变量的作用范围为当前段，也可以用伪指令 ROUT 来定义局部标号的作用范围。

局部标号的语法格式如下：

　　N{routname}

其中，N 为 0~99 之间的数字，routname 通常为变量作用范围的名称(用 ROUT 伪操作定义)。

引用局部变量的语法格式为:

%{F|B}{A|T}N{routname}

其中,%表示引用操作,N 为局部变量的数字号,routname 为当前作用范围的名称,F 指示编译器只向前搜索,B 指示编译器只向后搜索,A 指示编译器搜索宏的所有嵌套层次,T 指示编译器搜索宏的当前层次。

下面的一段循环程序是使用局部符号的例子。

```
1:
subs r0, r0, #1    ; 每次循环使 r0=r0−1
bne 1F             ; 跳转到 1 标号去执行
```

6.3.2 ARM 汇编语言中的表达式

表达式是由符号、数值、单目或多目操作符以及符号组成的。在一个表达式中以上各种元素的优先级规则为:

(1) 括号内的表达式优先级最高。

(2) 各种操作符有一定的优先级(不同表达式的操作符优先级不同)。

(3) 相邻的单目操作符的执行顺序为从右向左,单目操作符的优先级高于其他操作符。

(4) 优先级相同的双目操作符的执行顺序为从左向右。

在编程使用过程中,建议使用括号来区分多个运算符的优先级别。

1. 数字表达式

数字表达式由数字常量、数字变量、操作符和括号组成。数字表达式表示的是一个 32 位的整数。机器指令中使用数字表达式时,前面加"#";伪操作中使用数字表达式时前面不加"#"。例如:

```
a    SETA    3*4      ; 伪操作不加#号
     MOV     r1,  #(a*30)
```

1) 数字常量

数字常量包括整数常量和浮点数常量。

在 ARM 汇编语言中,整数常量有十进制数直接书写、十六进制数前面加 0x 或&、其他 n 进制数前面加 n_ 等几种格式。例如:

```
x    SETA    1234
addr DCD     0xAFF0
     MOV     r4, &000000FF
y    DCB     2_11001010
     MOV     r3, #(30*3+8_123)
z    DCQ     0x1234567890abcdef
```

浮点数常量有{-}digitsE{-}digits 和{-}{digits}.digits{E{-}digits}两种格式,例如:

```
DCFD 3E20,  -3E20,  3E-20,  -3E-20
DCFS .2,  1.2,  -1.23,  .03E12,  1.38E-8
```

在 ARM 汇编语言中，单精度浮点数的表示范围是 3.40282347e−38～1.17549435e−38；双精度浮点数的表示范围是 1.79769313486231571e−308～2.22507385850720138e+308。

2) 数字变量

数字变量用伪操作 GBLA 或 LCLA 声明，用 SETA 赋值。

3) 数字表达式中的操作符

● +、−、*、/及 MOD 运算符

+、−、*、/及 MOD 运算符的含义及语法如下所述，其中 A 和 B 为数字表达式。

A+B 表示 A、B 的和；

A−B 表示 A、B 的差；

A*B 表示 A、B 的积；

A/B 表示 A、B 的整商；

A:MOD:B 表示 A 除以 B 的余数。

● ROL、ROR、SHL 和 SHR 运算符

ROL、ROR、SHL 和 SHR 运算符的含义及语法如下所述，其中 A 和 B 为数字表达式。

A:ROL:B 表示将整数 A 循环左移 B 位；

A:ROR:B 表示将整数 A 循环右移 B 位；

A:SHL:B 表示将整数 A 左移 B 位；

A:SHR:B 表示将整数 A 右移 B 位。

● AND、OR、EOR 和 NOT 运算符

AND、OR、EOR 和 NOT 运算符都是按位操作的，其含义及语法格式如下所述。这里特别强调，A 和 B 为数字表达式：

:NOT：A 表示将 A 按位取反；

A:AND:B 表示将数字表达式 A 和 B 按位做逻辑与运算；

A:OR:B 表示将数字表达式 A 和 B 按位做逻辑或运算；

A:EOR:B 表示将数字表达式 A 和 B 按位做逻辑异或运算。

2. 字符串表达式

字符串表达式由字符串常量、字符串变量、字符串操作符和括号组成。字符串的最大长度为 512 B，最小长度为 0 B。

1) 字符串常量

字符串常量由包含在双引号之内的一系列字符组成，当在字符串中包含$符号或 " 时，用$$表示一个$，用 " " 表示一个 "。例如：

```
stra    SETS    "this string contains only one ""double quote"
strb    SETS    "this string contains only one $$ dollar symbol"
```

2) 字符串变量

字符串变量用伪操作 GBLS 或者 LCLS 声明，用 SETS 赋值。

3) 字符串操作符

LEN 操作符返回字符串的长度，其语法格式为：

:LEN:A

CHR 操作符将 0～255 之间的整数作为含一个 ASCII 字符的字符串。当有些 ASCII 字符不方便放在字符串中时，可以使用 CHR 将其放在字符串表达式中。其语法格式为：

:CHR:A

STR 操作符将一个数字量或者逻辑表达式转换成串。对于 32 位的数字量来说，STR 将其转换成 8 个十六进制数组成的字符串；对于逻辑表达式来说，STR 将其转换成字符串 T 或者 F。其语法格式为：

:STR:A

LEFT 操作符返回一个字符串最左端一定长度的子串。其语法格式为：

A:LEFT:B

这里 B 为数字量，表示 LEFT 将返回的字符个数。

RIGHT 操作符返回一个字符串最右端一定长度的子串。其语法格式为：

A:RIGHT:B

这里 B 为数字量，表示 RIGHT 将返回的字符个数。

CC 操作符用于连接两个字符串。其语法格式为：

A:CC:B

3. 逻辑表达式

逻辑表达式由逻辑常量{true}和{false}、逻辑变量、关系运算符、逻辑操作符和括号组成，取值范围为{true}或{false}。

1) 逻辑变量

逻辑变量用伪操作 GBLL 或者 LCLL 声明，用 SETL 赋值。

2) 关系运算符

关系运算符用于表示两个同类表达式之间的关系，关系运算符和它的两个操作数构成一个逻辑表达式。关系运算符的操作数可以是数字表达式和字符串表达式。关系运算符的含义及语法格式如下所述：

A=B 表示 A 等于 B；

A>B 表示 A 大于 B；

A>=B 表示 A 大于等于 B；

A<B 表示 A 小于 B；

A<=B 表示 A 小于等于 B；

A/=B 表示 A 不等于 B；

A<>B 表示 A 不等于 B。

3) 逻辑运算符

逻辑运算符进行两个逻辑表达式之间的基本逻辑操作，其含义及语法格式如下所述：

:LNOT:A 表示将逻辑表达式 A 的值取反；

A:LAND:B 表示逻辑表达式 A 和 B 进行逻辑与运算；

A:LOR:B 表示逻辑表达式 A 和 B 进行逻辑或运算；

A:LEOR:B 表示逻辑表达式 A 和 B 进行逻辑异或运算。

4. 预定义表达式

在 ARM 汇编语言中，预定义表达式包括各种指令助记符、寄存器名和预定义变量。它们都是汇编器预定义的名称，不能重复定义。这里主要介绍寄存器名和预定义变量的定义。

1) 寄存器名

下面这些寄存器名是汇编器预定义的，用户也可以通过 RN 和 RLIST 伪操作定义自己程序中的寄存器名(注意指令集不同时有区别)。

编译器预定义的寄存器名有：r0～r15 或 R0～R15、a1～a4(参数寄存器，r0～r3 的别名)、v1～v8(变量寄存器，r4～r11 的别名)、sb 或 SB(基址寄存器，r9 的别名)、sl 或 SL(r10 的别名)、fp 或 FP(框架寄存器，r11 的别名)、ip 或 IP(r12 的别名)、sp 或 SP(堆栈指针，r13 的别名)、lr 或 LR(连接寄存器，r14 的别名)、pc 或 PC(程序计数器，r15 的别名)、cpsr 或 CPSR(当前程序状态寄存器)、spsr 或 SPSR(备份程序状态寄存器)、f0～f7 或 F0～F7(FPA 寄存器)、s0～s31 或 S0～S31(VFP 单精度寄存器)、d0～d15 或 D0～D15(VFP 双精度寄存器)、p0～p15(协处理器名)、c0～c15(协处理器寄存器)。

2) 预定义变量

标准 ARM 汇编语言以预定义变量的形式把汇编时的一些信息提供给用户，以方便用户编程和调试程序。表 6-1 列出了一些常用的预定义变量的名称和含义。

表 6-1　ARM 汇编语言预定义变量的名称及含义

名　称	含　义
{PC}或 .	当前指令的地址
{VAR}或@	存储区位置指针的当前值
{TRUE}	逻辑常量真
{FALSE}	逻辑常量假
{OPT}	当前列表选项的值，OPT 伪操作可修改该值
{CONFIG}	汇编 ARM 代码时该值为 32，汇编 Thumb 代码时为 16
{ENDIAN}	如果是 Big-endian 模式，该值为"big"，否则为"little"
{CODESIZE}	{CONFIG}的同义词
{CPU}	已选择 CPU 的名字，缺省为"ARM7TDMI"，如果在命令行使用-cpu 选项，则该值为"Generic ARM"
{FPU}	已选择 FPU 的名字，缺省为"SoftVFP"
{ARCHITECTURE}	已选择的 ARM 结构的名字
{ARMASM_VERSION}	armasm 版本

6.4　ARM 汇编语言伪操作

在 ARM 汇编语言中，共有 6 种伪操作，分别是符号定义伪操作、数据定义伪操作、杂项伪操作、汇编控制伪操作、信息报告伪操作和框架描述伪操作。

6.4.1 符号定义伪操作

符号定义(Symbol Definition)伪操作用于定义 ARM 汇编程序中的变量、对变量赋值以及定义寄存器的别名。常见的符号定义伪操作有如下几种：

1. GBLx

GBLx 伪操作用于声明一个 ARM 程序中的全局变量，并将其初始化。其语法格式为：

  <gblx> variable

其中，<gblx>是 3 种全局变量伪操作(GBLA、GBLL 或 GBLS)之一；variable 是声明的全局变量名称，在其作用范围内必须唯一。

GBLA 伪操作用于声明一个全局的数字变量，并将其初始化为 0；GBLL 伪操作用于声明一个全局的逻辑变量，并将其初始化为{false}；GBLS 伪操作用于声明一个全局的字符串变量，并将其初始化为空串""。这些全局变量的作用范围只在包含它们的源文件中，"全局"是指在文件的不同段中全局。

如果用这些伪操作重新声明已经声明过的变量，则变量的值将被初始化成该变量前一次的值。

使用示例如下：

```
GBLA      objectsize              ; 声明一个全局的数字变量
objectsize SETA    0xff           ; 向该变量赋值
SPACE     objectsize              ; 引用该变量
GBLL      statusb                 ; 声明一个全局的逻辑变量
statusb    SETL    {TRUE}         ; 向该变量赋值
          GBLS    message         ; 声明一个全局的字符串变量
message    SETS"Hello World"      ; 向该变量赋值
```

2. LCLx

LCLx 伪操作用于声明一个 ARM 程序中的局部变量并将其初始化，其语法格式为：

  <lclx> variable

其中，<lclx>是 3 种局部变量伪操作(LCLA、LCLL 或 LCLS)之一；variable 是声明的局部变量名称，在其作用范围内必须唯一。

LCLA 伪操作用于声明一个局部的数字变量，并将其初始化为 0；LCLL 伪操作用于声明一个局部的逻辑变量，并将其初始化为{FALSE}；LCLS 伪操作用于声明一个局部的字符串变量，并将其初始化为空串""。

如果用这些伪操作重新声明已经声明过的变量，则变量的值将被初始化为该变量前一次的值。局部变量的作用范围为包含该变量的宏代码的一个实例。

使用示例如下：

```
MACRO                    ; 声明一个宏
$label   message $a      ; 宏的原型
LCLS  err                ; 声明一个局部字符串变量 err
```

```
err      SETS     "error no: "          ; 向该变量赋值
$label                                  ; 代码
INFO   0, "err" : CC::STR:$a            ; 使用该字符串变量
         MEND                           ; 宏定义结束
```

3. SETx

SETx 伪操作用于给一个 ARM 程序中的全局或局部变量赋值。其语法格式为：

```
<setx>    variable    expr
```

其中，<setx>是 3 种变量赋值伪操作(SETA、SETL 或 SETS)之一；variable 是用 GBLx 或 LCLx 声明的变量；expr 为表达式，是赋予变量的值。

SETA 伪操作给一个算术变量赋值，SETL 伪操作给一个逻辑变量赋值，SETS 伪操作给一个字符串变量赋值。在变量赋值前，必须先声明该变量。

4. RLIST

RLIST 伪操作用于给一个通用寄存器列表定义名称，其语法格式为：

```
name    RLIST {list-of-registers}
```

其中，name 是寄存器列表的名称；{list-of-registers}为通用寄存器列表。

RLIST 伪操作给一个通用寄存器列表定义名称，可以在 ARM 指令 LDM/STM 中使用。在 LDM/STM 指令中，寄存器列表中寄存器的访问次序根据寄存器的编号由低到高，而与列表中的寄存器排列位置无关。

使用示例如下：

```
context  RLIST {R0-R5, R8, R10}   ; 将寄存器列表名称定义为 context。
```

5. 其他符号定义伪操作

CN 为一个协处理器的寄存器定义名称；

CP 为一个协处理器定义名称；

DN 为一个双精度的 VFP 寄存器定义名称；

SN 为一个单精度的 VFP 寄存器定义名称；

FN 为一个 FPA 浮点寄存器定义名称。

下面的代码实例 ex6_3.s 是一个关于各种符号定义伪操作应用的例子。

```
AREA ex6_3,   CODE,   READONLY
    GBLA   var1
    GBLA   var2
    GBLS   str1
regs RLIST   {r3-r5,r8}
var1 SETA    24
var2 SETA    42
str1 SETS "Hello World"
    ENTRY
    MOV    r3, #var1
    MOV    r4, #var2
```

```
MOV    r5, #0x00cc00
LDR    r8, =0x12345678
MOV    r9, #0xf0
STMIA  r9, regs
MOV    r0, #0x18
LDR    r1, =0x20026
SWI    0x123456
INFO   0, str1
END
```

以上代码实例的程序没有实际意义，只是说明了符号定义伪操作的用法。在 AXD 下调试该程序，在源代码窗口点击右键，然后选择"disassembly"命令，在反汇编窗口中可以看到，指令或伪指令中由符号定义伪操作定义的符号在汇编时被替换为具体的值，它不占用实际的程序映像空间，因此，不能访问其地址。

6.4.2 数据定义伪操作

数据定义(Data Definition)伪操作主要包括 DCx、SPACE、MAP、FIELD 及 LTORG，下面分别予以说明。

1. DCx

DCx 伪操作用于分配一块数据单元并初始化，其语法格式为：

    {label}   DCx   expr{, expr}…

其中，label 可选，如果包含该项，则 label 的值为数据单元的首地址；DCx 为具体的数据定义伪操作，主要包括 DCB、DCW、DCWU、DCD、DCDU、DCQ、DCQU、DCFS、DCFSU、DCFD、DCFDU、DCI 和 DCDO；expr 用于初始化数据单元的表达式，不同的 DCx 应有不同的 expr。

下面说明各种 DCx 的具体含义。

1) DCB

DCB 用于分配一段字节内存单元，并用 expr 初始化。expr 是 −128～255 的数值或者字符串。"="是 DCB 的同义词。例如：

    x DCB - 30, 88,   "abcd"

    x =-30, 88, "abcd"

以上两条指令含义相同。

2) DCW

DCW 用于分配一段半字对齐的半字内存单元，并用 expr 初始化，其取值范围为 −32 768～65 535。例如：

    x DCW   60000, -30000

3) DCWU

DCWU 与 DCW 的不同在于 DCWU 不需要半字对齐。

4) DCD

DCD 用于分配一段字对齐的字内存单元，并用 expr 初始化。expr 的范围是 −2 147 483 648～4 294 967 295。"&" 是 DCD 的同义词。DCD 可能在分配的第一个内存单元前插入填补字节(Padding)以确保分配的内存单元地址是字对齐的。例如：

```
x DCD 0x12345678,   −0x87654321
x &     123,         −987654321
```

5) DCDU

DCDU 与 DCD 的不同在于 DCDU 不需要字对齐。

6) DCQ

DCQ 用于分配一段字对齐的双字内存单元，并用 expr 将其初始化。expr 为 64 位的数字表达式，其取值范围为 −9 223 372 036 854 775 808～18 446 744 073 709 551 615。例如：

```
x    DCQ    −255,   12345678900000000000
```

7) DCQU

DCQU 与 DCQ 的不同在于 DCQU 不需要字对齐。

8) DCFS

DCFS 用于为单精度的浮点数分配字对齐的字内存单元，并将每个字内存单元的内容初始化为 expr 表示的单精度浮点数。例如：

```
x    DCFS   1E30,   −4E-10
```

或

```
x    DCFSU 10000,   −1,   3.1E26
```

9) DCFSU

DCFSU 与 DCFS 的不同在于 DCFSU 不需要字对齐。

10) DCFD

DCFD 用于为双精度的浮点数分配字对齐的双字内存单元，并将每个双字内存单元的内容初始化为 expr 表示的双精度浮点数。

11) DCFDU

DCFDU 与 DCFD 的不同在于 DCFDU 不需要字对齐。

12) DCI

DCI 用于分配一段字或半字对齐的字或半字内存单元，并用 expr 将其初始化。在 ARM 代码中，expr 被认为是 ARM 指令；在 Thumb 代码中，expr 被认为是 Thumb 指令。DCI 伪操作可用于通过宏指令来定义处理器指令系统不支持的指令，详细内容参见 3.5 节。

13) DCDO

DCDO 用于分配一段字对齐的字内存单元，并将字单元内容初始化为 expr 标号基于基址寄存器 R9 的偏移量。例如：

```
IMPORT  externsym
DCDO    externsym    ; 32 位字单元，值为基址寄存器 R9 偏移量 externsym 处的值
```

2. SPACE

SPACE 用于分配一段内存单元，并用 0 初始化。其语法格式为：

　　　{label}　SPACE　expr

其中，{label}可选，为分配的内存单元的首地址；expr 表示分配的内存单元的字节数。"%"
是 SPACE 的同义词。例如：

　　　datastruc　　SPACE　　200

　　　datastruc　　%　　　　200

3. MAP 和 FIELD

MAP 伪操作和 FIELD 伪操作配合使用，用来定义结构化内存表的结构。MAP 用于定
义一个结构化内存表的首地址，"^"是 MAP 的同义词；FIELD 用于定义一个结构化内存
表的数据域，"#"是 FIELD 的同义词。其语法格式为：

　　　　　　　　　MAP　m-expr{，base-register}

　　　{label1}　　FIELD f-expr

　　　{label2}　　FIELD f-expr

其中，m-expr 为数字表达式或程序中的标号。base-register 为一个寄存器，当指令中没有
base-register 时，m-expr 即为结构化内存表的首地址，此时，内存表的位置计数器{VAR}
设置成该地址值；当指令中包含 base-register 时，结构化内存表的首地址为 m-expr 和
base-register 寄存器值的和。{labelx}可选，当指令中包含该项时，labelx 的值为当前内存表
的位置计数器{VAR}的值，汇编编译器处理了这条 FIELD 伪操作后，{VAR}的值将加上
f-expr。f-expr 表示本数据域在内存表中所占的字节数。

MAP 伪操作和 FIELD 伪操作仅仅是定义数据表结构，它们并不实际分配内存单元，
因此在使用 MAP 之前首先要用 SPACE 定义数据空间，然后将 MAP 定义的内存表结构映
射到该数据空间。有两种映射方法，一种是利用基址寄存器 r9，另一种是利用程序计数器
PC。分别举例说明如下：

1) 利用基址寄存器 r9

　　　datastruc　SPACE　　280

　　　　　　　　MAP　　　0，r9

　　　consta　　FIELD　　4

　　　constb　　FIELD　　4

　　　str　　　 FIELD　　256

由于 MAP 指定使用基址寄存器 r9，因此无论 datastruc 定义在何处，都可以用 r9 指向
它，因此利用下面的指令可以方便地访问地址范围超过 4 K(不是 4 KB)的数据。

　　　ADR　　　r9，datastruc

　　　LDR　　　r6，consta；相当于 LDR　r6，[r9，consta]

2) 利用程序计数器 PC

　　　datastruc　SPACE　　280

　　　　　　　　MAP　　　datastruc

　　　consta　　FIELD　　4

```
constb    FIELD    4
str       FIELD    256
```

由于 MAP 指定使用程序计数器 PC，而 PC 相对寻址格式中的偏移量小于 4096，因此，datastruc 只有定义在 4K 范围内，才可以用下面的指令访问到。

```
LDR    r6, consta   ; 相当于 LDR    r6,  [pc，  consta]
```

4. LTORG

LTORG 伪操作用于声明一个数据缓冲池(Literal Pool)的开始，其语法格式为：

```
LTORG
```

当程序中使用某些指令时，需要有一个数据缓冲区，一般缺省的数据缓冲区被定义在代码段的末尾，这可能使得对数据缓冲池的使用产生越界。LTORG 伪操作可以将数据缓冲池的位置定义在当前位置(即 LTORG 伪操作所在的位置)，从而避免数据缓冲区越界。

LTORG 伪操作通常放在无条件跳转指令之后，或者放在子程序返回指令之后，这样处理器就不会错误地将数据缓冲池中的数据当作指令来执行。

下面的代码实例 ex6_4.s 演示各种数据定义伪操作的使用方法。

```
        AREA    ex6_4,   CODE,   READONLY
        ENTRY
        ADR     r9, dseg
        LDR     r6, consta
        ADD     r6, r6, #33
        STR     r6, consta
        ADR     r7, y
        LDR     r8, [r7]
        STR     r8, constb
        SUB     r7, r7, #4
        LDR     r8, [r7]
        STR     r8, str
        MOV     r0, #0x18
        LDR     r1, =0x20026
        SWI     0x123456
dseg    SPACE   512
        MAP     0, r9
consta  FIELD   4
constb  FIELD   4
str     FIELD   256
x       =       -23, 88, "abcd"
y       &       0x12345678, -987654321
z       DCQ     255, 12345678900000000000
        LTORG
```

```
dpool   SPACE  4096
        END
```

以上代码实例中的程序没有什么实际意义，主要演示如何访问数据定义伪操作申请分配的内存单元。注意 SUB 及其后两条指令，本意是想把"abcd"传送给 str，但实际上只传送了"cd"，其原因是 x 定义了 6 个字节，导致了 y 要字对齐(用 DCD)，必须空 2 个字节，这样 r7 减 4 就指向了字母 c，而不是字母 a。

6.4.3　杂项伪操作

杂项伪操作主要包括 AREA、ENTRY、CODE16 和 CODE32、END、RN、ALIGN、EQU、EXPORT 或 GLOBAL、EXTERN 和 IMPORT、GET 或 INCLUDE、INCBIN、KEEP、NOFP、REQUIRE、REQUIRE8 及 PRESERVE8、ROUT。

1. AREA

AREA 伪操作用于定义一个代码段或数据段，其语法格式为：

```
AREA    section_name{,   attr}{,   attr}…
```

其中，section_name 为段的名称，段名可以大小写混用，如果段名以数字开头，则必须要用"|"括起来，如|1_datasec|。有一些代码段具有约定的名称，如|.text|表示 C 语言编译器产生的代码段或者是与 C 语言库相关的代码段。可以在多个段中使用同一个段名，连接器会将同名的段放在一个 ELF 段中。

2. ENTRY

ENTRY 伪操作指定程序开始执行的入口点。其语法格式为：

```
ENTRY
```

ENTRY 伪操作没有参数，一个程序(可以包含多个源文件)中至少要有一个 ENTRY(可以有多个 ENTRY)，但一个源文件中最多只能有一个 ENTRY(也可以没有 ENTRY)。

3. CODE16 和 CODE32

CODE16 伪操作告诉汇编编译器将后面的指令序列按 Thumb 指令来编译，CODE32 伪操作告诉汇编编译器将后面的指令序列按 ARM 指令来编译。其语法格式为：

```
CODE16
CODE32
```

当汇编程序中同时包含 ARM 指令和 Thumb 指令时，使用 CODE16 和 CODE32 可以告诉编译器区分两种类型的指令。但是，这两个伪操作本身并不进行程序状态的切换。一般 Thumb 指令总是作为子程序出现，关于子程序调用的详细内容参见 6.7 节。

4. END

END 伪操作告诉编译器源程序到此结束，其语法格式为：

```
END
```

每一个 ARM 汇编语言源程序都必须包含一个 END 伪操作，END 后面的任何内容编译器都将视而不见。注意，END 并不一定是一个段的结束，一个段的结束是以另一个段的开始为标志的，只有最后一个段才以 END 结束。

5. RN

RN 伪操作为一个特定的寄存器定义名称，其语法格式为：

    name　RN　expr

其中，name 为给某个寄存器定义的名称，expr 为这个寄存器的编号。

RN 伪操作主要用于给一个寄存器定义一个名字，以方便程序员记忆该寄存器的功能。例如：

    baseregister RN　　9

6. ALIGN

ALIGN 伪操作通过添加空字节来使当前位置满足一定的对齐方式，其语法格式为：

    ALIGN　　　{expr{，offset}}

其中，expr 为数字表达式，用于指定对齐方式，取值范围为 $2^0 \sim 2^{31}$，表示按 1 B、2 B、4 B…… 2^{31} B 对齐。若伪指令中没有指定 expr，则对齐到下一个字边界处。offset 为数字表达式，表示当前位置对齐到 offset+n × expr 地址处(n 为自然数)，即按 expr 对齐的第 offset 个位置。

在下面的情况中，需要特定的地址对齐方式：

(1) Thumb 的宏指令 ADR 要求地址是字对齐的，而 Thumb 代码中地址标号可能不是字对齐的。这时就要用 ALIGN 4 使 Thumb 代码中的地址标号字对齐。

(2) 由于有些 ARM 处理器的 Cache 采用了其他对齐方式，如 16 B 的对齐方式，这时使用 ALIGN 伪操作指定合适的对齐方式可以充分发挥该 Cache 的性能优势。

(3) LDRD 和 STRD 指令要求内存单元是 8 B 对齐的，所以在为 LDRD/STRD 指令分配内存单元前要使用 ALIGN 8 实现 8 B 的对齐方式。

(4) 地址标号通常自身没有对齐要求，而在 ARM 代码中要求地址标号是字对齐的，Thumb 代码中要求地址标号是半字对齐的，这就需要使用合适的 ALIGN 伪操作来调整对齐方式。

7. EQU

EQU 伪操作为数字常量、基于寄存器的值和程序中的标号(基于 PC 的值)定义一个字符名称。"*"是 EQU 的同义词。其语法格式为：

    name　　EQU　　expr{，type}

其中，expr 为基于寄存器的地址值、程序中的标号、32 位的绝对地址常量或者 32 位的数值常量；name 为 EQU 伪操作为 expr 定义的字符名称；type 为数据类型，当 expr 为一个绝对地址时，可以使用 type 指定 expr 表示的地址类型。type 可能的取值为：

(1) CODE16——该处为 Thumb 指令。

(2) CODE32——该处为 ARM 指令。

(3) DATA——该处为数据。

EQU 类似于 C 语言的#define，用于为一个常量定义字符名称。例如：

    x　　EQU　2　　　　　　　　　;定义常量 2 的名称为 x

    y　　EQU　label1+16　　　　　;定义地址值 label1+16 的名称为 y

    z　　EQU　0x1c，CODE32　　　;定义绝对地址 0x1c 的名称为 z，且标记为 ARM 指令

8. EXPORT 或 GLOBAL

EXPORT 声明一个可以被其他文件引用的符号，用于解决不同目标模块和库文件之间符号的引用问题，相当于声明了一个全局变量。GLOBAL 是 EXPORT 的同义词。其语法格式为：

      EXPORT/GLOBALsymbol{[weak]}

其中，symbal 为声明的符号名称，该名称大小写敏感；[weak]选项声明其他的同名符号优先于本符号被引用。

9. EXTERN 和 IMPORT

EXTERN 伪操作声明一个不是在本源文件中定义的符号，该符号是在其他源文件中定义的，在本源文件中可能引用该符号。如果本源文件没有实际引用该符号，该符号将不会被加入到本源文件的符号表中。除了始终将该符号加入到本源文件的符号表中之外，IMPORT 与 EXTERN 的功能相同。其语法格式为：

      EXTERN/IMPORT symbol{[weak]}

其中，symbol 为声明的符号名称，该名称大小写敏感；[weak]选项指定后，如果 symbol 在所有的源文件中都没有被定义，编译器也不会产生任何错误信息，同时编译器也不会到当前没有被 INCLUDE 进来的库中去查找该符号。

使用 EXTERN 或 IMPORT 伪操作声明一个已经在其他文件中定义过，并将在本文件中引用的符号。如果连接器在连接处理时不能解析该符号，而 EXTERN 或 IMPORT 伪操作中没有指定[weak]选项，则连接器将会报告错误；否则，连接器将不会报告错误，而是进行下面的操作：

(1) 如果该符号被 B 或 BL 指令引用，则该符号被设置成下一条指令的地址，B 或 BL 指令相当于一条 NOP 伪指令。

(2) 其他情况下该符号被设置为 0。

10. GET 或 INCLUDE

GET 伪操作将另一个源文件包含到本源文件中，并将包含文件在当前位置进行汇编处理。INCLUDE 是 GET 的同义词。其语法格式为：

      GET   filename

其中，filename 是被包含的文件名，这里可以使用路径信息。

通常，可以在一个源文件中定义宏，用 EQU 定义常量的符号名称，用 MAP 和 FIELD 定义结构化的数据类型，这样的源文件类似于 C 语言中的.h 文件(头文件)。然后用 GET 伪操作将这个源文件包含到它们的源文件中，类似于 C 源程序中的"include <*.h>"语句。

编译器通常在当前目录中查找被包含的文件，可以使用编译选项-I 添加其他的查找目录，也可以直接指定包含文件的绝对路径。另外 GET 伪操作可以嵌套。

11. INCBIN

INCBIN 伪操作和 GET 伪操作非常相似，只是 INCBIN 包含进来的文件不被编译，而是原封不动地放到当前位置，即 INCBIN 可以直接包含目标代码文件。

12. KEEP

KEEP 伪操作告诉编译器将局部标号包含在目标文件的符号表中。其语法格式为:

KEEP　{symbol}

其中,symbel 为被包含在目标文件符号表中的符号。如果没有指定 symbol,则除了寄存器外的所有符号都将被包含在目标文件的符号列表中。

默认情况下,编译器仅将需要输出的符号和可能被重定位的符号包含到目标文件中,使用 KEEP 将更多的符号包含到目标文件中,将有利于调试工作的进行。

13. NOFP

NOFP 伪操作禁止源程序中包含浮点运算指令。其语法格式为:

NOFP

当系统中没有浮点运算硬件或仿真软件不支持浮点运算指令时,可以通过 NOFP 来禁止在源程序中使用浮点运算指令。这时如果在源程序中出现浮点运算指令,编译器将会报告错误。

14. REQUIRE

REQUIRE 伪操作指定段之间的相互依赖关系。其语法格式为:

REQUIRE　label1

连接器进行连接处理时若遇到包含有 REQUIRE label1 伪操作的源文件,则定义 label1 的源文件也被包含。

15. REQUIRE8 及 PRESERVE8

REQUIRE8 伪操作指示当前文件需要堆栈 8 B 对齐,PRESERVE8 告诉连接器当前文件是 8 B 对齐的。其语法格式为:

REQUIRE8

或

PRESERVE8

LDRD 和 STRD 指令要求内存单元地址是 8 B 对齐。当在程序中使用这些指令访问堆栈时,可以用 REQUIRE8 伪操作要求堆栈 8 B 对齐。同时用 PRESERVE8 伪操作告诉连接器 8 B 对齐的堆栈只能被堆栈是 8 B 对齐的代码访问。

16. ROUT

ROUT 伪操作用于定义局部变量的作用范围。其语法格式为:

{name}　ROUT

其中,name 是被定义作用范围的名称。

当没有 ROUT 伪操作时,局部变量的作用范围为其所在的段(由 AREA 指定)。使用了 ROUT 伪操作后,局部变量的作用范围为本 ROUT 伪操作和下一个 ROUT 伪操作(同一个段)之间。

6.4.4　汇编控制伪操作

汇编控制伪操作主要用于条件汇编,包括 IF 类和 WHILE 类伪操作。

1. IF、ELSE 及 ENDIF

IF 类伪操作能够根据条件把一段源代码包括在汇编语言程序内或者将其排除在程序之外。"["是 IF 的同义词,"|"是 ELSE 的同义词,"]"是 ENDIF 的同义词。其语法格式为:

```
IF   logical expression
instructions or derectives
{   ELSE
    instructions or derectives
}
ENDIF
```

2. WHILE 和 WEND

WHILE 和 WEND 伪操作能够根据条件重复汇编相同的或者几乎相同的一段源代码。其语法格式为:

```
WHILE   logical expression
instructions   or   derectives
WEND
```

6.4.5　信息报告伪操作

信息报告伪操作用于在汇编过程中报告汇编错误信息和诊断信息,主要包括 ASSERT、INFO、OPT、TTL 及 SUBT。

1. ASSERT

在汇编编译器对汇编程序的第 2 遍扫描中,如果发现 assertion 中的条件不成立,则 ASSERT 伪操作报告错误信息。其语法格式为:

```
ASSERT    assertion
```

其中,assertion 是一个结果为{false}或{true}的逻辑表达式。

ASSERT 伪操作用于保证源程序被汇编时满足相关的条件。如果条件不满足,则终止汇编并报告错误类型。

2. INFO

INFO 伪操作支持在汇编处理过程的第 1 遍扫描或第 2 遍扫描中报告诊断信息。其语法格式为:

```
INFO   numeric-expression,   string-expression
```

其中,numeric-expression 是一个数字表达式,string-expression 为一个字符串表达式。如果 numeric-expression 的值为 0,则在第 2 遍扫描时打印 string-expression;如果 numeric-expression 的值不为 0,则在第 1 遍扫描中打印 string-expression,并终止汇编。

INFO 伪操作用于报告用户自定义的错误信息或其他信息。例如:

```
INFO   0,   "Version 1.0"        ; 在第 2 遍扫描时报告版本信息
```

或

```
IF   endofdata <= label1
```

　　INFO　4,　　"Data overrun at label1"　;在第 1 遍扫描时打印错误信息
　　ENDIF

3. OPT

OPT 伪操作在源程序中设置列表选项。默认情况下，在汇编时用-list 选项生成常规的列表文件，包括变量声明、宏展开、条件汇编等，而且列表文件只是在第 2 遍扫描时给出。通过 OPT 伪操作可以改变列表文件中的默认选项。其语法格式为：

　　OPT　　n

其中，n 为所设置的选项编码，范围为 $2^0 \sim 2^{15}$，具体含义如表 6-2 所示。

表 6-2　OPT 伪操作选项的编码

选项编码	选 项 含 义	选项编码	选 项 含 义
1	设置常规列表选项	256	显示宏调用
2	关闭常规列表选项	512	不显示宏调用
4	设置分页符，在新的一页显示	1024	显示第 1 遍扫描列表
8	将行号重新设置为 0	2048	不显示第 1 遍扫描列表
16	显示 SET、GBL、LCL 伪操作	4096	显示条件汇编伪操作
32	不显示 SET、GBL、LCL 伪操作	8192	不显示条件汇编伪操作
64	显示宏展开	16384	显示 MEND 伪操作
128	不显示宏展开	32768	不显示 MEND 伪操作

4. TTL 及 SUBT

TTL 伪操作在列表文件的每一页的开头插入一个标题，该 TTL 伪操作将作用在其后的每一页，直到遇到新的 TTL 伪操作。SUBT 伪操作在列表文件的每一页的开头插入一个子标题，该 SUBT 伪操作将作用在其后的每一页，直到遇到新的 SUBT 伪操作。其语法格式为：

　　TTL　　　　title
　　SUBT　　subtitle

如果要在列表文件的第一页显示标题,TTL 伪操作要放在源程序的第一行。当使用 TTL 伪操作改变页标题时，新的标题将在下一页开始起作用。SUBT 伪操作也一样。

6.4.6　框架描述伪操作

框架描述伪操作主要用于调试。限于篇幅，这里不再介绍这部分内容，需要的读者可参阅参考文献中的相关书籍。

6.5　ARM 汇编语言伪指令

ARM 汇编语言提供的伪操作和伪指令都是为了方便用户编写汇编语言程序，但两者

的使用方法是有区别的。伪操作只供汇编编译器和连接器在汇编和连接时使用，在程序运行时不会出现任何伪操作，而本节将要介绍的伪指令则在汇编时被汇编编译器替换成能完成相应功能的 ARM 或 Thumb 指令序列。ARM 伪指令包括 ADR、ADRL、LDR 和 NOP，其中 NOP 伪指令在汇编时被替换为 ARM 中的空操作，比如"MOV R0， R0"的含义就是什么都不做，但占用了指令周期。本节主要介绍前 3 个伪指令。

6.5.1　ADR 伪指令

ADR 伪指令将基于 PC 的地址值或基于寄存器的地址值读取到寄存器中，在编译时被替换成一条合适的指令。其语法格式为：

ADR{cond} register， expr

其中，cond 为指令执行的条件；register 为目标寄存器；expr 为基于 PC 或基于寄存器(MAP 和 FIELD 伪操作)的地址表达式，其取值范围为$-255 \sim 255$(地址值不是字对齐时)或者$-1020 \sim 1020$(255 个字，地址值是字对齐时)。

在汇编编译器处理源程序时，ADR 伪指令通常用一条 ADD 或 SUB 指令来实现 ADR 伪指令的功能。如果不能用一条指令实现 ADR 伪指令的功能，编译器将报告错误。因为 ADR 伪指令中的地址是基于 PC 或基于寄存器的，所以 ADR 读取到的地址为与位置无关的地址，尤其是地址是基于 PC 时，该地址必须和 ADR 指令位于同一个代码段中。

下面的代码 ex6_5.s 是一段实现跳转表的 ARM 汇编程序。该程序将 3 个参数(0、3、2)分别放入 r0、r1 和 r2 寄存器，然后调用子程序。在子程序中通过一个跳转表来实现不同的功能。若 r0=0，则实现 r2+r3；若 r0=1，则实现 r2-r3；若 $r0 \geqslant 2$，则直接返回。

```
1          AREA   ex6_5, CODE, READONLY
2          CODE32
3    num   EQU    2
4          ENTRY
5    start MOV    r0, #0
6          MOV    r1, #3
7          MOV    r2, #2
8          BL     arithfunc
9    stop  MOV    r0, #0x18
10         LDR    r1, =0x20026
11         SWI    0x123456
12   arithfunc   CMP    r0, #num
13               MOVHS  pc, lr
14               ADR    r3, JumpTable
15               LDR    pc, [r3,r0,LSL #2]
16   JumpTable   DCD    DoAdd
17               DCD    DoSub
18   DoAdd       ADD    r0, r1, r2
```

```
19              MOV     pc, lr
20      DoSub   SUB     r0, r1, r2
21              MOV     pc, lr
22              END
```

程序第 5～7 行传递参数，第 8 行调用子程序，第 9～11 行返回调试器，第 14 行通过 ADR 伪指令来装入跳转表的首地址 JumpTable。通过图 6-20 可以看到，编译器用一条 ADD 指令来实现 ADR 伪指令。因为流水线的缘故，CPU 读取指令后，PC 寄存器的值是当前指令后两条指令的地址，而此时该地址刚好是跳转表的首地址 JumpTable，所以替代指令是：

```
ADD   r3,  pc,  #0
```

另外，第 15 行读取跳转表中地址时，因为地址都是字对齐的，所以应将偏移量(在 r0 中)逻辑左移 2 位(相当于乘 4)，即

```
IDR   pc,  [ r3, r0, lsl  #2 ]
```

还需要注意，本程序中大部分的跳转都没有用跳转指令，而是通过给 PC 赋地址来实现的，这也是 ARM 汇编语言程序的一个特点。

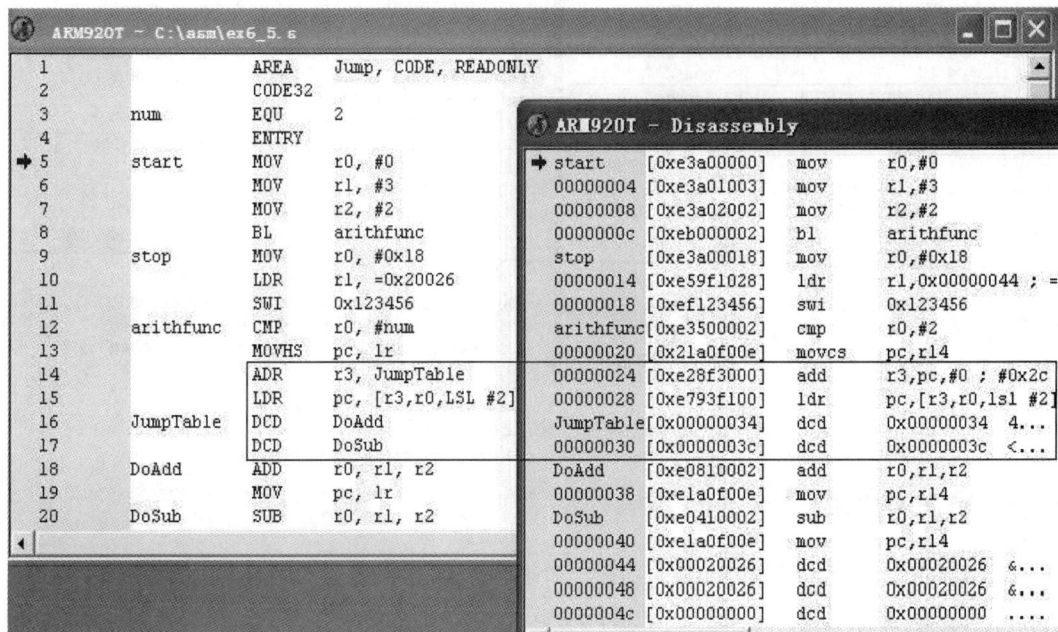

图 6-20　ADR 伪指令的替代指令

6.5.2　ADRL 伪指令

ADRL 伪指令将基于 PC 的地址值或基于寄存器的地址值读取到寄存器中。相比 ADD 伪指令，ADRL 伪指令可以读取的地址范围更大。其语法格式为：

```
ADRL{cond}  register，  expr
```

其中，cond 为指令执行的条件；register 为目标寄存器；expr 为基于 PC 或基于寄存器的地址表达式，其取值范围为 −64 K～64 K(地址值不是字对齐时)或者 −256 K～256 K(地址值

是字对齐时)。

在汇编编译器处理源程序时，ADRL 伪指令通常用两条指令来实现 ADRL 伪指令的功能。即使一条指令可以完成该伪指令的功能，汇编器也将用两条指令来替换该伪指令。如果不能用两条指令实现 ADRL 伪指令的功能，编译器将报告错误。

图 6-21 是将程序 ex6_5.s 稍做修改后反汇编的情况，程序中通过 SPACE 伪操作使得跳转表比较远，因此其首地址不能用 ADR 装入，而需要用 ADRL 装入。注意看方框中的内容，此时 LDRL 伪指令用两条 ADD 指令来实现。其地址偏移量是编译器自己计算出来的。由于 SPACE 伪操作使得 JumpTable 的地址偏移了 0x200 个字节，又多了一条指令，因此当前 PC 值加 0x200，再加 4 是很清楚的。

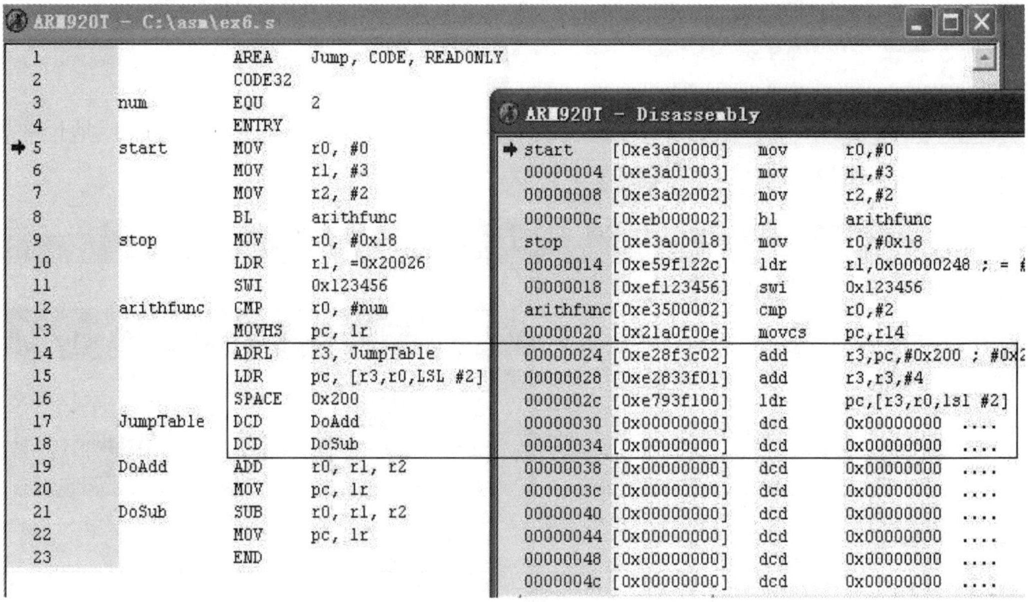

图 6-21 ADRL 伪指令的替代指令

6.5.3 LDR 伪指令

LDR 伪指令将一个 32 位的常数或者一个地址值读取到寄存器中，LDR 伪指令比 ADRL 伪指令可以读取范围更大的地址。其语法格式为：

LDR{cond}   register,   =[expr | label-expr]

其中，cond 为指令执行的条件；register 为目标寄存器；=是 LDR 伪指令与 LDR 机器指令区别的标志；expr 为 32 位的常数，编译器将根据 expr 的取值情况来处理 LDR 伪指令：

(1) 当 expr 表示的数值没有超过 MOV 或 MVN 指令中立即数的范围时，编译器用合适的 MOV 或 MVN 指令来替代 LDR 伪指令。MOV 指令中立即数的范围是 0~255 或者是能通过循环右移一个 8 位二进制数偶数次能产生的数(参见 5.3 节操作数预处理的内容)。

(2) 当 expr 表示的数值超过 MOV 或 MVN 指令中立即数的范围时，编译器将该数值放到数据缓冲区中，同时用一条基于 PC 的 LDR 指令读取该数值。

label-expr 为基于 PC 的地址表达式或外部地址表达式。当 label-expr 为基于 PC 的地址表达式时，编译器将 label-expr 表示的数值放到数据缓冲区中，同时用一条基于 PC 的 LDR 指令读取该数值；当 label-expr 为外部表达式或者非当前段的表达式时，汇编编译器将在目标文件中插入连接重定位伪操作，这样连接器在连接时生成该地址。

LDR 伪指令是最常用的一条伪指令，一般编译器总是把一个 32 位的常数或者一个地址放到数据缓冲区中，然后用一条基于 PC 的 LDR 指令来读取该值，由于基于 PC 的 LDR 指令要求偏移量小于 4 K，因此数据缓冲区的位置就很重要。一般编译器缺省地将数据缓冲区设置在一个段的末尾，这样，当段比较大时，基于 PC 的 LDR 指令有可能访问不到数据缓冲区，从而造成编译错误。此时，就需要使用 LTORG 伪操作。LTORG 伪操作总在当前位置设置数据缓冲区，因此，在适当的位置使用 LTORG 伪操作，可以使数据缓冲区的位置与 LDR 伪指令的距离小于 4 K。应该在无条件转移指令之后使用 LTORG，以避免误将数据缓冲区当作指令去执行。一个比较大的程序可能需要多个数据缓冲区。

下面的代码实例 ex6_6.s 演示了 LTORG 伪操作对 LDR 伪指令的作用。

```
 1          AREA    ex6_6, CODE, READONLY
 2          ENTRY
 3 start    BL      func1
 4          BL      func2
 5 stop     MOV     r0, #0x18
 6          LDR     r1, =0x20026
 7          SWI     0x123456
 8 func1    LDR     r0, =start
 9          LDR     r1, =Darea + 12
10          LDR     r2, =Darea + 6000
11          MOV     pc, lr
12          LTORG
13 func2    LDR     r3, =Darea + 6000
14          LDR     r4, =Darea + 6004
15          MOV     pc, lr
16 Darea    SPACE   8000
17          END
```

以上代码在 make 时会出现编译错误信息，原因是第 12 行用伪操作 LTORG 定义了数据缓冲区，编译器把第 6 行的常数 0x20026、第 8 行的地址 start、第 9 行的地址 Darea+12 以及第 10 行的地址 Darea+6000 都放到数据缓冲区(这个缓冲区的大小为 16 B)中，然后用 4 条基于 PC 的 LDR 指令将这 4 个值读取到对应寄存器中。接下来，因为 LDR 的地址和第 10 条指令相同(都为 Darea+6000)，因此第 13 条指令不需要新的数据缓冲区，而第 14 条指令则又需要数据缓冲区，因为没有 LTORG 伪操作，只好使用缺省的数据缓冲区，但缺省的数据缓冲区远在 8000 B 之外(因为 SPACE 8000)，无法访问，故而出错。

可以将第 12 行的 LTORG 移到第 15 行之后，也可以在第 15 行之后重新添加 LTORG 伪操作，都可以解决上述问题。图 6-22 是程序 ex6_6.s 经过修改后的反汇编结果。注意，LTORG 定义的数据缓冲区与指令"SPACE 8000"申请并初始化的空间无关。

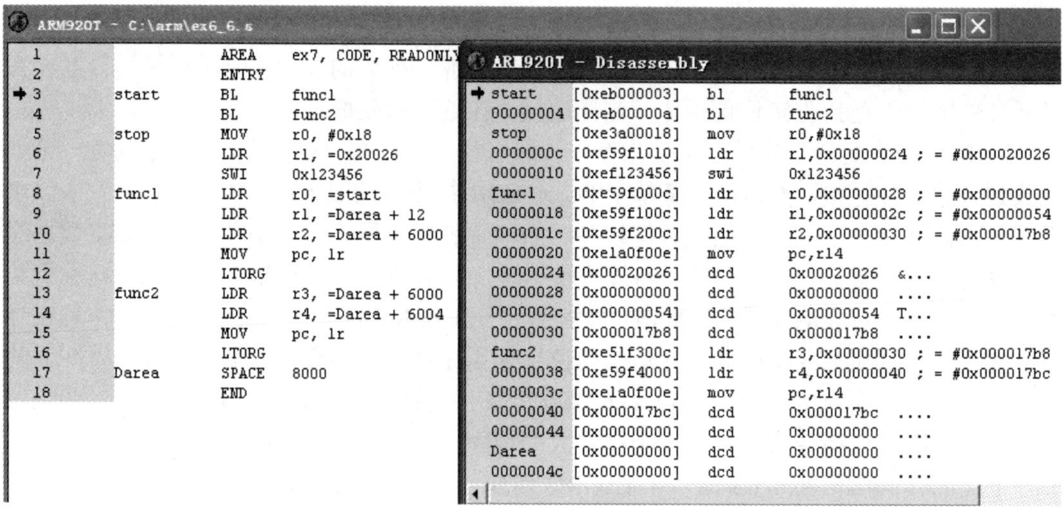

图 6-22　LTORG 伪操作对 LDR 伪指令的作用

下面的代码实例 ex6_7.s 给出一个利用 LDR 伪指令实现字符串拷贝的例子。

```
        AREA    ex6_7, CODE, READONLY
        ENTRY
start   LDR     r1, =srcstr
        LDR     r0, =dststr
        BL      strcopy
stop    MOV     r0, #0x18
        LDR     r1, =0x20026
        SWI     0x123456
strcopy LDRB    r2, [r1],#1
        STRB    r2, [r0],#1
        CMP     r2, #0
        BNE     strcopy
        MOV     pc,lr
        AREA    Strings, DATA, READWRITE
srcstr  DCB     "First string - source",0
dststr  DCB     "Second string - destination",0
        END
```

6.6　ARM 汇编语言宏指令

宏是汇编语言程序设计中一个非常重要的概念。从功能上来说，宏类似于 C 语言中的函数，因为宏能实现某种特定的功能，并且还能实现参数传递。从实现上来说，宏又像汇编程序中的伪操作，因为宏在汇编时将其名称直接替换为相应的代码段。

ARM 汇编语言用 MACRO 和 MEND 两条伪操作来定义一个宏，其中 MACRO 伪操作标识宏定义的开始，MEND 标识宏定义的结束，中间的代码称为宏定义体。为便于引用，要为每个定义的宏取个名字，称为宏指令。这样在程序中就可以通过宏指令多次调用定义的代码段。其语法格式为：

```
MACRO
{$label}    macroname    {$parameter{, $parameter}…}
; 加入合法代码段 code
…
; 加入合法代码段 code
MEND
```

其中，$label 在宏指令被展开时替换成相应的符号，通常是一个标号(在一个符号前使用$表示程序被汇编时将使用相应的值来替换$后的符号)；macroname 为所定义的宏的名称，即宏指令；$parameter 为宏指令的参数，当宏指令被展开时将被替换成相应的值，类似于函数中的形式参数，可以在宏定义时为参数指定相应的默认值；code 表示宏定义体中的代码。

宏定义中的$label 是一个可选参数。当宏定义体中用到多个标号时，可以使用类似于$label、$interlabel 的标号命名规则使程序易读。

如果在宏定义中定义了局部变量，那么这些局部变量的作用范围即为该宏定义体。

在编写程序时，经常需要重复编写某些代码，这样既费时间，又会使代码段变长，不便于调试和维护。一个改进的方法是使用子程序，但子程序在运行时需要保存和恢复相关的寄存器及现场，还需要多次使用跳转指令(调用及返回)，这都增加了程序运行的额外开销。而使用宏指令则既不需要重复编写代码(事先定义)，又无须增加运行开销(在汇编时就被嵌入)。因此当重复代码段比较短时，使用宏指令是一个不错的选择。但要注意，如果重复代码比较长，或调用次数比较多，则可能使可执行代码很大，从而增加内存负担。这是一个在存储空间和运行时间之间选择的问题，毕竟鱼与熊掌不能兼得。

下面的代码实例 ex6_8.s 是一个定义宏指令和引用宏指令的例子。程序先定义了一个宏指令 divmod，该宏指令能实现无符号数的除法运算，其中$top 参数在程序运行前存放被除数，程序运行后存放余数，$bot 参数存放除数，$div 参数存放商，$temp 参数表示一个在宏定义时需要的临时寄存器。

```
        MACRO
        divmod      $div,$top,$bot,$temp
        CMP         $bot, #0
BEQ     %a92
MOV     $temp, $bot
        CMP         $temp, $top, LSR #1
90      MOVLS       $temp, $temp, LSL #1
        CMP         $temp, $top, LSR #1
        BLS         %b90
        MOV         $div, #0
91      CMP         $top, $temp
```

```
        SUBCS    $top, $top,$temp
        ADC      $div, $div, $div
        MOV      $temp, $temp, LSR #1
        CMP      $temp, $bot
        BHS      %b91
92      NOP
        MEND
        AREA     ex6_8, CODE, READONLY
        ENTRY
start   LDR      r3, =838102050
        LDR      r4, =12345
        divmod   r5, r3, r4, r6
stop    MOV      r0, #0x18
        LDR      r1, =0x20026
        SWI      0x123456
        END
```

6.7　ARM 汇编语言子程序

　　一个程序的不同部分往往要用到类似的程序段,这些程序段的功能和结构形式都相同,只是某些变量的赋值不同。此时就可以把这些程序段写成子程序的形式,以便需要时可以调用它。

　　调用子程序时,经常需要传送一些参数给子程序;子程序运行完后也经常要把结果送回给调用程序。这种调用程序和子程序之间的信息传送称为参数传送。参数传送可以有以下两种方法:

　　(1) 当参数比较少时,可以通过寄存器传送参数。

　　(2) 当参数比较多时,可以通过内存块或堆栈传送参数。

　　子程序的正确执行是由子程序的正确调用及正确返回保证的。这就要求调用程序在调入子程序时必须保存正确的返回地址,即当前 PC 值(由于 ARM 流水线特性,可能要减去一个偏移量)。PC 值可以保存在专用的链接寄存器 R14 中,也可以保存到堆栈中。根据这两种情况,可以在子程序中采用如下的返回语句:

　　　　MOV　pc, lr　　　　　　　　　　　;恢复 PC 的值
或

　　　　STMFD SP!, {R0-R7,PC}　　　　　　;将 PC 值从堆栈中返回

　　使用堆栈来恢复处理器的状态时,注意 STMFD 与 LDMFD 要配合使用。一般来讲,在 ARM 汇编语言程序中,子程序的调用是通过 BL 或 BX 指令来实现的。该指令在执行时完成如下操作:将子程序的返回地址存放在链接寄存器 LR 中(针对流水线特性,已经减去偏移量了),同时将程序计数器 PC 指向子程序的入口点,当子程序执行完毕需要返回调用

处时，只需要将存放在 LR 中的返回地址重新拷贝给程序计数器 PC 即可。

　　ARM 汇编语言程序的子程序调用比较简单。首先，子程序不需要定义，任何一段代码都可以当作子程序，只要在该代码中含有返回的汇编语句即可；其次，调用子程序只需使用 BL 或 BX 指令即可。

　　5.5 节已经叙述了 BL 和 BX 指令的功能。BL 指令用来实现一般子程序的调用，而 BX 指令则用来实现在 ARM 和 Thumb 代码之间的子程序调用。下面的代码实例 ex6_9.s 演示 ARM 汇编语言程序中子程序调用的实现方法。

```
 1            AREA   ex6_9, CODE, READONLY
 2            ENTRY
 3            CODE32
 4            ADR    r0, start + 1
 5            BX     r0
 6            CODE16
 7   start    MOV    r0, #10
 8            MOV    r1, #3
 9            BL     doadd
10   stop     MOV    r0, #0x18
11            LDR    r1, =0x20026
12            SWI    0xAB
13   doadd    ADD    r0, r0, r1
14            MOV    pc, lr
15            END
```

　　程序第 4 行将子程序的地址保存在 r0 寄存器中，因为子程序用 Thumb 代码编写，因此要在地址的最低位置 1(参见 BX 指令的说明)。第 5 行在 ARM 代码中调用以 start 为首地址的 Thumb 子程序(注意这里没有保存返回地址，而是在最后直接返回到了调试器)。由于是 Thumb 代码，所以第 12 行应该用 0xAB 参数。第 9 行在 Thumb 代码中实现子程序嵌套，调用以 doadd 为首地址的 Thumb 子程序。第 14 行实现子程序返回(参见 BL 指令的说明)。

6.8　C 语言与 ARM 汇编语言的混合编程

　　在 ARM 应用系统开发中，若所有的编程任务均用 ARM 汇编语言来完成，则工作量会非常大，并且不利于系统升级和应用软件移植。事实上，ARM 体系结构支持 C 语言和 ARM 汇编语言的混合编程。在一个完整应用系统的软件实现过程中，除了初始化部分和一些关键代码用 ARM 汇编语言完成之外，其余大部分的编程任务都可以用 C 语言来实现。

　　ARM 汇编语言与 C 语言的混合编程通常有以下 3 种技术：

　　(1) 使用内嵌汇编器；

　　(2) 从汇编代码中访问 C 程序的全局变量；

　　(3) ARM 汇编程序和 C 程序间的相互调用。

在这 3 种混合编程技术中，必须遵守一定的调用规则，如物理寄存器的使用、参数的传递等，为此 ARM 制定了 ARM-Thumb 过程调用标准 ATPCS(ARM-Thumb Procedure Call Standard)。

本节首先简要介绍 ATPCS 规则，然后分别介绍实现混合编程的 3 种技术。

6.8.1　ATPCS 概述

ATPCS 规定了 ARM 系统开发过程中子程序之间相互调用的基本规则，ATPCS 强制实现的约定包括调用者如何传递参数(即压栈方法，以何种方式存放参数)、被调用者如何获取参数、以何种方式传递函数返回值。

ATPCS 是与系统相关的，因为它直接涉及编译器如何使用处理器提供的应用寄存器，如编译器使用什么寄存器作为栈指针、利用哪些寄存器传递参数等。ATPCS 也是与应用相关的，因为它会涉及生成代码的大小、调试功能的支持、调用者上下文处理速度以及内存消耗等。因此，ATPCS 的制定实际上是各种指标的一个折中。为了适应各种需求不同的应用，ARM 制定了基本 ATPCS 和几种特定的 ATPCS。

基本 ATPCS 规定了子程序相互调用时的一些基本规则，包括下面 3 个方面的内容。

1. 寄存器使用规则

在基本 ATPCS 中，寄存器的使用必须满足下面的规则：

(1) 子程序间通过寄存器 R0~R3 来传递参数。这时，寄存器 R0~R3 可以记作 A0~A3。被调用的子程序在返回前无须恢复寄存器 R0~R3 的内容。

(2) 在子程序中，使用寄存器 R4~R11 来保存局部变量。这时，寄存器 R4~R11 可以记为 V1~V8。如果一个被调用的子程序中使用了寄存器 V1~V8 中的某些寄存器，则子程序在进入时必须保存这些寄存器的值，在返回前必须恢复这些寄存器的值。在 Thumb 程序中，通常只能使用寄存器 R4~R7 来保存局部变量。

(3) 寄存器 R12 用作过程调用中间的临时寄存器 IP。

(4) 寄存器 R13 用作堆栈指针 SP。在子程序中寄存器 R13 不能用作其他用途。寄存器 SP 在进入子程序时的值和退出子程序的值必须相等。

(5) 寄存器 R14 称为链接寄存器 LR，它用于保存子程序的返回地址。如果在子程序中保存了返回地址，则寄存器 R14 可以用作其他用途。

(6) 寄存器 R15 为程序计数器 PC，不能用作其他用途。

2. 数据栈使用规则

栈是一种后进先出的数据结构，是程序运行中必不可少的一种资源。基本 ATPCS 规定数据栈为 FD 类型，F 表示 FULL 栈，即栈指针指向栈顶元素(最后一个入栈的数据元素)，反之，如果栈指针指向与栈顶元素相邻的一个可用数据单元时，称为 EMPTY 栈(用 E 表示)。D 表示 Descending，即数据栈向内存地址减小的方向增长，反之，称为 Ascending(用 A 表示)。也就是说，在基本 ATPCS 规定下，入栈的操作是先减栈指针再写入数据，出栈的操作是先读出数据再加栈指针。

基本 ATPCS 还规定对数据栈的操作是 8 B 对齐的，即上述对栈指针的加减操作必须是偶数个字。

3. 参数传递规则

根据参数个数是否固定，可以将子程序分为参数个数固定的(Nonvariadic)子程序和参数个数可变的(Variadic)子程序。ATPCS 为这两种子程序规定了不同的参数传递规则。

1) 参数个数可变的子程序参数传递规则

对于参数个数可变的子程序，当参数不超过 4 个时，可以使用寄存器 R0～R3 来传递参数；当参数超过 4 个时，可以使用数据栈来传递参数。

在传递参数时，将所有参数看作存放在连续的内存单元中的字数据，然后依次将每一个字数据传送到寄存器 R0、R1、R2、R3 中。如果参数多于 4 个，则将剩余的字数据传送到数据栈中。入栈时低地址优先，即入栈的顺序与参数顺序相反，最后一个字数据先入栈。

按照上面的规则，一个浮点数参数可以通过寄存器传递，也可以通过数据栈传递，也可能一半通过寄存器传递，另一半通过数据栈传递。

堆栈访问无论对代码大小还是执行速度都有很大的影响，因此，应尽可能使得传递的参数个数小于 5 个。

2) 参数个数固定的子程序参数传递规则

参数个数固定的子程序的参数传递规则为：第一个整数参数按序分配给 R0～R3 寄存器，剩余的参数按序分配给堆栈。

对于大于 32 位的整数(如 long 类型)，可能一部分分配给了寄存器，一部分分配给了堆栈。对于这种情况，分配给堆栈的那部分总是优先于浮点数的分配，即这种分配不符合参数的顺序。

如果系统支持浮点运算，则浮点参数将按照下面的规则传递：各个浮点参数按顺序处理；选择满足该浮点参数需要的且编号最小的一组连续的 FP 寄存器。

3) 子程序结果返回规则

子程序中结果返回的规则如下：

(1) 结果为一个 32 位整数时，可以通过寄存器 R0 返回。

(2) 结果为一个 64 位整数时，可以通过 R0 和 R1 返回，以此类推。

(3) 结果为一个浮点数时，可以通过浮点运算部件的寄存器 f0、d0 或者 s0 来返回。

(4) 结果为一个复合型的浮点数(如复数)时，可以通过寄存器 f0～fN 或者 d0～dN 来返回。

(5) 对于位数更多的结果，需要通过内存来传递。

6.8.2　使用内嵌汇编器

内嵌汇编器是指包含在 C 编译器中的汇编器。使用内嵌汇编器后，就可以在 C 源程序中直接使用大部分的 ARM 指令和 Thumb 指令，从而实现一些用 C 语言不能直接完成的操作(例如访问协处理器和程序状态寄存器 CPSR 等)，同时程序的代码效率也比较高。

1. 内嵌汇编的语法格式

在 C 程序中嵌入汇编语言，需要相应的 C 编译器支持。这里主要介绍 ARM 在 ADS 中集成的 C 编译器 armcc 下的内嵌汇编。GNU 的 gcc 也支持内嵌汇编，若读者需要，可查阅 GNU 的相关资料。

armcc 规定在 C 程序中使用关键词_ _asm(两个下划线)来标识一段汇编语言程序, 其格式如下:

```
_ _asm
{
    instruction [; instruction]
    …
    [instruction]
}
```

_ _asm 标识的汇编程序需用花括号括住, 一行可写多条汇编指令, 指令之间用分号隔开。另外, 如果一条汇编指令需占多行, 要使用续行符号 "\", 并且在汇编指令段中可以使用 C 语言的注释语句。下面的代码实例 ex6_10.c 演示了内嵌汇编的具体用法。

```
#include <stdio.h>
int example(int x)
{
    _ _asm
    {
        mov    r0,  #100;  ADD    x,  x,  R0
        SUB    x,  x,  #50
    }
    return   x;
}
int main(void)
{
    int   y;
    y=example(100);
    printf("y=%d\n", y);
    return 0;
}
```

2. 内嵌汇编指令的用法

内嵌汇编指令包括大部分的 ARM 指令和 Thumb 指令, 但由于它嵌入在 C 程序中使用, 因此在用法上与普通汇编指令有所不同。

(1) 内嵌汇编指令中作为操作数的寄存器和常量可以是 C 表达式(包括单个变量), 但表达式的结果必须是无符号整数, 常量前的符号 "#" 可以省略。如果需要带符号数, 用户需要自己处理与符号有关的操作。编译器会计算这些表达式的值, 并为其分配寄存器。当汇编指令中同时用到物理寄存器和 C 表达式时, 要注意使用的表达式不要过于复杂。因为当表达式过于复杂时, 将会需要较多的寄存器, 这些寄存器可能与指令中的物理寄存器的使用冲突, 从而导致编译失败。

(2) 在内嵌汇编指令中使用寄存器时需要注意：① 通常编译器在进入内嵌汇编代码时会根据需要自动保存和恢复内嵌代码中用到的寄存器，用户在内嵌代码中不需要去保存和恢复这些寄存器的值；② 编译器可能会使用 R12 或 R13 寄存器存放编译的中间结果，在计算表达式时可能会将寄存器 R0～R3、R12 以及 R14 用于子程序调用。因此在内嵌汇编指令中，不要将这些寄存器同时指定为指令中的物理寄存器，尤其是包含 C 表达式的指令中。例如：

```
__asm
{
    MOV    R0, x
    ADD    y, R0, x/y
}
```

在这段代码中，我们希望计算 x 与 x/y 的和，并将结果保存在 y 中。但实际的情况是编译器在编译 x/y 表达式时，需要在寄存器 R0 中返回表达式的商，所以在 ADD 时 R0 中就已经不是 x 了。

(3) 内嵌汇编器不支持汇编语言中所有用于内存分配的伪操作，也不支持 LDR、ADR 和 ADRL 伪指令。

(4) 内嵌汇编代码中的 SWI 和 BL 指令相当于调用子程序，因此内嵌的 SWI 和 BL 指令除了正常的操作数外，还必须增加 3 个可选的寄存器列表。其格式如下：

```
SWI{cond}  swi_num, {input_regs1}, {output_regs2}, {corrupted_regs3}
BL{cond}   function, {input_regs1}, {output_regs2}, {corrupted_regs3}
```

第 1 个寄存器列表中的寄存器用于存放输入的参数；第 2 个寄存器列表中的寄存器用于存放返回的结果；第 3 个寄存器列表中的寄存器的内容可能被被调用的子程序破坏，即这些寄存器是供被调用的子程序使用的。

6.8.3　内嵌汇编指令应用举例

下面的代码实例 ex6_11.c 演示如何在内嵌汇编中使用 BL 调用子程序。

```c
#include <stdio.h>
void my_strcpy(const char *src, char *dst)
{
    int ch;
    __asm
    {
loop:
        LDRB    ch, [src], #1
        STRB    ch, [dst], #1
        CMP     ch, #0
        BNE     loop
    }
}
```

```
int main(void)
{
    const char *a = "Hello world!";
    char b[20];
    _ _asm
    {
        MOV     R0, a
        MOV     R1, b
        BL my_strcpy, {R0, R1}
    }
    printf("Original string: '%s'\n", a);
    printf("Copied string: '%s'\n", b);
    return 0;
}
```

在主程序和子程序中都有内嵌汇编，其中子程序实现字符串拷贝，主程序中内嵌的"BL my_strcpy，{R0，R1}"指令的输入寄存器列表为{R0，R1}，没有输出寄存器列表，子程序使用的工作寄存器为 ATPCS 规定的默认寄存器 R0～R3、R12、lr 和 CPSR。

6.8.4　在汇编代码中访问 C 程序的全局变量

在 ARM 汇编代码中只能通过地址间接地访问 C 程序的全局变量。具体访问方法是先用 IMPORT 伪操作声明该全局变量，然后用 LDR 伪指令将该全局变量的地址读到一个寄存器中，最后根据变量类型用相应的 LDR 指令读取该变量的值并用相应的 STR 指令修改该变量的值。

对无符号变量使用以下对应指令：

(1) char 类型用 LDRB/STRB 指令；

(2) short 类型用 LDRH/STRH 指令；

(3) int 类型用 LDR/STR 指令；

注意，这里的 C 程序是指 ARM C(armcc 编译器)，short 类型为 16 位，int 类型为 32 位，与标准 C 有所不同。

对于带符号的变量，则用等价的带符号数操作指令，如 LDRSB/LDRSH 等。

对于小于 8 个字的结构性变量，可以通过一条 LDM/STM 指令来读/写整个变量；对于结构变量的数据成员，可以使用相应的 LDR/STR 指令来访问，但必须知道该结构成员相对于结构变量开始地址的偏移量。

下面是一个在汇编程序中访问 C 全局变量的例子。

```
;ex6_12.s
    AREA globals,CODE,READONLY
    EXPORT  asmsub
    IMPORT  globvar
```

```
asmsub
    LDR     R1,= globvar
    LDR     R0,[R1]
    ADD     R0,R0,#2
    STR     R0,[R1]
    MOV     PC,LR
END


ex6_12.c
#include <stdio.h>
int globvar;
int main(void)
{
    …
}
```

　　这个例子中，变量 globvar 是在 C 程序中声明的全局变量。在汇编程序中首先用 IMPORT 伪操作引入该变量，然后将其地址读入到 R1 中，再将其值读入到 R0 中进行操作，最后将 globvar 的值加 2 后返回。

6.8.5　ARM 汇编程序与 C 程序的相互调用

　　使用内嵌汇编可以弥补 C 语言不能直接访问一些硬件资源的不足。但内嵌汇编是一种嵌入在 C 编译器下的汇编，它本身也有一些限制，比如不支持某些机器指令，不支持大多数伪操作和伪指令，对寄存器的使用也受到一些限制。另外，内嵌汇编器是一种高层次汇编器，它汇编的代码并不总是非常准确，代码效率也没有标准的 ARM 汇编器(Armasm)汇编的代码效率高。

　　还有一种在 C 程序中使用汇编的方法就是 C 程序和 ARM 汇编程序的相互调用。下面通过一些例子说明 C 和 ARM 汇编的相互调用技术。虽然 C 程序和 ARM 汇编程序可以互相调用，但在实际应用中更多的是 C 程序调用 ARM 汇编程序。

1. ARM 汇编程序调用 C 程序

　　通过 ARM 汇编程序调用 C 程序时，C 程序中不能有 main 函数，只能有被调用的函数，并且函数中必须有返回语句(Return)。而作为调用者的汇编程序则必须有 ENTRY 伪操作，以示汇编程序为主程序，同时需要用 IMPORT 伪操作声明 C 程序中需要调用的函数名(不是 C 程序名)。另外，在汇编程序中用 BL 指令调用 C 函数时，参数传递应严格遵守相应的 ATPCS 规则。

　　代码实例 ex6_13.s、ex6_13.c 是汇编程序调用 C 程序的例子，其中 C 程序 ex6_13.c 中 g 函数返回 5 个整数的和；汇编程序 ex6_20.s 按照 ATPCS 规则来传递参数，其中前 4 个参数通过寄存器 R0～R3 来传递，第 5 个参数通过数据栈来传递。这些参数将依次传递给 C 函数 ex6_13.c 的调用参数。

代码实例 ex6_13.c 如下：

```
int ex6_13 (int a, int b, int c, int d, int e)
{
    return a + b + c + d + e;
}
```

代码实例 ex6_13.s 如下：

```
AREA    ex6_13, CODE, READONLY
IMPORT ex6_13                  ; 声明要调用的 C 程序中的函数名
ENTRY
LDR     sp, =0x30000100        ; 设置数据栈指针
MOV     r0, #1
MOV     r1, #2
MOV     r2, #3
MOV     r3, #4                 ; 前 4 个参数通过寄存器 r0～r3 来传递
MOV     r4, #5
STR     r4, [sp, #4]!          ; 第 5 个参数通过数据栈来传递
BL      ex6                    ; 调用 C 函数
ADD     r0, r0, r0             ; 返回结果在 r0 寄存器中
MOV     r5, r0                 ; 将其保存在 r5 中
MOV     r0, #0x18
LDR     r1, =0x20026
SWI     0x123456               ; 汇编程序返回
END
```

调试混合编程的程序时需要分别将 C 源程序和 ARM 汇编源程序编译成目标模块，然后用链接程序将其链接成可执行代码，最后再运行程序。图 6-23 所示的是命令行下运行上述程序的具体方法。

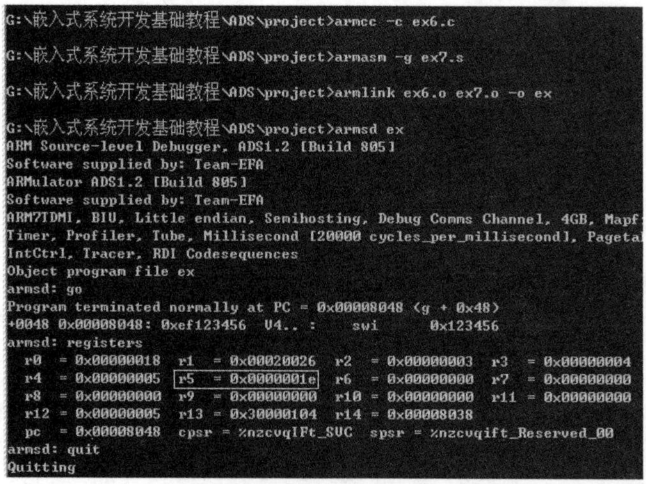

```
G:\嵌入式系统开发基础教程\ADS\project>armcc -c ex6.c

G:\嵌入式系统开发基础教程\ADS\project>armasm -g ex7.s

G:\嵌入式系统开发基础教程\ADS\project>armlink ex6.o ex7.o -o ex

G:\嵌入式系统开发基础教程\ADS\project>armsd ex
ARM Source-level Debugger, ADS1.2 [Build 805]
Software supplied by: Team-EFA
ARMulator ADS1.2 [Build 805]
Software supplied by: Team-EFA
ARM7TDMI, BIU, Little endian, Semihosting, Debug Comms Channel, 4GB, Mapf
Timer, Profiler, Tube, Millisecond [20000 cycles_per_millisecond], Pagetal
IntCtrl, Tracer, RDI Codesequences
Object program file ex
armsd: go
Program terminated normally at PC = 0x00008048 (g + 0x48)
+0048 0x00008048: 0xef123456  V4.. :    swi      0x123456
armsd: registers
  r0  = 0x00000018  r1  = 0x00020026  r2  = 0x00000003  r3  = 0x00000004
  r4  = 0x00000005  r5  = 0x0000001e  r6  = 0x00000000  r7  = 0x00000000
  r8  = 0x00000000  r9  = 0x00000000  r10 = 0x00000000  r11 = 0x00000000
  r12 = 0x00000005  r13 = 0x30000104  r14 = 0x00008038
  pc  = 0x00008048  cpsr = %nzcvqIFt_SVC  spsr = %nzcvqift_Reserved_00
armsd: quit
Quitting
```

图 6-23 混合编程运行方法

2. C 程序调用 ARM 汇编程序

C 程序调用汇编程序时，需要在程序中使用 extern 关键词来声明被调用的汇编程序，在相应的汇编程序中要用 EXPORT 伪操作声明本程序，使得本程序可以被其他的程序调用，并且在汇编程序中不能有 ENTRY 伪操作，以免因入口点太多造成连接器连接失败。参数的传递同样遵守相应的 ATPCS 规则。

代码实例 ex6_14.c 和 ex6_14.s 演示了 C 程序调用汇编程序的方法。其中，汇编程序 strcopy 实现字符串复制功能，C 程序调用 strcopy 完成字符串复制的功能。注意，参数传递的是地址，在 C 程序中用"strcopy(dststr，srcstr)；"语句调用，在汇编程序中对应的是 R0 中为目标串的地址，R1 中为源串的地址。在汇编程序中最后通过指令"MOV PC，LR"来返回调用者。

ex6_14.c 代码如下：

```
#include <stdio.h>
extern void strcopy(char *d, char *s) ;
int main(void)
{
    char *srcstr = "First string-source";
    char dststr[] = "Second string-destination";
    printf("before copying: \n");
    printf("%s\n %s\n", srcstr, dststr);
    strcopy(dststr, srcstr) ;
    printf("After copying: \n");
    printf("%s\n %s\n", srcstr, dststr);
    return 0;
}
```

ex6_14.s 代码如下：

```
    AREA Scopy,CODE,READONLY
    EXPORT   strcopy
strcopy
    LDRB   R2,[R1],#1
    STRB   R2,[R0],#1
    CMP    R2,#0
    BNE    strcopy
    MOV  PC,LR
    END
```

习　　题

1. 简述 ADS1.2 的基本组成。

2 在 ADS1.2 命令行方式下调试 ARM 汇编程序的主要命令有哪些？其作用是什么？

3. ADS1.2 的窗口调试工具是什么？它有什么特点？

4. 熟悉 ARM 汇编常用的伪操作，简述 LTORG 伪操作的作用。

5. LDR 机器指令和 LDR 伪指令的区别是什么？

6. 简述 ARM 汇编语言程序的基本结构。

7. 简述 ARM DS-5 的特点及基本组成。

8. 简述 ARM DS-5 中编辑和调试程序的基本过程。

9. 为什么需要 C 语言与 ARM 汇编的混合编程？ARM 如何支持这种混合编程？

10. 什么是 ATPCS？它包括哪些基本规则？

11. 内嵌 ARM 汇编指令与普通 ARM 汇编指令一样吗？其主要区别是什么？

12. 如何实现 C 语言程序调用 ARM 汇编程序？试进行编程练习。

第 7 章

嵌入式系统实验箱

本章主要介绍如何建立嵌入式系统开发环境,同时讲解在博创 IMX6 实验箱上进行嵌入式系统开发过程所涉及的部分实验。通过本章的学习,读者可以在实践操作中巩固理论知识,学会解决实际问题。学习本章内容能够培养读者的工匠精神,鼓励读者追求科研工作的极致和完美。

7.1 认识 IMX6 实验箱

博创科技推出的 IMX6 嵌入式教学科研平台是一款基于飞思卡尔 IMX6 系列处理器的教学科研设备,主频达到 1 GHz。IMX6DL 是一款基于 ARM Cortex-AP 架构的双核应用处理器,具有低成本、低功耗、高性能等优良品质,适用于智能手机和平板电脑等移动终端。IMX6 系列处理器内建 32/32 KB 数据/指令一级缓存和 512 KB 的二级缓存,自有的定时器和看门狗,LVDS 串行接口、HDMI1.4 端口、MIPI/DSI 接口、EPDC 接口,集成了视频处理单元、3D 图形处理单元和 2D 图形处理单元。

为降低整个系统的运行成本并提供整体功能,IMX6DL 设计了许多硬件外设,如 LCD 控制器、CSI 接口、系统管理(电源管理等)、MIPI 接口、LVDS 接口、5 通道 UART 接口、DMA、定时器、通用 I/O 端口、S/PDIF、8 个 IIC-BUS 接口、3 个 HS-SPI、USB 主机 2.0、高速 USB 接口 OTG 设备(480 Mb/s 的传输速度)、2 个 USB HSIC、3 通道 SD/MMC 记忆主机控制器和 PLL 时钟发生器。正是这些强大的功能及工业级的标准,使得 IMX6 支持工业级标准的操作系统。

IMX6 教学科研平台集成了 USB2.0、SD、LCD、Camera、CAN、NFC、ZigBee、扩展串口等常用设备接口,适用于各种手持设备、消费电子和工业控制设备等产品的开发。IMX6 平台可以作为计算机、电子通信、软件开发等专业开设嵌入式软件课程的教学平台,也可用于科研机构开展相关项目研究,如智能硬件开发、物联网应用探索等诸多领域。

本章所有的实验均在 IMX6 实验箱上实现。IMX6 实验箱如图 7-1 所示。实验箱硬件部分由主板、核心板及 LCD 3 部组成。这里以 IMX6 型互联网嵌入式平台整体硬件作为对象进行统一介绍,其硬件配置如表 7-1 所示。

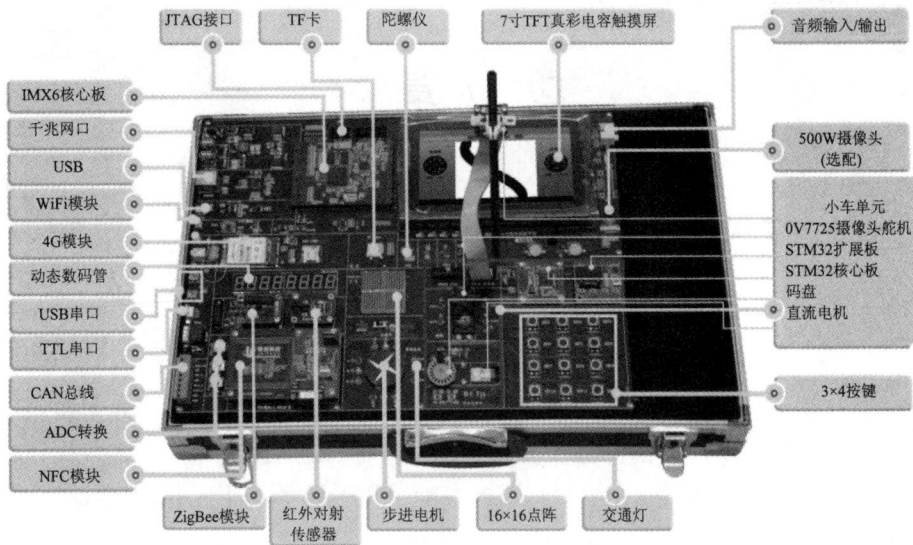

图 7-1　IMX6 实验箱

表 7-1　IMX6-实验箱硬件

配置名称	型　号	说　明
CPU	Freescale IMX6DL	双核 Cotex-A9，主频 1 GHz
GPU	GPU3Dv5 和 GPU2Dv2	
内存	DDR3	1GB DDR3 1600 MHz 超强带宽 64 bit 内存
内存	eMMC	8 GB EMMC 4.5 存储
电源管理芯片	MMPF0100F0EP	IMX6 专用电源管理芯片，为处理器及系统其他设备提供电源
USB 接口	USB2.0 Host	4 路 USB2.0 HOST 接口，1 个 USB OTG 接口
UART	3 PORT	3 路 UART 接口
TF Card		支持
Audio Codec	WM8962	I2S 2.1 声道音频接口
HDMI	HDMI v1.4	1 路标准 HDMI 输出，最大支持 1920 × 1080
VGA	1 PORT	模拟视频输出，最大可支持 1280 × 720
LVDS	1 PORT	支持 LVDS 接口的 LCD
LCD	7 寸彩屏	800 × 480 分辨率
触摸屏	gslX68X	五点电容式触摸屏
摄像头	Ov5640	500W 像素，支持自动聚焦，预览和单帧采集功能
以太网	AR8031	支持 10M/100M/1000M 自适应
SD Card	1 PORT	SD 卡接口，最高支持 64 GB

配置名称	型　号	说　明
4G	SL730 (美格) EC20 (移远)	美格 4G 模块，支持全频段；移远 4G 模块，支持全频段
WiFi	Realtek8188EUS 和 Realtek8188FU	支持 802.11b/g/n，支持 802.11/b/g/n
ZigBee 模块		用于与外部设备进行无线通信
蜂鸣器	有源蜂鸣器	
数码管	8 段共阳极数码管	用于显示数据
点阵	4 个 8×8 点阵	用于显示信息
NFC 模块	PN532	支持 IOS/IEC 14443A、18092/MIFARE/ECM340 等
模拟交通灯		支持
步进电机		支持
RS485		支持
CAN 总线接口		支持
G-sensor	Mpu6050	陀螺仪
按键		包括开机键、复位键和用户按键
调试接口		板载(CPLD、i.MX6、STM32)JTAG 接口

7.2　建立开发环境

1. 实验目的

搭建嵌入式系统开发环境，使后面的实验能够在该环境下顺利完成。

2. 实验设备

1 台已安装 Linux 操作系统的 PC 作为宿主机(上位机)，1 台已烧写 ARM Linux 操作系统的博创 IMX6 实验箱作为目标板(下位机)。

3. 实验内容

(1) 将上位机与下位机进行硬件连接。

(2) 在上位机中安装嵌入式系统开发软件。

(3) 在上位机中配置超级终端(putty 等串口调试软件均可)，波特率设置为 115 200 B，使上位机能够监控和操作下位机。

(4) 在上位机中配置 NFS 服务，使下位机能够共享上位机中的文件资源。

4. 实验步骤

(1) 在下位机断电的情况下，利用实验箱中自带的串口线将上位机的 com1 口与下位机的 RS232-0 口进行连接。

(2) 利用实验箱中自带的直连网线将上位机与下位机进行连接。

(3) 根据下位机中安装的核心模块，选择相应的嵌入式系统开发软件光盘(实验箱自带的安装文件)。

(4) 安装 Ubuntu 服务，包括安装 NFS 服务和安装 Samba 服务。

• 安装 NFS 服务。

① 在 root 用户下输入"exit"命令，如图 7-2 所示。

```
root@uptech-virtual-machine:~/fsl_6dl_release# sudo apt-get install
nfs-kernel-server
```

图 7-2　输入命令

② 切换至 uptech 用户下，在根目录下创建 imx6 文件夹，如 7-3 所示。

```
uptech@uptech-virtual-machine:/$ sudo mkdir /imx6
```

图 7-3　创建 NSF 共享文件夹

③ 修改 etc 目录下的 exports 文件，输入命令，如图 7-4 所示。

```
uptech@uptech-virtual-machine:/$ sudo vi /etc/exports
```

图 7-4　修改配置文件

④ 在最后一行添加语句 /IMX6 *(rw,sync,no_root_squash,no_subtree_check)，如图 7-5 所示。

```
# /etc/exports: the access control list for filesystems which may be exported
#               to NFS clients.  See exports(5).
#
# Example for NFSv2 and NFSv3:
# /srv/homes       hostname1(rw,sync,no_subtree_check) hostname2(ro,sync,no_subtree_check)
#
# Example for NFSv4:
# /srv/nfs4        gss/krb5i(rw,sync,fsid=0,crossmnt,no_subtree_check)
# /srv/nfs4/homes  gss/krb5i(rw,sync,no_subtree_check)
#
/imx6 *(rw sync no_root_squash no_subtree_check)
```

图 7-5　添加 NFS 共享目录配置语句

⑤ 根据 sudo/etc/init.d/rpcbind restart 重启 NFS 服务，如图 7-6 所示。

```
uptech@uptech-virtual-machine:/$ sudo /etc/init.d/rpcbind restart
```

图 7-6　重启 NFS 服务

⑥ 输入语句 sudo/etc/init.d/nfs-kernel-server restart 重启结束，如图 7-7 所示。

```
uptech@uptech-virtual-machine:/$ sudo /etc/init.d/nfs-kernel-server restart
 * Stopping NFS kernel daemon                                        [ OK ]
 * Unexporting directories for NFS kernel daemon...                  [ OK ]
 * Exporting directories for NFS kernel daemon...                    [ OK ]
 * Starting NFS kernel daemon                                        [ OK ]
uptech@uptech-virtual-machine:/$
```

图 7-7　重启结束

⑦ NFS 安装完成，如图 7-8 所示。

```
Creating config file /etc/idmapd.conf with new version

Creating config file /etc/default/nfs-common with new version
正在添加系统用户"statd" (UID 116)...
正在将新用户"statd" (UID 116)添加到组"nogroup"...
无法创建主目录"/var/lib/nfs"
statd start/running, process 28200
gssd stop/pre-start, process 28234
idmapd start/running, process 28288
正在处理用于 ureadahead (0.100.0-16) 的触发器 ...
正在设置 nfs-kernel-server (1:1.2.8-6ubuntu1.1) ...

Creating config file /etc/exports with new version

Creating config file /etc/default/nfs-kernel-server with new version
 * Not starting NFS kernel daemon: no exports.
正在处理用于 libc-bin (2.19-0ubuntu6.6) 的触发器 ...
正在处理用于 ureadahead (0.100.0-16) 的触发器 ...
root@uptech-virtual-machine:~/fsl_6dl_release#
```

图 7-8　安装完成

- 安装 Samba 服务。

① 输入安装 Samba 服务命令，如图 7-9 所示。

```
uptech@uptech-virtual-machine:/$ sudo apt-get install samba
```

图 7-9　Samba 服务命令

② 修改配置文件 smb.conf，如图 7-10 所示。

```
uptech@uptech-virtual-machine:/$ sudo vim /etc/samba/smb.conf
```

图 7-10　修改 smb.conf 配置文件

③ 在 smb.conf 文件最下面输入以下语句，如图 7-11 所示。

[print]

comment = print

path = /home/now

browseable = yes

writeable = yes

public = yes

create mask = 0777

directory mask = 0777

```
[print$]
   comment = Printer Drivers
   path = /var/lib/samba/printers
   browseable = yes
   read only = yes
   guest ok = no
# Uncomment to allow remote administration of Windows print drivers.
# You may need to replace 'lpadmin' with the name of the group your
# admin users are members of.
# Please note that you also need to set appropriate Unix permissions
# to the drivers directory for these users to have write rights in it
;   write list = root, @lpadmin
[print]
   comment = print
   path = /home/now
   browseable = yes
   writeable = yes
   public = yes
   create mask = 0777
   directory mask = 0777
```

图 7-11　添加 Samba 配置文件

④ 输入语句 sudo mkdir /home/now；sudo chmod 777 /home/now 创建共享目录并设置权限，如图 7-12 和图 7-13 所示。

```
uptech@uptech-virtual-machine:/$ sudo mkdir /home/now
```

图 7-12　创建 Sambe 共享文件夹

```
uptech@uptech-virtual-machine:/$ sudo chmod 777 /home/now/
```

图 7-13　更改文件夹权限

⑤ 输入下述命令，重启 Samba 服务并查看虚拟机 IP 号，如图 7-14 所示。

sudo /etc/init.d/smbd restart

ifconfig

```
uptech@uptech-virtual-machine:/$ sudo /etc/init.d/smbd restart
uptech@uptech-virtual-machine:/$ ifconfig
eth0      Link encap:以太网  硬件地址 00:0c:29:f9:69:fa
          inet 地址:192.168.88.132  广播:192.168.88.255  掩码:255.255.255.0
          inet6 地址: fe80::20c:29ff:fef9:69fa/64 Scope:Link
          UP BROADCAST RUNNING MULTICAST  MTU:1500  跃点数:1
          接收数据包:769166 错误:0 丢弃:0 过载:0 帧数:0
          发送数据包:348628 错误:0 丢弃:0 过载:0 载波:0
          碰撞:0 发送队列长度:1000
          接收字节:1066612943 (1.0 GB)  发送字节:23837928 (23.8 MB)

lo        Link encap:本地环回
          inet 地址:127.0.0.1  掩码:255.0.0.0
          inet6 地址: ::1/128 Scope:Host
          UP LOOPBACK RUNNING  MTU:65536  跃点数:1
          接收数据包:441 错误:0 丢弃:0 过载:0 帧数:0
          发送数据包:441 错误:0 丢弃:0 过载:0 载波:0
          碰撞:0 发送队列长度:0
          接收字节:45429 (45.4 KB)  发送字节:45429 (45.4 KB)
```

图 7-14　查询系统 IP

⑥ 可以看出 IP 地址是 192.168.88.132，在"开始"菜单中点击"运行"按钮，输入 IP 地址，如图 7-15 所示。

图 7-15　输入系统 IP 地址

⑦ 按回车键，可以看到 print 文件夹，表示 Samba 安装成功，可以将需要共享的文件放在 print 文件夹内，实现与虚拟机的共享，如图 7-16 所示。至此，Samba 服务安装完成。

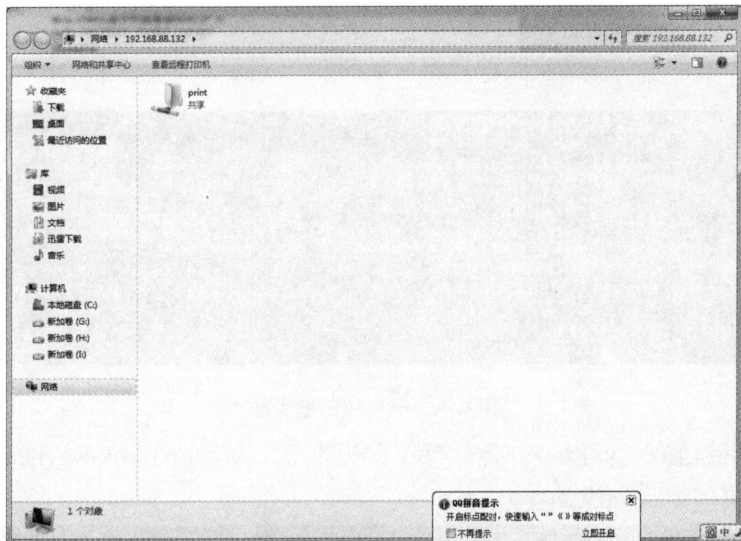

图 7-16　print 文件夹

(5) 拷贝 IMX6 系统光盘资料。将该光盘资料中的 SRC 文件夹复制到 Samba 共享文件夹中，直接将 SRC 文件夹复制至图 7-16 中打开的 print 文件夹中，如图 7-17 所示。

图 7-17　复制文件

复制完成之后，Ubuntu 系统直接进入/home/now 文件夹，即可看到复制的 SRC 文件夹。

(6) 安装交叉编译器。

① 安装 IMX6 yocto 交叉编译环境首先需要找到 Ubuntu 系统目录(即/home/now/SRC/fsl-6dl-source.tar.gz)，然后解压 fsl-6dl-source.tar.gz 到用户目录下。

```
uptech@uptech:~$ tar -xzvf /home/now/fsl-6dl-source.tar.gz
uptech@uptech:~$ ls fsl-6dl-source/
kernel-4.9.88    rootfs sdk    u-boot2017.03
```

目录说明如下：

kernel-4.9.88：内核源代码目录。

rootfs：文件系统目录。

sdk：交叉编译器目录。

u-boot2017.03：uboot 源代码目录。

接着，按下面的语句安装交叉编译器，如图 7-18 所示。

```
uptech@uptech:~$ ls fsl-6dl-source/
kernel-4.9.88  rootfs  sdk  u-boot2017.03
uptech@uptech:~$ cd fsl-6dl-source/
uptech@uptech:~/fsl-6dl-source$ ./sdk/fsl-imx-wayland-glibc-x86_64-meta-toolchai
n-qt5-cortexa9hf-neon-toolchain-4.9.88-2.0.0.sh
NXP i.MX Release Distro SDK installer version 4.9.88-2.0.0
==========================================================
Enter target directory for SDK (default: /opt/fsl-imx-wayland/4.9.88-2.0.0):
You are about to install the SDK to "/opt/fsl-imx-wayland/4.9.88-2.0.0". Proceed
[Y/n]? y
[sudo] password for uptech:
Extracting SDK.......
```

图 7-18　交叉编译器安装

② 按回车键，输入“y”，输入密码安装，默认的路径为/opt/fsl-imx-wayland/4.9.88-2.0.0，安装完成后的界面如图 7-19 所示。

```
Extracting SDK..........................................................
........................................................................
....................................................done
Setting it up...done
SDK has been successfully set up and is ready to be used.
Each time you wish to use the SDK in a new shell session, you need to source the
 environment setup script e.g.
 $ . /opt/fsl-imx-wayland/4.9.88-2.0.0/environment-setup-cortexa9hf-neon-poky-li
nux-gnueabi
uptech@uptech:~/fsl-6dl-source$
```

图 7-19　安装完成

③ 输入下述命令查看交叉编译器，安装完成验证如图 7-20 所示。

uptech@uptech:~/fsl-6dl-source$ ls /opt/fsl-imx-wayland/4.9.88-2.0.0/

```
uptech@uptech:~/fsl-6dl-source$ ls /opt/fsl-imx-wayland/4.9.88-2.0.0/
environment-setup-cortexa9hf-neon-poky-linux-gnueabi
site-config-cortexa9hf-neon-poky-linux-gnueabi
sysroots
version-cortexa9hf-neon-poky-linux-gnueabi
```

图 7-20　安装完成验证

(7) 构建 SRC 目录下的文件说明如表 7-2 所示。

表 7-2　SRC 下的文件说明

目 录 名	说　明	
DOC	IMX6 文档目录(包括实验指导书及烧写说明)	
演示程序烧写目录	IMX6 型产品出厂系统烧写镜像文件及烧写工具	
SRC	fsl-6dl-source.tar.gz，ZigBee	Linux-yacto 项目源码及内核源码；ZigBee 模块程序，实验指导书包含下载软件
	exp	实验指导书配套实验源码
	test	平台硬件测试程序
硬件资料	开发用到的 datasheet、硬件原理图	
Tools	开发用到的工具	

5. 运行过程

(1) 建立串口连接。

① 打开安装好的 Xshell 软件，如图 7-21 所示。

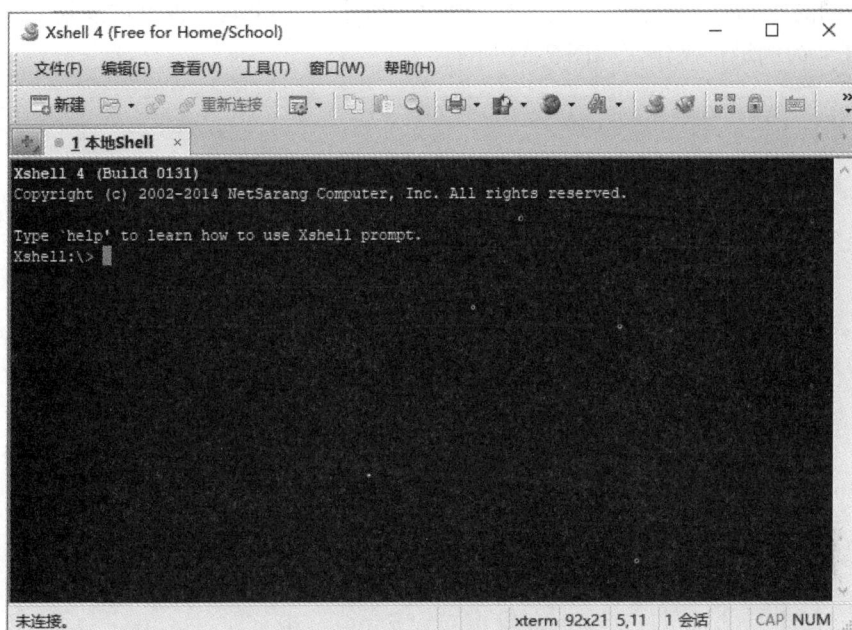

图 7-21　打开 Xshell 软件

②　单击"新建"按钮，建立串口连接。连接之前，需要保证计算机已安装好具体的 CP2102 驱动，否则计算机端识别不到串口设备，导致无法进行串口连接。随后在计算机处单击右键，选择"管理"，可以打开设备管理器，查看对应的端口号，如图 7-22 所示。

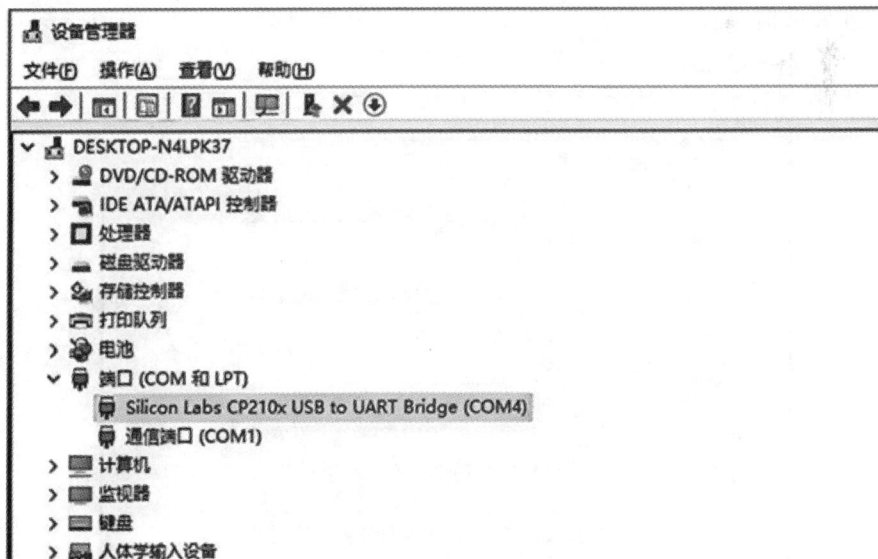

图 7-22　查看端口号

③　单击"端口(COM 和 LPT)"，即可看到一项名为"CP210x(COM4)"的设备，COM4 即为串口号。因平台串口部分硬件设计采用的是 CP2102 芯片，故安装好驱动之后，对应的串口设备名称会带有 CP210 的字样。如果找不到该设备，则检查驱动是否安装完成。

④ 不同的计算机安装驱动之后，端口号不一定都是 COM4，也有可能是 COM34。下面以 COM34 为例进行操作，如图 7-23 所示。

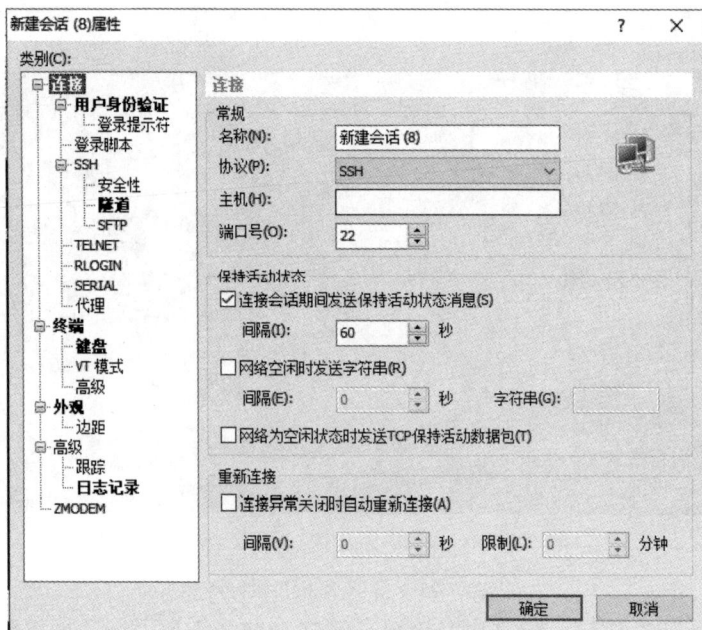

图 7-23　COM34 示例操作

⑤ 在"名称"栏中可以自定义名称；"协议"中的默认选项为 SSH，这里切换为 SERIAL 协议，如图 7-24 所示。

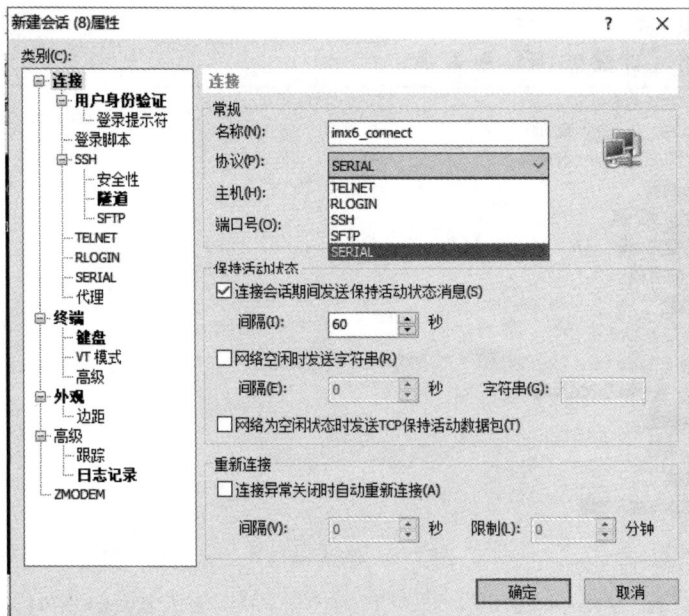

图 7-24　协议选择

⑥ 单击左侧的"SERIAL"，进行串口连接的具体配置，如图 7-25 所示。

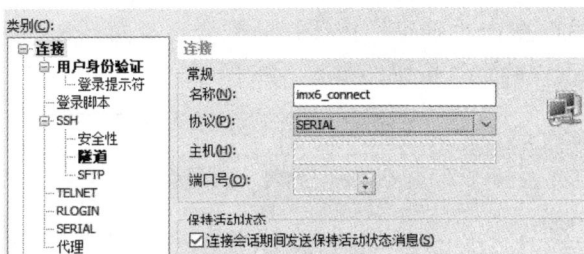

图 7-25　串口连接配置

⑦ 单击"SERIAL"，右侧会出现一项常规配置，在"Port"右侧的下拉菜单中选中设备管理器中对应的"COM"口，此处以"COM34"为例。用户可结合自己计算机具体情况进行选择。

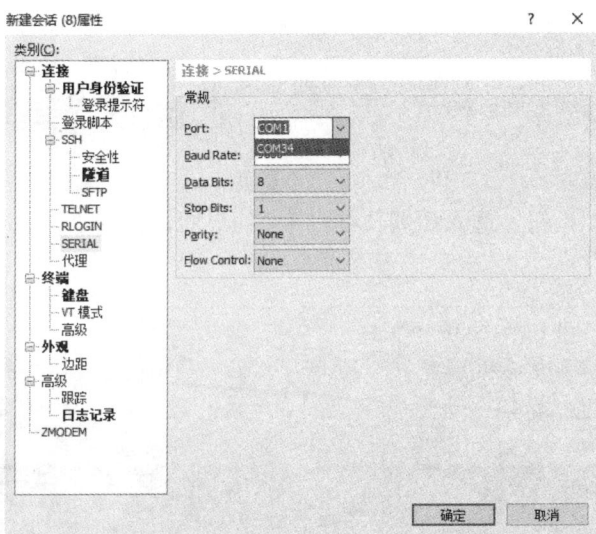

图 7-26　常规配置选择

⑧ 选择好"Port"之后，再更改波特率(Baud Rate)。IMX6 运行的 Linux 系统波特率为 115 200 B，所以此处的"Baud Rate"需要更改为"115200"，如图 7-27 所示。

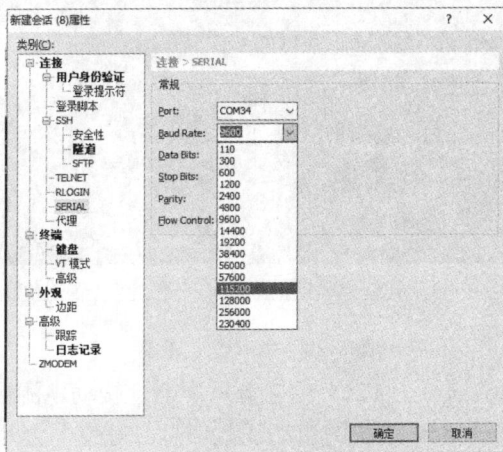

图 7-27　更改波特率

⑨ 选择完成之后，单击"确定"按钮，回到会话页面，选择新建的会话，此处为"imx6_connect"，单击"确定"按钮，如图 7-28 所示。

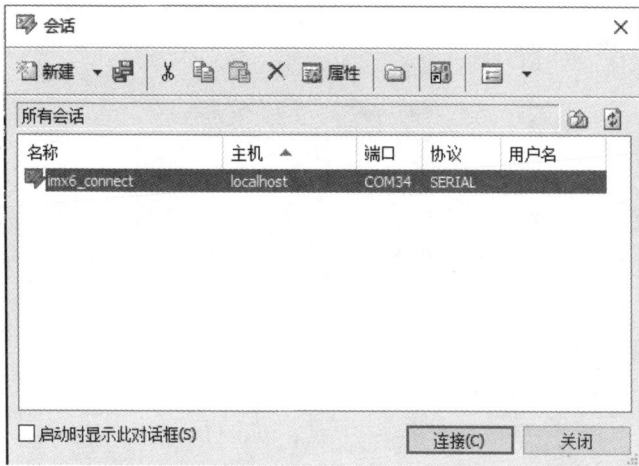

图 7-28　会话页面

⑩ 单击"连接"按钮，进入如图 7-29 所示的界面，显示"Connected"，代表串口已经建立了连接。

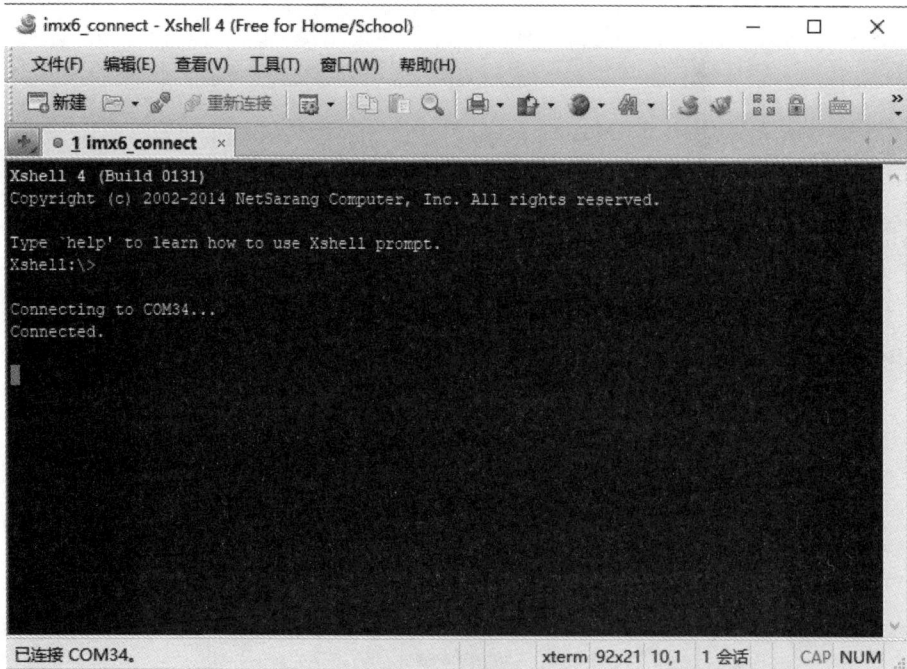

图 7-29　串口建立连接

⑪ 给平台底板电源接口接上 12 V 的电源适配器，拨动电源开关，在 Xshell4 串口调试软件中可以看到 IMX6 Linux 系统的启动加载信息。等待一会儿，系统就会进入 IMX6 Linux 文件系统。此时可按下回车键，进入文件系统，如图 7-30 所示。

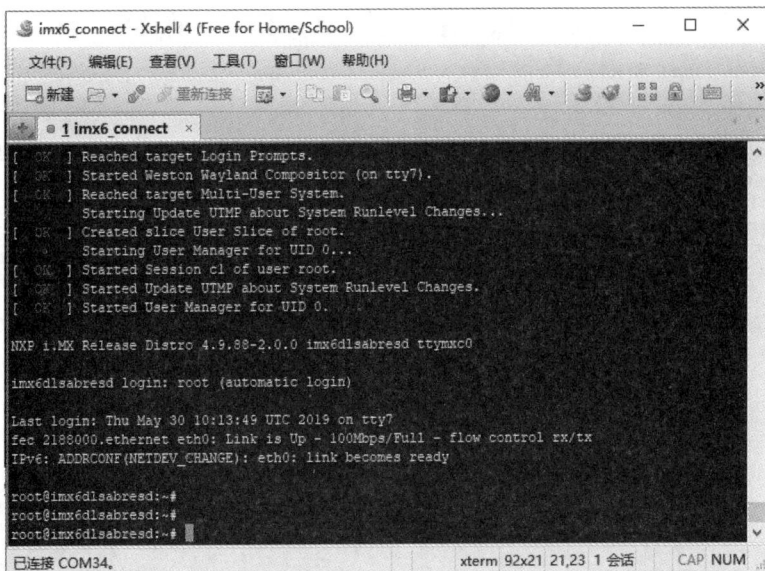

图 7-30　IMX6 Linux 启动加载

(2) 网络配置。

① 设置以太网卡速度。

a. 针对 IMX6 核心板运行的 Linux 系统，可以通过 IMX6 嵌入式教学科研平台底板上的以太网口进行网络通信。计算机端与 IMX6 嵌入式教学科研平台底板网络通过网线连接的以太网对应的网卡设备需要做出相应的配置。打开网络和共享中心，单击"本地连接"按钮，选择"属性"，如图 7-31 所示。

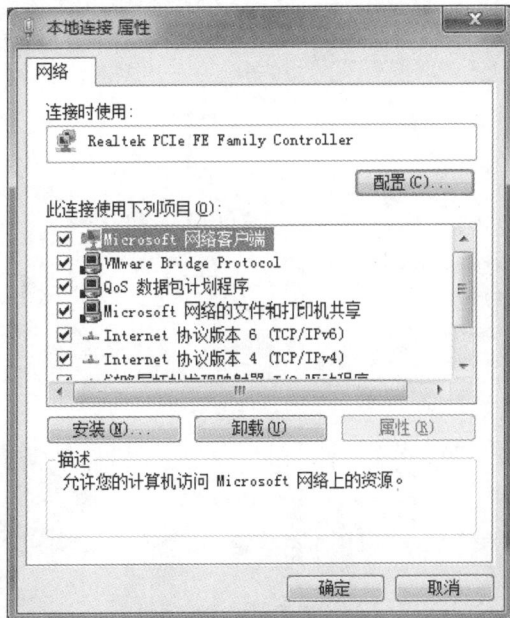

图 7-31　本地连接属性

b. 选择"常规"选项卡，如图 7-32 所示。

c. 选择"高级"选项卡，找到"连接速度和双工模式"，将值由"自动侦测"更改为"100 Mbps 全双工"，如图 7-33 所示。

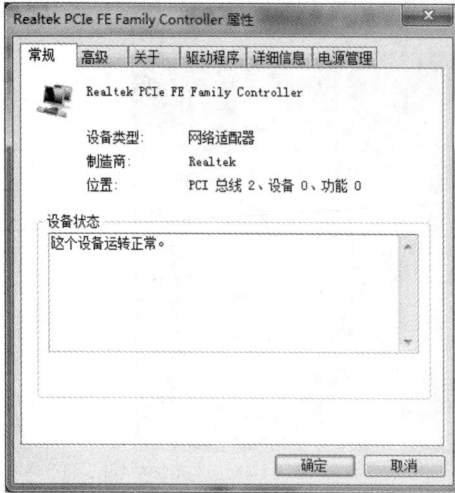

图 7-32 "常规"选项卡

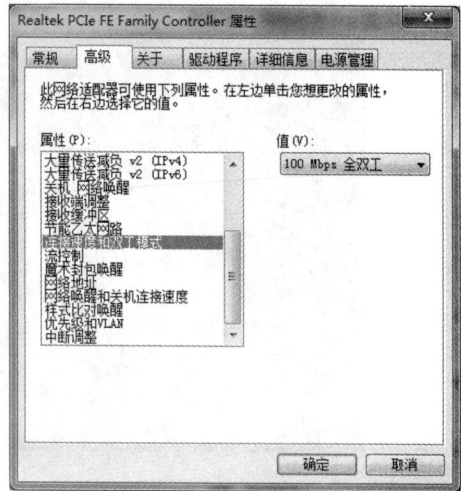

图 7-33 高级栏配置更改

d. 更改完成，单击"确定"按钮即可。

② 设置虚拟网络适配器。

a. 使用管理员权限打开 VMware Workstation 软件，否则有可能看不见 VMnet0 设备。单击"虚拟网络编辑器"选项卡，如图 7-34 所示。

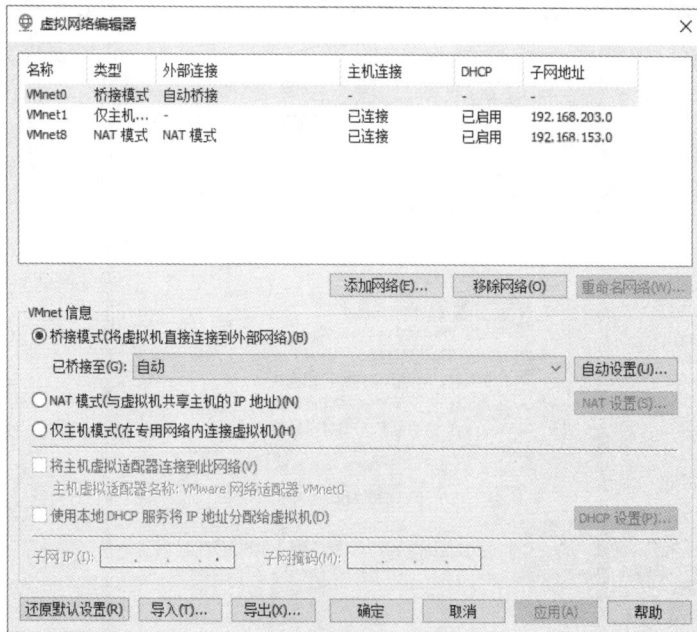

图 7-34 虚拟网络编辑器设置

b. 在 VMnet 信息处选择"桥接模式"，"已桥接至"处可选择计算机以太网卡的具体名称。单击 Windows 系统的"网络和 Internet 设置"选项，如图 7-35 所示。

图 7-35　网络和 Internet 设置

c. 找到高级网络设置，可更改适配器选项。将鼠标放在"以太网"设备上面，便可以看到以太网卡的名称，如图 7-36 所示。

图 7-36　以太网卡名称

d. 回到前述虚拟编辑器，此处将"已桥接至"选项中的"自动"切换为以太网卡的名称，如图 7-37 所示。

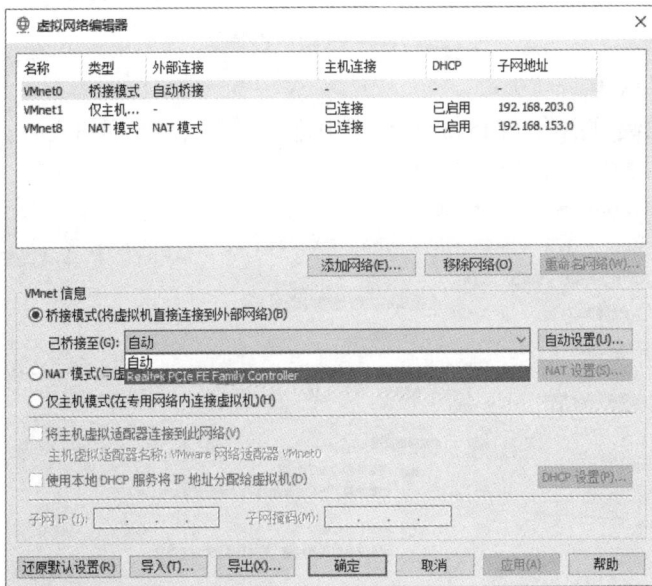

图 7-37　桥接模式选择

e. 用户的计算机如果没有以太网口，需要使用 USB 转网口设备，安装好对应的设备驱动，在网络连接中便可看到对应的设备。如果存在多个网卡设备，可以通过插拔网线来判断使用的网口设备。针对 Ubuntu 系统，单击"编辑虚拟机设置"选项，如图 7-38 所示。

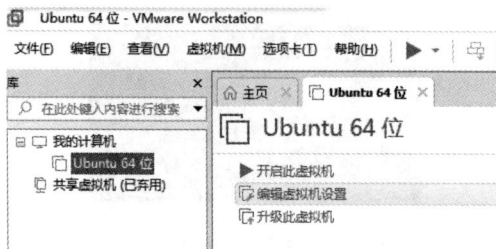

图 7-38　编辑虚拟机设置

f. 在"虚拟机设置"中，选择"网络适配器"，在右侧网络连接处选择"桥接模式"，选中"复制物联网络连接状态"选项，如图 7-39 所示。

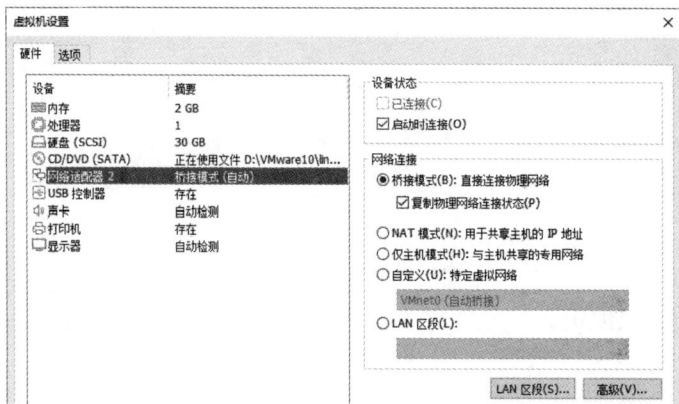

图 7-39　虚拟机设置

③ 配置 Window 系统防火墙。

a. 从图 7-35 所示的网络与 Internet 设置中进入，找到高级网络设置。单击高级网络设置中的"网络和共享中心"，如图 7-40 所示。

图 7-40　网络和共享中心

b. 单击左下方的"Windows Defender 防火墙"选项，如图 7-41 所示。

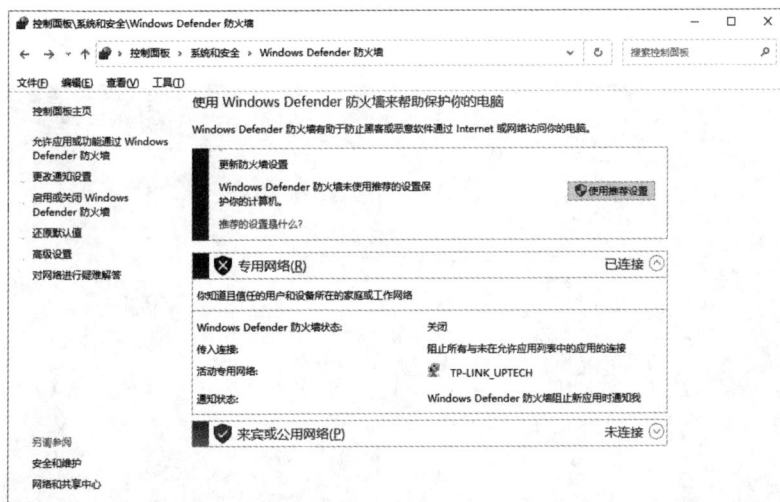

图 7-41　Windows Defender 防火墙

c. 单击左侧的"启用或关闭 Windows Defender 防火墙"选项，如图 7-42 所示。

图 7-42　启用或关闭 Windows Defender 防火墙

建议在专用网络和公用网络设置中，关闭 Windows Defender 防火墙，如果不关闭防火墙，稍后的网络测试可能会受到影响，导致 ping 命令测试不通，进而影响 NFS 挂载操作。

④ 配置 Ubuntu IP 地址。

进入 VMware，打开 Ubuntu 系统。进入系统之后，可以通过键盘按下"Ctrl+Alt+T"组合键，打开终端。首先通过 sudo su 命令，切换至 root 用户，网络配置需要以 root 用户身份进行操作。通过"ifconfig + eth0 + IP"地址可以设置当前 eth0 以太网设备的 IP 地址。

需要注意的是,eth0 是 Ubuntu14 系统中网卡的设备名称,在 Ubuntu22 系统中名称是 ens33,所以在配置网络之前可以先通过 ifconfig 查看网卡的设备名称,再设置 IP 地址,如图 7-43 所示。

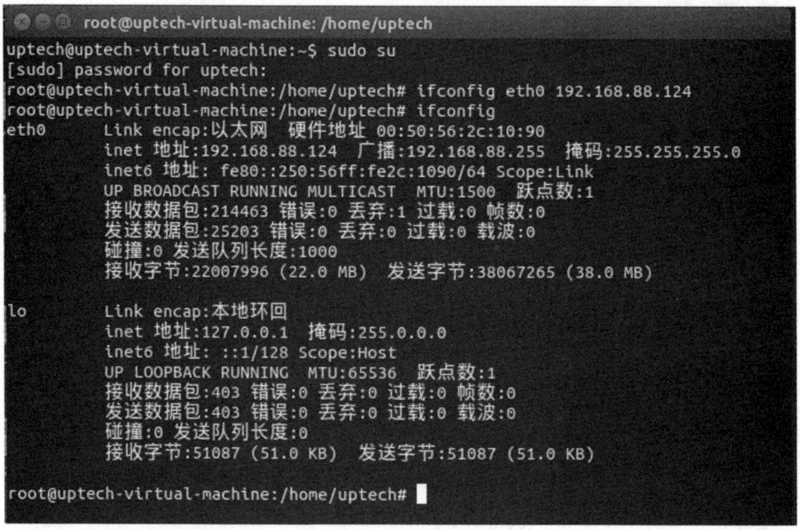

图 7-43　设置 IP 地址

(3) 平台 IP 设置。通过键盘输入 ifconfig eth0 192.168.88.178 命令,针对 IMX6 运行的 Linux 系统,配置一个和 Ubuntu 系统同一网段的 IP 地址,如图 7-44 所示。

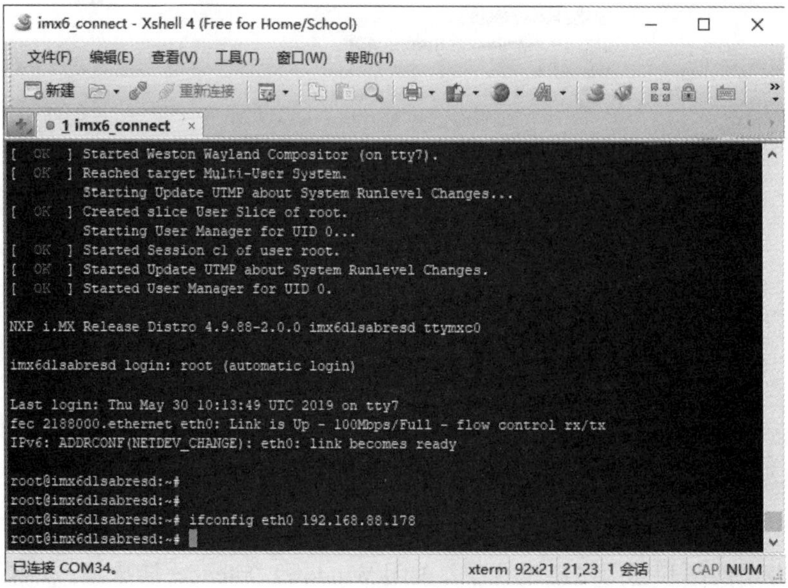

图 7-44　配置 IP 地址

配置完成后,可以再通过 ifconfig 命令查看刚才的 IP 地址是否设置成功。输入完成,按下回车键,即可看到 IMX6 Linux 系统中以太网卡设备的 IP 地址,如图 7-45 所示。

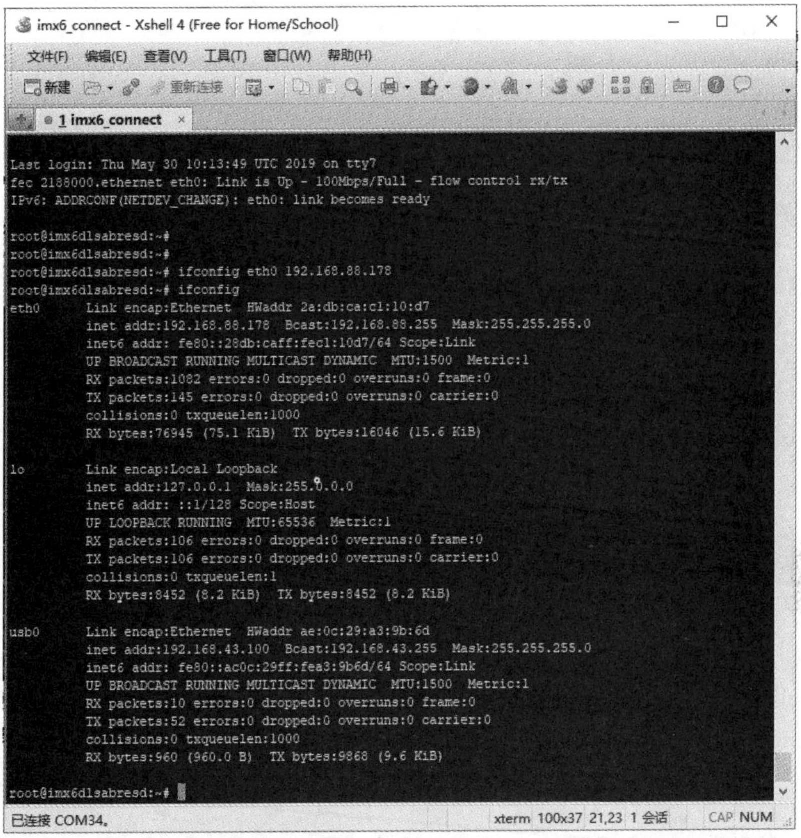

图 7-45 查看 IP 地址

(4) 网络测试。在 Ubuntu 系统中，打开终端，输入 ifconfig eth0，可以查看到 IP 地址为 192.168.88.102，如图 7-46 和图 7-47 所示。

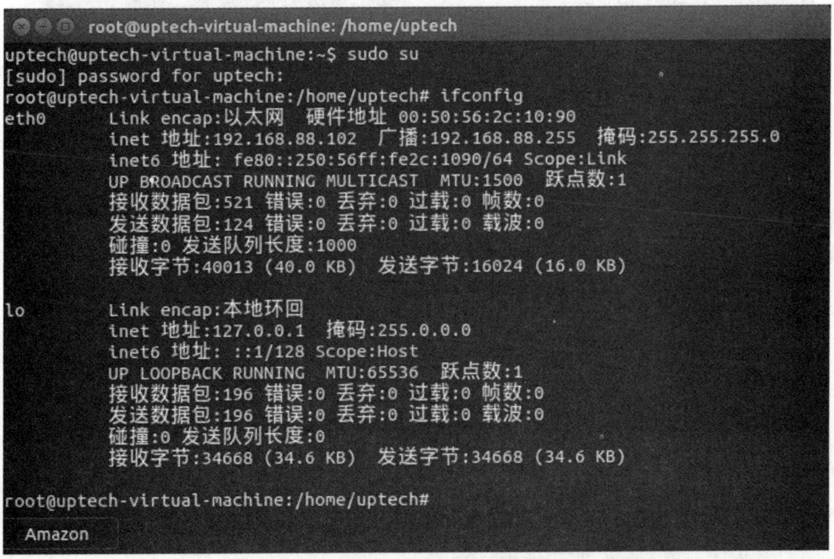

图 7-46 配置 Ubuntu 的 IP 地址

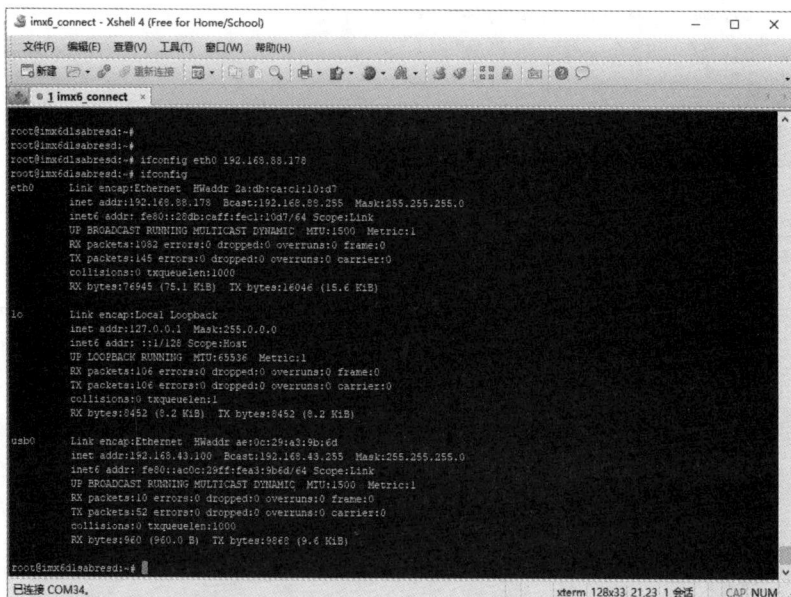

图 7-47　配置查询 IP 地址

在 Xshell 软件里的 IMX6 核心板中，通过 ping 测试 Ubuntu 系统的 IP 地址，查看网络是否可以 ping 通。如果能够 ping 通，则证明网络设置成功，如图 7-48 所示。

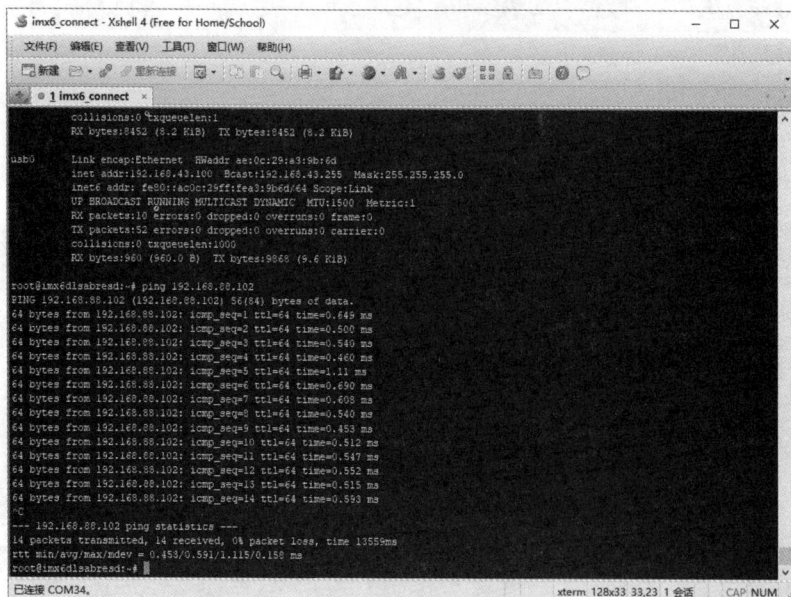

图 7-48　测试网络设置

这样便完成了 Ubuntu 系统与 IMX6 嵌入式教学科研平台的网络测试。

(5) NFS 软件的安装与配置。如果 Ubuntu 系统已经安装了 NFS 软件包的指令，则跳过安装配置步骤即可。安装配置步骤如下：

① 在 Ubuntu 系统终端内输入如下命令来安装 NFS 服务器组件：

　　　　sudo apt-get install nfs-kernel-server

②　在 Ubuntu 系统终端内输入创建共享目录命令：

　　　　sudo mkdir /imx6

③　将光盘资料拷贝到/imx6 目录下。编辑 NFS 共享目录配置文件/etc/exports。在文件中添加要共享的目录及访问权限。格式为"<共享目标><允许访问的主机或网段>(访问权限选项)"。

　　在最后一行可添加:/imx6　　*(rw,sync,no_root_squash,no_subtree_check)，如图 7-49 所示。其中：rw 表示读写访问权限；sync 表示同步写入(数据在写入存储设备后才返回成功信息)；no_root_squash 表示取消权限压缩；no_subtree_check 是一种性能优化选项，减少一些不必要的检查。配置完成后，保存文件并退出编辑器。

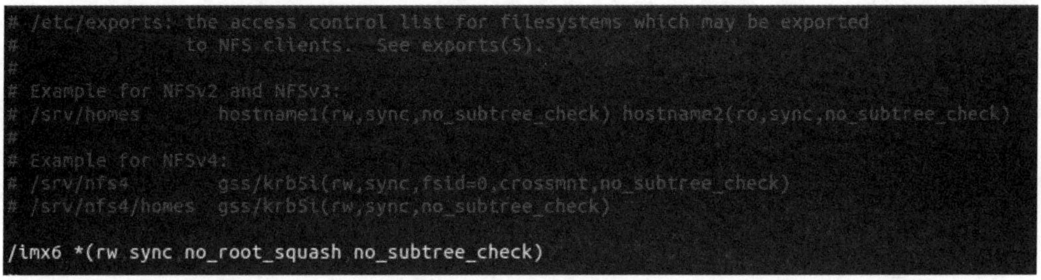

图 7-49　exports 文件修改

④　重启 NFS 服务。在 Ubuntu 系统中，使用如下命令来重启 NFS 服务器服务。

　　　　sudo /etc/init.d/rpcbind restar

　　　　sudo /etc/init.d/nfs-kernel-server restart

安装了 NFS 客户端组件后，在 Ubuntu 系统上创建一个本地挂载点，将 Ubuntu NFS 共享目录挂载至 IMX6 Linux 系统 NFS 目录下。

使用前提：主机、开发板连接在同一局域网内，IP 地址在同一网段。

挂载命令为：

　　　　mount [-t 挂载类型] <NFS 服务器 IP 地址或主机名>：<共享目标><本地挂载点>

例如：

　　　　root@imx6dlsabresd:~# mount -t nfs 192.168.12.95:/imx6/mnt/nfs

其中：192.168.12.95 为宿主机 ip 地址；/imx6 为宿主机 nfs 共享目录文件夹，需要使用绝对路径；/mnt/nfs 为实验平台目录。

执行结果为，将局域网内宿主机的/imx6 文件夹挂载到开发板的/mnt/nfs 目录，挂载成功后，进入开发板/mnt/nfs 目录即为宿主机/imx6 目录，实现文件共享。

7.3　给下位机烧写软件系统

下位机的软件系统由 bootloader、系统内核、根文件系统和启动参数 4 部分组成，如图 7-50 所示。bootloader 相当于 PC 上的 BIOS，在下位机加电时自动运行，执行硬件初始化和调用系统内核的功能。bootloader 分为 U-boot、Vivi、Blob、ARMBoot、RedBoot 等多
种。系统内核就是运行在下位机上的操作系统内核。根文件系统是 Linux 系统必不可少的
一部分,用来管理下位机中的文件。

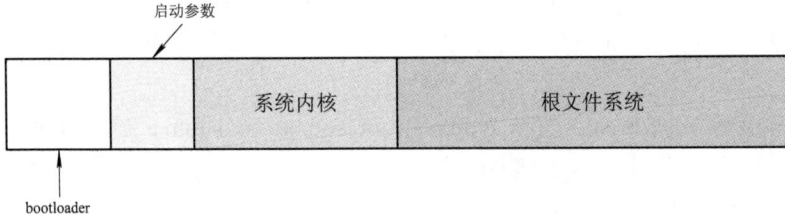

图 7-50　下位机软件系统的组成部分

本实验中所用到的 4 个文件均为实验箱自带光盘中的文件,读者如需自己生成这些文
件,可参考相关资料。

1. 实验目的

了解下位机系统的组成和各组成部分的功能,掌握将下位机系统的各组成部分烧写到
下位机中的方法,使下位机能够正常启动和使用。

2. 实验设备

软件:mfgtools 系统烧写工具。

驱动:USB 驱动(计算机自动安装)。

硬件:IMX6 嵌入式教学科研平台、12 V 电源线、USB 数据线。

3. 实验内容

(1) 设置 IMX6 核心板拨码设置成 USB 烧写系统拨码方式。

(2) 使用 mfgtools 工具进行 Linux 系统烧写。

(3) 系统烧写完成,设置 IMX6 核心板拨码方式为系统 EMMC 启动方式。

(4) 验证系统烧写是否完成。

4. 实验步骤

1) 烧写工具位置说明

烧写工具的位置因具体的设备、芯片和应用场景而异。普通实验版本 Linux 系统没有
系统演示程序,综合演示版本 Linux 系统有系统演示程序,如图 7-51 所示。

图 7-51　演示程序烧写目录

2) 拨码开关说明

拨码开关是一种用于手动设置数字信号的装置。它通常有多个小的开关单元，每个单元可以拨到不同的位置，如"ON"或"OFF"。其中，"ON"表示二进制中的 1，"OFF"表示二进制中的 0。

拨码开关按功能指向分为 USB OTG 模式和 EMMC 模式。USB OTG 模式是针对设备的 USB 接口通信功能进行的，EMMC 模式是针对设备内部存储管理功能进行划分的。这两种模式的编码如下：

　　　USB OTG 模式: bit[1:8] = 0 0 0 0 1 1 0 0

　　　EMMC 模式: bit[1:8] = 1 1 0 1 0 1 1 0

烧写程序是按照 USB OTG 模式来拨动拨码开关的。

3) 正确连接 Mini USB 烧写线

将拨码开关设置为 USB OTG 模式，将 USB 线一端插入 PC 的 USB 接口，另一端接到 IMX6 嵌入式教学科研平台的 USB OTG 接口。给 IMX6 平台插入 12 V DC 电源，上电开机。

4) 运行 MFG-TOOL 进行烧写

双击图 7-52 所示的"mfgtool2-yocto-mx6-sabresd-emmc.vbs"，打开烧写系统工具，出现程序烧写目录，如图 7-53 所示。单击"Start"按钮，等待烧写完毕单击"Stop"按钮即可完成。

图 7-52　烧写系统工具

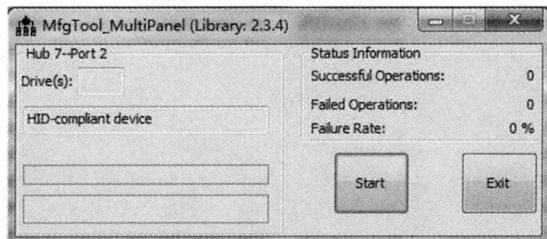

图 7-53　演示程序烧写目录

5) 烧写完成，拨码 EMMC 模式启动

程序烧写完毕，断电关机，按照 EMMC(bit[1:8]=11010110)模式拨动拨码开关，上电即可。

习　题

1．使用 vi 查看安装程序 install.sh，对比 install.sh 中的语句与安装过程。

2．若使用上位机的 COM2 口与下位机进行连接，应在 Minicom 中如何设置？

3．若下位机的 IP 地址为 192.168.0.121，上位机的 IP 地址为 202.201.33.15，试写出将上位机和下位机的 IP 地址配置在同一个网段的过程。

4．写出下位机软件系统的 4 个组成部分的功能。

5．查阅相关资料，了解下位机软件系统的 4 个组成部分的生成过程。

6．掌握 USB 数据线的烧写模式。

第 8 章

嵌入式系统基础实验

本章将介绍 4 个嵌入式系统基础实验，包括基础开发环境的搭建、多线程应用程序设计、串行端口程序设计以及嵌入式 Web 服务器设计。本章的学习，不仅有助于深化读者的理论知识，还能有效培养读者的实践能力。在当前我国积极推动科技创新和产业升级的背景下，对于具备扎实理论基础与实践能力的复合型人才的需求日益迫切。因此，读者可充分利用本章实验的学习机会，将所学知识积极应用于解决实际问题当中，体验科学探索的历程，提升读者的工匠精神，养成细致的工作态度。同时，通过解决实验中遇到的问题，可以提高读者的耐力，这些品质对于读者应对生活和工作中的挑战至关重要。

8.1 熟悉 Linux 开发环境

1. 实验目的

(1) 熟悉嵌入式 Linux 开发环境，学会基于 IMX6 型网关部分平台的 Linux 开发环境的配置和使用。

(2) 利用 arm-none-linux-gnueabi-gcc 交叉编译器编译程序，使用基于 NFS 的挂载方式进行实验，了解嵌入式开发的基本过程。

2. 实验设备

(1) 硬件：IMX6 嵌入式实验平台，PC 酷睿 i3 以上，硬盘容量为 120 GB 以上，内存容量为 2 GB 以上。

(2) 软件：Vmware Workstation +Yocto。

3. 实验内容

(1) 本次实验使用 Ubuntu 操作系统环境，创建一个新目录，并在其中编写 hello.c 和 Makefile 文件。

(2) 学习在 Linux 系统中的编程和编译过程，以及 ARM 开发板的使用和开发环境的设置。将已经编译好的文件通过 NFS 方式挂载到目标开发板上运行。

4. 实验步骤

(1) 实验目录：/imx6/SRC/exp/basic/01_hello/。

(2) 编译源程序：在宿主机端任意目录下建立工作目录 hello，实际光盘目录中已经给出本次实验所需全面文件及代码，存放在 01_hello 目录下。

```
root@uptech-virtual-machine:/# mkdir he
root@uptech-virtual-machine:/# cd hell
```

(3) 编写程序源代码。在 Linux 系统中的文本编辑器有许多种，常用的是 Vim 和 Xwindow 界面下的 gedit 等，我们在开发过程中推荐使用 Vim，读者需要学习 Vim 的操作方法，可参考相关书籍中关于 Vim 的操作指南。

hello.c 源代码比较简单，如下所示：

```
#include <stdio.h>
main()
{
    printf("hello world \n");
    return 0;
}
```

可以用下面的命令来编写 hello.c 的源代码，进入 hello 目录，使用 vi 命令来编辑代码：

```
root@uptech-virtual-machine:/# vi hell
```

按"i"或者"a"键进入编辑模式，录入上面的代码，完成后按"Esc"键进入命令状态，再用命令"shift+:"，输入":wq"后按回车键保存并退出。这样便在当前目录下建立了一个名为 hello.c 的文件。

(4) 编写 Makefile 文件。Makefile 文件是在 Linux 系统下进行程序编译的规则文件，通过 Makefile 文件来指定和规范程序编译与组织的规则。

Makefile 文件的具体内容，可以参考本次实验目录下已经编写好的 Makefile 文件，代码如下：

```
root@uptech-virtual-machine:/# cd /imx6/SRC/exp/basic/01_hello/
root@uptech-virtual-machine:/IMX6/SRC/exp/basic/01_hello# ls
Makefile hello hello.c h
```

Makefile 内容如下：

```
TOPDIR = ../
include $(TOPDIR)Rules.mak
EXEC = $(INSTALL_DIR)/hello ./hell
OBJS = hello.o
all: $(EXEC)
$(EXEC): $(OBJS)
$(CC) -o $@ $(OBJS)
install:
$(EXP_INSTALL) $(EXEC) $(INSTALL_DIR)
clean:
```

```
        -rm -f $(EXEC) *.elf *.gdb *.o
```

Makefile 文件的几个主要部分如下：

CC：指明编译器。

EXEC：编译后生成的执行文件名称。

OBJS：目标文件列表。

CFLAGS：编译参数。

LDFLAGS：连接参数。

all：编译主入口。

clean：清除编译结果。

注意："$(CC)"和"-rm -f $(EXEC) *.elf *.gdb *.o"前面的空白由一个 Tab 制表符生成，不能单纯由空格来代替。

与上面编写 hello.c 的过程类似，用 vi 来创建一个 Makefile 文件并将代码录入其中，命令如下：

```
        root@uptech-virtual-machine:/imx6/SRC/exp/basic/01_hello# vi Makefile
```

(5) 编译应用程序。完成上面的步骤后，就可以在 hello 目录下运行"make"进行程序编译了。如果对程序进行了修改，则重新编译并运行如下命令：

```
        root@uptech-virtual-machine:/imx6/SRC/exp/basic/01_hello#source

        /opt/fsl-imx-wayland/4.9.88-2.0.0/environment-setup-cortexa9hf-neon-poky-linu x-gnueabi

        root@uptech-virtual-machine:/imx6/SRC/exp/basic/01_hello#make clean

        root@uptech-virtual-machine:/imx6/SRC/exp/basic/01_hello#make
```

make clean 命令在第一次编译程序时无须使用，在多次编译程序时可以用该命令来清除上次编译程序过程中生成的中间文件。这样做可以避免一些非改动的 make 编译错误提示。

注意：编译、修改程序都是在宿主机(PC Fedora14)上进行，不能在 ARM 终端下进行。

(6) NFS 挂载实验目录测试过程。启动 IMX6 实验系统，连好网线、串口线。通过串口终端挂载宿主机实验目录。在宿主机上启动 NFS 服务，并设置好共享的目录，具体配置可参照前面章节中关于嵌入式 Linux 环境开发环境的建立。在建立好 NFS 共享目录以后，就可以进入 ARM 串口终端建立开发板与宿主 PC 之间的通信了。挂载代码如下：

```
        root@IMX6DLsabresd:~# mount -t nfs 192.168.12.157:/imx6/ /mnt/
```

IP 地址需要根据宿主机 PC 的实际情况进行修改，成功挂接宿主机的 imx6 目录后，在开发板上进入 /mnt/nfs 目录便相应进入宿主机的 /imx6 目录。本书已经给出了编辑好的 hello.c 和 Makefile 文件，它们在 /imx6/SRC/exp/basic/01_hello 目录下。读者可以直接在宿主机上编译生成可执行文件，并通过上面的命令挂载到开发板上，运行程序查看结果。

进入/mnt/nfs 目录下的实验目录，运行刚刚编译好的 hello 程序，查看运行代码如下：

```
        root@IMX6DLsabresd: ~# cd /mnt/SRC/exp/basic/01_hello/

        root@IMX6DLsabresd:/mnt/SRC/exp/basic/01_hello# l

        Makefile hello hello.c hello
```

执行程序用./表示执行当前目录下的 hello 程序：

```
        root@IMX6DLsabresd:/mnt/SRC/exp/basic/01_hello# ./hell
```

实验效果显示如下：

　　root@IMX6DLsabresd:/mnt/SRC/exp/basic/01_hello# ./hell

　　hello world

　　注意：开发板挂接宿主目录只需要挂接一次即可，只要开发板没有重启，就可以一直保持连接。这样可以进行反复修改、编译、调试，不需要下载到开发板。

8.2　多线程应用程序设计

1. 实验目的

(1) 了解 Linux 系统多线程程序设计的基本原理。

(2) 学习 pthread 库函数的使用。

(3) 学习多线程间通信的方法。

2. 实验设备

(1) 硬件：IMX6 教学平台，PC 酷睿 i3 以上，硬盘容量为 120 GB 以上，内存容量为 2 GB 以上。

(2) 软件：Vmware Workstation +Yocto。

3. 实验内容

(1) 读懂 pthread.c 的源代码，熟悉几个重要的 pthread 库函数的使用，掌握互斥锁和条件变量在多线程间通信的使用方法。

(2) 进入/imx6/SRC/exp/basic/02_pthread 目录，运行 make 产生 pthread 程序，在 ARM 设备端使用 NFS 方式连接宿主机端实验目录，进行实验测试。

4. 多线程程序设计

1) Linux 操作系统中的多线程系统调用

在 Linux 系统中，一个进程中的多个线程之间共享相同的地址空间，线程的数据可以直接为同一进程的其他线程所用，线程间数据通信的开销小，启动和切换的开销也远远小于进程。由于嵌入式系统中的硬件平台性能比较弱，采用多线程程序设计方法可以有效减少嵌入式系统的运行开销。当然，多线程程序设计中也需要注意系统可靠性、数据竞争、死锁等问题。

Linux 操作系统实现了 Posix 线程标准，头文件"pthread.h"提供了多线程方面的系统调用。

(1) Linux 操作系统中每个线程都有一个唯一的标识符，本线程的标识符可以通过 pthread_self( )函数获得，语法格式如下：

　　pthread_t pthread_self(void);

调用此函数返回了当前线程的标识符，其数据类型为 pthread_t，是 Linux 操作系统内部支持的特定数据类型。

(2) 创建线程采用的函数语法格式如下：

    int pthread_create (pthread_t *id, const pthread_attr_t *attr, void *(*_start_routine)
    (void *), void * arg);

其中：id 是指向线程标识符的指针，创建线程的标识符，由操作系统写入到此结构中；attr 用来设置线程属性，如果为空指针(NULL)，则表示采用默认类型；start_routine 是线程运行函数的起始地址；arg 是指向线程运行函数参数的指针。

创建线程成功后，函数返回 0，若不为 0 则说明创建线程失败。常见的错误返回代码为 EAGAIN 和 EINVAL。前者表示系统限制创建新的线程，如线程数目过多；后者表示第 2 个参数代表的线程属性值非法。创建线程成功后，新创建的线程则运行 start_routine 函数，其输入参数由 arg 确定，原来的线程则继续运行下一行代码。

(3) 线程挂起。线程在运行过程中可以自主暂停运行(挂起)。当线程需要等待其他线程结束时，可以使用系统调用 pthread_join 挂起自己，其语法格式如下：

    int pthread_join (pthread_t thread, void **thread_return)

其中：thread 为被等待的线程标识符；thread_return 为一个用户定义的指针，它可以用来存储被等待线程的返回值。

这个函数是一个线程阻塞的函数，调用它的函数将一直等到被等待的线程结束为止，当函数返回时，被等待线程的资源被收回。

(4) 线程终止。一个线程的结束有两种途径：一种是线程体函数执行结束，则线程退出；另一种方式是通过函数 pthread_exit( )来实现。函数 pthread_exit( )的语法格式如下：

    void pthread_exit (void *retval);

其中：retval 是指向线程返回参数的指针，此指针应该在线程退出后依然有效。

调用此函数后，当前线程将终止。如果调用 pthread_cancel( )函数，则可以终止其他线程。语法格式如下：

    void pthread_cancel (pthread_t thread);

其中：thread 是需要终止的其他线程的标识符。

如果终止成功，则函数返回 0，否则返回一个非 0 的错误码。

2) 线程间同步机制

线程在运行过程中需要和其他线程进行交互，在此过程中也需要暂时将自身挂起，以等待特定资源或与其他线程同步，这就需要线程间的同步机制。线程同步的方法有很多，主要通过互斥锁、条件变量、信号量等方法实现。

(1) 互斥锁。线程共享进程空间内的资源，使得线程之间通信非常容易。但是由于共享资源，在多线程并发执行的环境中就有可能出现操作冲突。使用互斥锁进行线程之间的同步操作，使线程在访问共享资源时受到用户的控制，从而正常地完成任务。

在访问共享资源时对其加锁，在结束访问时释放锁，这样就可保证在任意时间内，只需要一个线程处于临界区内。Linux 中提供了 pthread_mutex_t 数据类型作为互斥锁，其操作主要包括创建、上锁、解锁、释放等。下面介绍相关的函数。

• int pthread_mutex_init(pthread_mutex_t *mutex,const pthread_mutexattr *attr);

其中：mutex 是指向互斥锁的指针；attr 是指向互斥锁属性的指针，如果为空指针(NULL)则为默认属性。

此函数将初始化一个互斥锁，该锁位于 mutex 指向的位置。如果函数调用成功则返回 0，否则返回一个非 0 的错误代码。

- int pthread_mutex_lock(thread_mutex_t *mutex);

其中：mutex 是锁数据结构的地址。

线程调用此函数后，将检查互斥锁 mutex 是否被上锁。如果已经上锁，则挂起本线程，否则将此互斥锁锁上。如果函数调用成功则返回 0，否则返回一个非 0 的错误代码。

- int pthread_mutex_unlock(thread_mutex_t *mutex);

线程调用此函数后，将检查互斥锁 mutex 是否已经解锁，同时唤醒因等待此锁而挂起的线程。如果函数调用成功则返回 0，否则返回一个非 0 的错误代码。

- int pthread_mutex_trylock(thread_mutex_t *mutex);

此函数与 pthread_mutex_lock()功能类似，只是采用了非阻塞的方式，即将检查互斥锁 mutex 是否已经被上锁后立即返回，而不会导致本线程的挂起。

- int pthread_mutex_destroy (pthread_mutex_t *mutex);

当一个互斥锁不再使用时应将其销毁，Linux 环境下使用 pthread_mutex_destroy( )函数销毁一个互斥锁。其参数表示需要销毁的互斥锁。如果成功销毁则返回 0，否则返回错误号。

注意：在使用互斥锁的过程中有可能出现死锁，应避免此问题。

(2) 条件变量。使用互斥锁可实现线程间数据的共享和通信。互斥锁有一个明显的缺点，即它只有锁定和非锁定两种状态。条件变量通过允许线程阻塞和等待另一个线程发送信号的方法弥补了互斥锁的不足，它常和互斥锁一起使用。使用时，条件变量被用来阻塞一个线程，当条件不满足时，线程往往解开相应的互斥锁并等待条件发生变化。一旦其他某个线程改变了条件变量，它将通知相应的条件变量唤醒一个或多个正被此条件变量阻塞的线程。这些线程将重新锁定互斥锁并重新测试条件是否满足。Linux 中条件变量的结构为 pthread_cond_t。下面介绍相关的函数。

- int pthread_cond_init (pthread_cond_t * cond, const pthread_condattr_t * cond_attr);

其中：cond 是指向条件变量结构 pthread_cond_t 的指针；cond_attr 是指向条件变量属性 pthread_condattr_t 的指针，空指针(NULL)时采用默认属性。

该函数被用来初始化一个条件变量。调用成功时返回 0，否则返回一个非 0 的错误代码。

- int thread_cond_destroy(pthread_cond_t * cond);

此函数将释放一个条件变量，如果调用成功则返回 0，否则返回一个非 0 的错误代码。

- int pthread_cond_wait (pthread_cond_t *cond,pthread_mutex_t *mutex);

其中：cond 是指向条件变量结构 pthread_cond_t 的指针；mutex 是锁数据结构的指针。

此函数包括两个动作：解开 mutex 指向的锁；被条件变量 cond 阻塞。

调用此函数后本线程将被挂起，直至其他线程调用对应此条件变量的信号函数

pthread_cond_signal( )被重新唤醒，唤醒后重新占有 mutex 指向的锁。但是要注意的是，条件变量只是起阻塞和唤醒线程的作用，具体的判断条件还需用户给出，如一个变量是否为 0 等。线程被唤醒后，它将重新检查判断条件是否满足，如果还不满足，则线程应该仍阻塞在这里，将等待下一次被唤醒。这个过程一般用 while 语句实现。为了防止该函数死锁，还有一个定时等待的条件变量等待函数。

  • int pthread_cond_timedwait (pthread_cond_t *cond,pthread_mutex_t *mutex，const struct timespec *abstime)；

其中：cond 是指向条件变量结构 pthread_cond_t 的指针；mutex 是锁数据结构的指针；abstime 是时间参数。

  该函数比 pthread_cond_wait( )多了一个时间参数，经历 abstime 段时间后，即使条件变量不满足，阻塞也被解除。

  • int pthread_cond_signal (pthread_cond_t *cond)；

  　int pthread_cond_broadcast(pthread_cond_t * cond)；

  pthread_cond_signal( )函数用来释放被阻塞在条件变量 cond 上的一个线程。多个线程阻塞在此条件变量上时，哪一个线程被唤醒是由线程的调度策略所决定的。

  pthread_cond_broadcast( )函数用来唤醒被阻塞在条件变量 cond 上的所有线程。由于这些被唤醒的线程将再次竞争相应的互斥锁，故使用时必须小心。

  (3) 信号量。信号量本质上是一个非负的整数计数器，可以控制对公共资源的访问，其数据类型为 sem_t 结构，对应的头文件为"semaphore.h"。下面介绍信号量的相关函数。

  • int sem_init(sem_t *sem,int pshared,unsigned int value)；

其中：sem 是指向信号量的指针；pshared 是进程共享标志，为 0 时仅当前进程的线程可以访问，非 0 时所有进程的线程都可以访问；value 是信号量计数器的初始值，必须大于 0。

  调用此函数后，将初始化信号量中的计数器值为 value。如果函数调用成功则返回 0，否则返回-1，并设置错误代码为 errno。

  • int sem_destroy(sem_t *sem)；

  调用此函数后，将释放信号量 sem。如果函数调用成功则返回 0，否则返回-1，并设置错误代码为 errno。

  • int sem_wait(sem_t *sem)；

  如果当前信号量中的计数器为 0，则阻塞当前线程，否则计数器的值将为-1。

  • int sem_post(sem_t *sem)；

  如果当前没有线程因为此信号量 sem 而阻塞，则将信号量中的计数器加 1。如果有线程因此阻塞，则唤醒其中的一个线程，并将计数器的值保持为 1。

5. 实例程序代码分析

  以著名的生产者-消费者问题为模型编写多线程程序，生产者线程不断地将 0～1000 的数字写入共享的循环缓冲区，同时消费者线程不断地从共享的循环缓冲区读取数据。本实验将生产者-消费者问题简单改变，设有一个生产者和两个消费者，即主函数创建一个生产者线程和两个消费者线程。

生产者-消费者实验源代码结构流程图如图 8-1 所示。

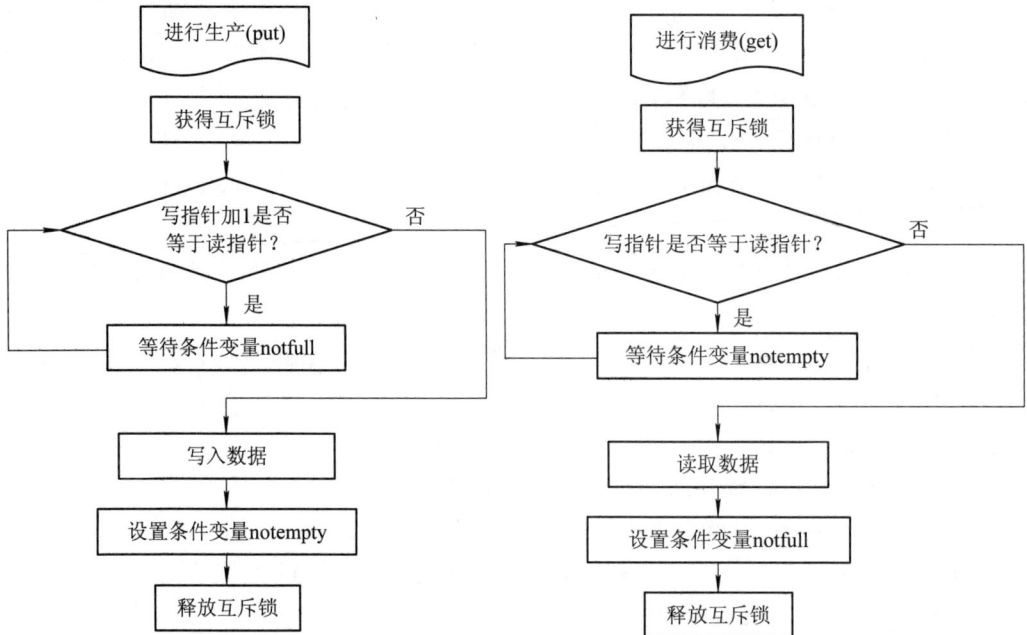

图 8-1 生产者-消费者实验源代码结构流程图

生产者写入缓冲区和消费者从缓冲区读数所对应的生产、消费流程图如图 8-2 所示。生产者首先获得互斥锁，并且判断写指针加 1 后是否等于读指针，如果相等则进入等待状态，等待条件变量 notfull；如果不相等则向缓冲区中写一个整数，并且设置条件变量为 notempty，最后释放互斥锁。消费者线程与生产者线程类似，这里就不再介绍了。

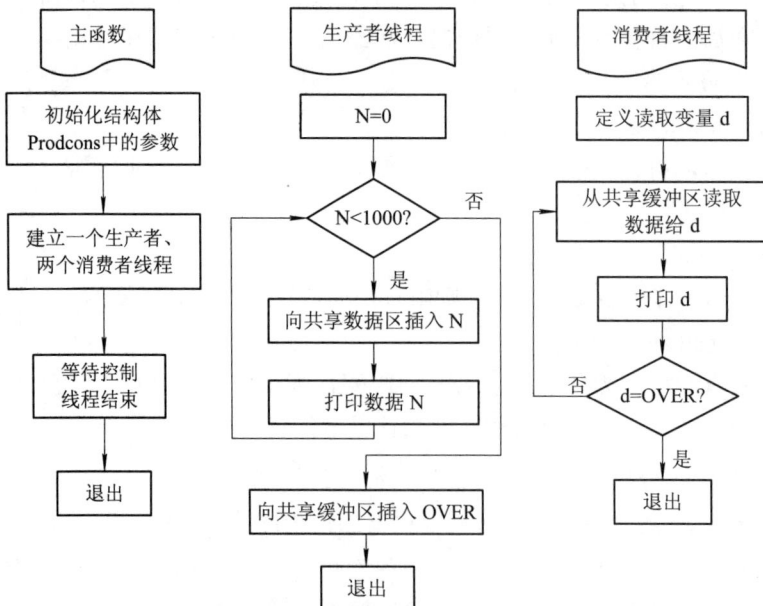

图 8-2 生产、消费流程图

生产者写入共享循环缓冲区的函数 put 如下：

```
void put(struct prodcons * b, int data)
{
    pthread_mutex_lock(&b->lock);            //获取互斥锁
    while ((b->writepos + 1) % BUFFER_SIZE == b->readpos)
    { //如果读写位置相同
        pthread_cond_wait(&b->notfull, &b->lock);
        //等待状态变量 b->notfull，不满则跳出阻塞
    }
    b->buffer[b->writepos] = data;            //写入数据
    b->writepos++;
    if (b->writepos >= BUFFER_SIZE) b->writepos = 0;
    pthread_cond_signal(&b->notempty);        //设置状态变量
    pthread_mutex_unlock(&b->lock);           //释放互斥锁
}
```

消费者读取共享循环缓冲区的函数 get 如下：

```
int get(struct prodcons * b)
{
    int data;
    pthread_mutex_lock(&b->lock);        //获取互斥锁
    while (b->writepos == b->readpos)
    {    //如果读写位置相同
        pthread_cond_wait(&b->notempty, &b->lock);
        //等待状态变量 b->notempty，不空则跳出阻塞。否则无数据可读
    }
    data = b->buffer[b->readpos];    //读取数据
    b->readpos++;
    if (b->readpos >= BUFFER_SIZE) b->readpos = 0;
    pthread_cond_signal(&b->notfull);    //设置状态变量
    pthread_mutex_unlock(&b->lock);    //释放互斥锁
    return data;
}
```

6. 实验步骤

1) 进入实验目录

进入实验目录并查看目录下的内容，代码如下：

```
root@uptech-virtual-machine:/#cd /imx6/SRC/exp/basic/02_pthread/
root@uptech-virtual-machine:/imx6/SRC/exp/basic/02_pthread# ls
```

　　Makefile pthread pthread.c pthread.o

2) 清除中间代码重新编译

用命令 make clean 清除中间代码，用命令 make 重新编译，最后通过 ls 查看目录下的内容，代码如下：

　　root@uptech-virtual-machine:/imx6/SRC/exp/basic/02_pthread#source

　　/opt/fsl-imx-wayland/4.9.88-2.0.0/environment-setup-cortexa9hf-neon-poky-linu x-gnueabi

　　root@uptech-virtual-machine:/imx6/SRC/exp/basic/02_pthread#make clean

　　rm -f .../bin/pthread ./pthread *.elf *.gdb *.o

　　root@uptech-virtual-machine:/imx6/SRC/exp/basic/02_pthread#make

　　root@uptech-virtual-machine:/imx6/SRC/exp/basic/02_pthread#ls

　　Makefile pthread pthread.c pthread.o

　　root@uptech-virtual-machine:/imx6/SRC/exp/basic/02_pthread#

当前目录下生成可执行程序 pthread。

3) NFS 挂载实验目录测试

(1) 启动 IMX6 型实验系统，连好网线、串口线。通过串口终端挂载宿主机实验目录。

　　root@IMX6DLsabresd:~# mount -t nfs 192.168.12.157:/imx6 /mnt

(2) 进入串口终端的 NFS 共享实验目录。

　　root@IMX6DLsabresd:~# cd /mnt/SRC/exp/basic/02_pthread/

　　root@IMX6DLsabresd:/mnt/SRC/exp/basic/02_pthread# ls

　　Makefile pthread pthread.c pthre

(3) 执行程序。

　　root@IMX6DLsabresd:/mnt/SRC/exp/basic/02_pthread# ./pthread

(4) 实验效果。

实验效果如下：

　　root@IMX6DLsabresd:/mnt/SRC/exp/basic/02_pthread# ./pthread

　　put-->0

　　put-->1

　　put-->2

　　put-->3

　　put-->4

　　put-->5

　　put-->6

　　put-->7

　　put-->8

　　put-->9

　　put-->10

　　put-->11

put-->12

put-->13

put-->14

put-->15

wait for not full

0-->get

1-->get

2-->get

3-->get

4-->get

5-->get

6-->get

7-->get

8-->get

9-->get

10-->get

11-->get

12-->get

13-->get

14-->get

wait for not empty

15-->get

wait for not empty

put-->16

16-->get

wait for not empty

put-->17

17-->get

wait for not empty

put-->18

18-->get

wait for not empty

put-->19

19-->get

wait for not empty

put-->20

21-->get

wait for not empty

```
put-->22
22-->get
wait for not empty
put-->23
23-->get
wait for not empty
put-->24
24-->get
wait for not empty
...
...
...
```

8.3 串行端口程序设计

1. 实验目的

(1) 了解在 Linux 环境下串行程序设计的基本方法。

(2) 掌握终端的主要属性及设置方法，熟悉终端 I/O 函数的使用。

(3) 学习使用多线程来完成串口的收发处理。

2. 实验设备

(1) 硬件：IMX6 教学平台，PC 酷睿 i3 以上，硬盘容量为 120 GB 以上，内存容量为 2 GB 以上。

(2) 软件：Vmware Workstation +Yocto。

3. 实验内容

(1) 读懂程序源代码，学习终端 I/O 函数的使用方法。

(2) 学习将多线程编程应用到串口的接收和发送程序设计中。

(3) 编写应用程序实现对 ARM 设备串口的读和写。

4. 实验原理

1) 硬件接口原理

串行口是计算机一种常用的接口，其连接线少，通信简单，被广泛使用。常用的串口是 RS-232-C 接口(又称 EIA RS-232-C)，它是在 1970 年由美国电子工业协会(EIA)联合贝尔系统、调制解调器厂家及计算机终端生产厂家共同制定的用于串行通信的标准。串口通信指的是计算机依次以位(bit)为单位来传送数据，串行通信使用的范围很广，在嵌入式系统开发过程中串行通信是常用的通信方式之一。

串行通信是将传输数据的每个字符一位接一位(如先低位、后高位)地传送。数据的不同位可以分时使用同一传输通道，因此串行 I/O 可以减少信号连线，最少用一对线即可进行。接收方对于同一根线上一连串的数字信号，首先要分割成位，再按位组成字符。为了恢复发送的信息，双方必须协调工作。在微型计算机中大量使用异步串行 I/O 方式，双方使用各自的时钟信号，而且允许时钟频率有一定误差，因此实现较容易。但是由于每个字符都要独立确定起始和结束(即每个字符都要重新同步)，字符和字符间还可能有长度不定的空闲时间，因此效率较低。

　　图 8-3 给出异步串行通信中一个字符的传送格式。开始前，线路处于空闲状态，送出连续 "1"。传送开始时首先发一个 "0" 作为起始位，然后出现在通信线上的是字符的二进制编码数据。每个字符的数据位长可以约定为 5 bit、6 bit、7 bit 或 8 bit，一般采用 ASCII 编码。后面是奇偶校验位，根据约定，用奇偶校验位将所传字符中为 "1" 的位数凑成奇数个或偶数个；也可以约定不要奇偶校验，这样就取消了奇偶校验位。最后是表示停止位的 "1" 信号，这个停止位可以约定持续 1 bit、1.5 bit 或 2 bit 的时间宽度。至此一个字符传送完毕，线路又进入空闲状态，持续为 "1"。经过一段随机的时间后，下一个字符开始传送。每一个数据位的宽度等于传送波特率的倒数。在异步串行通信中，常用的波特率为 50 b/s、95 b/s、110 b/s、150 b/s、300 b/s、600 b/s、1200 b/s、2400 b/s、4800 b/s、9600 b/s 等。

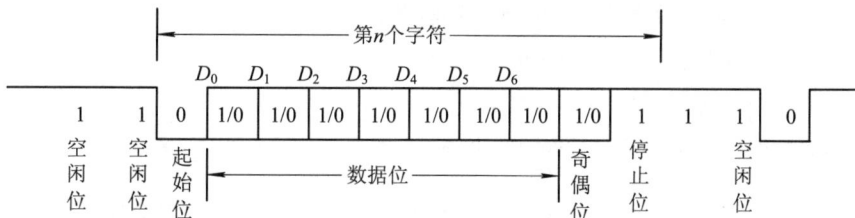

图 8-3　串行通信字符格式

接收方按约定的格式接收数据，并进行检查，可以查出以下 3 种错误：

(1) 奇偶错：在约定奇偶检查的情况下，接收到的字符奇偶状态和约定不符。

(2) 帧格式错：一个字符从起始位到停止位的总位数不对。

(3) 溢出错：若先接收的字符尚未被微机读取，后面的字符又传送过来，则产生溢出错。

　　每一种错误都会给出相应的出错信息，提示用户处理。一般串口调试都使用空的 Modem 连接电缆，其连接方式如图 8-4 所示。

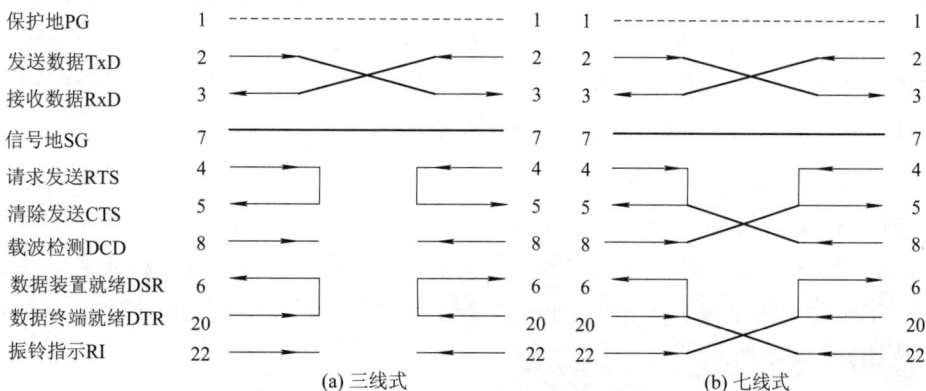

图 8-4　实用 RS-232-C 连线

2) 软件接口介绍

Linux 对所有设备的访问是通过设备文件来进行的，访问串口也是这样。为了访问串口，只需打开其设备文件即可操作串口设备。在 Linux 系统中，每一个串口设备都有设备文件与之关联，设备文件位于系统的/dev 目录下面。如 Linux 下的/dev/ttymxc0、/dev/ttymxc4分别表示的是串口 0 和串口 4。

IMX6DL 处理器自带 5 个串行端口控制器，用户可以参考该处理器的 datasheet 进行分析。在 Linux 系统中，用户应用程序很容易对串行端口设备进行属性设置，这些属性定义在结构体 structtermios 中。为了在程序中使用该结构体，需要包含文件<termios.h>，该头文件定义了结构体 structtermios。

termios 函数族提供了一个常规的终端接口，用于控制非同步通信端口。这个结构包含了下列成员：

```
struct termio {
    unsigned short c_iflag; /* input mode flags */
    unsigned short c_oflag; /* output mode flags */
    unsigned short c_cflag; /* control mode flags */
    unsigned short c_lflag; /* local mode flags */
    unsigned char c_line; /* line discipline */
    unsigned char c_cc[NCC]; /* control characters */
};
```

为了便于通过程序来获得和修改终端参数，Linux 系统还提供了 tcgetattr 函数和tcsetattr 函数。tcgetattr 用于获取终端的相关参数，而 tcsetattr 函数用于设置终端参数。

• int tcgetattr(int fd, struct termios *termios_p);

该函数用来获取终端控制属性，它把串口的默认设置赋予 termios 数据结构。其中：fd是待操作的文件描述符；termios_p 是指向 termios 结构的指针；函数调用成功返回 0，失败返回 −1。

• int tcsetattr(int fd, int optional_actions, const struct termios *termios_p);

该函数用来设置终端控制属性，其中：fd 是待操作的文件描述符；optional_actions 是选项值，有 3 个选项以供选择(① TCSANOW 表示不等数据传输完毕就立即改变属性；② TCSADRAIN 表示等待所有数据传输结束才改变属性；③ TCSAFLUSH 表示清空输入输出缓冲区才改变属性)；termios_p 是指向 termios 结构的指针。

函数调用成功返回 0，失败返回−1。

3) 软件架构及流程

Linux 操作系统从一开始就对串行口提供了很好的支持，为进行串行通信提供了大量的函数。本实验主要是为了掌握在 Linux 系统中进行串行通信编程的基本方法。本实验的程序流程图如图 8-5 所示。

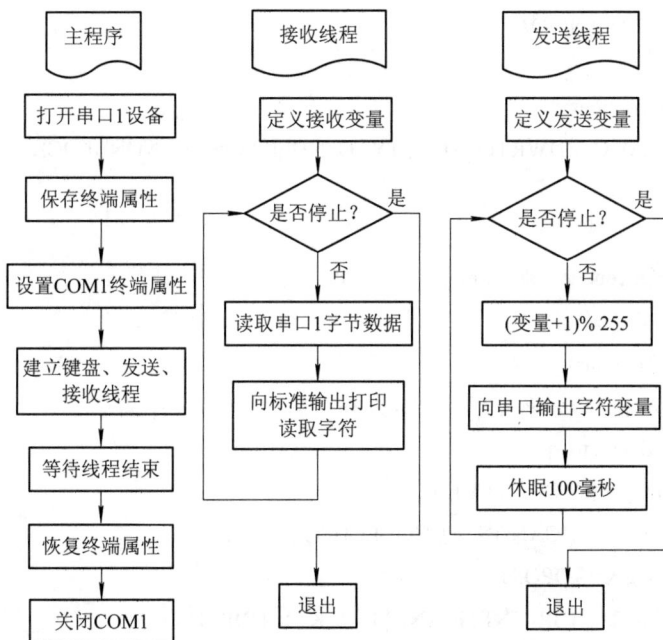

图 8-5 串口通信实验流程图

4) 关键代码分析

本实验的代码 term.c 如下：

```c
#include <termios.h>
#include <stdio.h>
#include <termios.h>
#include <stdio.h>
#include <unistd.h>
#include <stdlib.h>
#include <fcntl.h>
#include <sys/types.h>
#include <string.h>
#include <sys/signal.h>
#include <pthread.h>

#define BAUDRATE B115200
#define COM "/dev/ttymxc4"        //串口 1 设备
#define FALSE 0
#define TRUE 1

static int fd;
pthread_mutex_t mutex = PTHREAD_MUTEX_INITIALIZER;
```

```c
void com_init(speed-t speed)
{
    struct termios options;
    fd = open(COM, O_RDWR | O_NOCTTY | O_NDELAY);// | O_NONBLOCK
    if(fd < 0)
    {
        printf("open com device faiure");
    }
    tcgetattr(fd,&options);
    cfsetispeed(&options,speed);        //波特率
    cfsetospeed(&options,speed);
    options.c_cflag |= (CLOCAL|CREAD);
    options.c_lflag &= ~(ICANON | ECHO | ECHOE | ISIG);
    options.c_oflag &= ~OPOST;
    options.c_iflag &= ~(BRKINT | ICRNL | INPCK | ISTRIP | IXON);
    tcsetattr(fd,TCSANOW,&options);
}


/*-------------------------------------------------------*/
/* modem input handler */
/* 读取终端字符处理线程函数 */
void* receive(void * data)
{
    char ch[1024];
    int ret;
    printf("read modem\n");
    while (1)
    {
        ret = read(fd,ch,sizeof(ch));        //读串口 0 数据
        if(ret>0)
        {
            ch[ret] = 0;
            //printf("c=%s\n",ch);
            pthread_mutex_lock(&mutex);
            write(fd,ch,strlen(ch));            //将读到的数据输出到串口 0 上
            pthread_mutex_unlock(&mutex);
        }
    }
```

```
        printf("\r\n");
        printf("exit from reading modem\n");
        return NULL;
    }
/*----------------------------------------------------*/
/* 写入终端字符处理线程函数 */
void* send(void * data)
{
    int c='0';
    printf("send data\n");
    while (1)
    {
        c++;
        if(c > '9')
        {
            c = '0';
        }
        pthread_mutex_lock(&mutex);
        write(fd,&c,1);          //循环发送字符 0～9 到串口 0
        pthread_mutex_unlock(&mutex);
        sleep(1);
    }
    printf("\r\n");
    return NULL; /* wait for child to die or it will become a zombie */
}
/*----------------------------------------------------*/
int main(int argc,char** argv)
{
    pthread_t th_a, th_b;
    void * retval;
    pthread_mutex_init(&mutex,NULL);
    com_init(BAUDRATE);
    pthread_create(&th_a, NULL, receive, 0);
    pthread_create(&th_b, NULL, send, 0);
    //等待子线程结束
    pthread_join(th_a, &retval);
    pthread_join(th_b, &retval);
    close(fd);
```

```
    exit(0);
  }
```
下面对该程序的主要部分做简单分析。

(1) 串口终端基本操作所需的头文件有：

```
#include <stdio.h>        /*标准输入输出定义*/
#include <stdlib.h>       /*标准函数库定义*/
#include <unistd.h>       /*linux 标准函数定义*/
#include <sys/types.h>
#include <sys/stat.h>
#include <fcntl.h>        /*文件控制定义*/
#include <termios.h>      /*PPSIX 终端控制定义*/
#include <errno.h>        /*错误号定义*/
#include <pthread.h>      /*线程库定义*/
```

(2) 打开串口。在 Linux 系统中串口文件位于/dev 下，在开发板中串口设备位于/dev/下，串口 0 为/dev/ttymxc0，串口 4 为/dev/ttymxc4。打开串口是通过标准的文件打开函数来实现的，对应的代码如下：

```
    int fd
    fd = open( "/dev/ttymxc4", O_RDWR);     /*以读写方式打开串口*/
    if (fd < 0){                            /* 不能打开串口 1*/
      perror(" 提示错误！ ");
    }
```

(3) 串口设置。最基本的串口设置包括波特率设置、校验位和停止位设置。串口设置主要是设置 struct termios 结构体的各成员值，关于该结构体的定义可以查看内核源码的include/asm/termios.h 文件，对应的代码如下：

```
    struct termio
    {
      unsigned short c_iflag      ; /*  输入模式标志  */
      unsigned short c_oflag      ; /*  输出模式标志  */
      unsigned short c_cflag      ; /*  控制模式标志  */
      unsigned short c_lflag      ; /*  本地模式标志  */
      unsigned char c_line        ; /*  线路规程速率  */
      unsigned char c_cc[NCC]     ; /*  控制字符数组  */
    };
```

设置这个结构体很复杂，可以参考 main 手册或赵克佳、沈志宇编写的《UNIX 程序编写教程》(清华大学出版社)，这里仅考虑常见的一些设置。

(4) 波特率设置。下面是修改波特率的代码：

```
    struct termios Opt;
```

```
tcgetattr(fd, &Opt);
cfsetispeed(&Opt,B115200); /*设置为 115 200 B*/
cfsetospeed(&Opt,B1152200);
tcsetattr(fd,TCANOW,&Opt);
```

校验位和停止位的设置代码如下：

① 无校验 8 位：

```
Option.c_cflag &= ~PARENB;
Option.c_cflag &= ~CSTOPB;
Option.c_cflag &= ~CSIZE;
Option.c_cflag |= ~CS8;
```

② 奇校验(Odd) 7 位：

```
Option.c_cflag |= ~PARENB;
Option.c_cflag &= ~PARODD;
Option.c_cflag &= ~CSTOPB;
Option.c_cflag &= ~CSIZE;
Option.c_cflag |= ~CS7;
```

③ 偶校验(Even) 7 位：

```
Option.c_cflag &= ~PARENB;
Option.c_cflag |= ~PARODD;
Option.c_cflag &= ~CSTOPB;
Option.c_cflag &= ~CSIZE;
Option.c_cflag |= ~CS7;
```

④ Space 校验 7 位：

```
Option.c_cflag &= ~PARENB;
Option.c_cflag &= ~CSTOPB;
Option.c_cflag &= &~CSIZE;
Option.c_cflag |= CS8;
```

⑤ 设置停止位：

1 位：

```
options.c_cflag &= ~CSTOPB;
```

2 位：

```
options.c_cflag |= CSTOPB;
```

(6) 如果不是开发终端，只是通过串口传输数据，则不需要串口来处理，可以使用原始模式(Raw Mode)进行通信，本实验没有使用原始模式。其设置方式如下：

```
options.c_lflag &= ~(ICANON | ECHO | ECHOE | ISIG); /*Input*/
options.c_oflag &= ~OPOST; /*Output*/
```

设置好串口之后，读写串口就很容易了，把串口当作文件读写即可。发送数据的代码如下：

```
char buffer[1024]
int Length＝ 1024
int nByte
nByte = write(fd, buffer ,Length)
```

　　然后读取串口数据，使用文件操作 read 函数读取串口数据，如果设置为原始模式(Raw Mode)传输数据，那么 read 函数返回的字符数是实际从串口收到的字符数。可以使用操作文件的函数来实现异步读取，如 fcntl 或 select 等。操作代码如下：

```
char buff[1024];
int Len＝ 1024;
int readByte = read(fd, buff, Len);
```

　　关闭串口就是关闭文件，代码如下：

```
close(fd);
```

5．实验步骤

(1) 实验目录：/IMX6/SRC/exp/basic/03_tty。

(2) 编译源程序，其操作步骤如下。

① 用 cd 命令进入实验目录，用 ls 命令查看目录内容，代码如下：

```
root@uptech-virtual-machine:/# cd /imx6/SRC/exp/basic/03_tty/
root@uptech-virtual-machine:/imx6/SRC/exp/basic/03_tty# ls
Makefile term term.c term.o
root@uptech-virtual-machine:/imx6/SRC/exp/basic/03_tty#
```

② 用 make clean 命令清除中间代码，用 make 命令重新编译，用 ls 命令查看目录内容，代码如下：

```
root@uptech-virtual-machine:/imx6/SRC/exp/basic/03_tty#source
/opt/fsl-imx-wayland/4.9.88-2.0.0/environment-setup-cortexa9hf-neon-poky-linu x-gnueabi
root@uptech-virtual-machine:/imx6/SRC/exp/basic/03_tty# make clean
rm -f ../bin/term ./term *.elf *.elf2flt *.gdb *.o
root@uptech-virtual-machine:/imx6/SRC/exp/basic/03_tty# make
root@uptech-virtual-machine:/imx6/SRC/exp/basic/03_tty# ls
Makefile term term.c
```

③ 在当前目录下生成可执行程序 term。

(3) NFS 挂载实验目录测试，操作步骤如下：

① 启动 IMX6 实验系统，连好网线、串口线。通过串口终端挂载宿主机实验目录，代码如下：

```
root@IMX6DLsabresd:~# mount -t nfs 192.168.12.157:/imx6 /mnt/
```

② 进入串口终端的 NFS 共享实验目录，代码如下：

```
root@IMX6DLsabresd:~# cd /mnt/SRC/exp/basic/03_tty/
```

root@IMX6DLsabresd:/mnt/SRC/exp/basic/03_tty# ls

Makefile term term.c term.o

root@IMX6DLsabresd:/mnt/SRC/exp/basic/03_tty#

③ 执行程序，代码如下：

root@IMX6DLsabresd:/mnt/SRC/exp/basic/03_tty# ./term

(4) 实验效果：将串口线从 COM1 口换至 COM5 口，超级终端上会打印 0~9 的字符。输入字符的同时，也会相应输出字符。再将串口线接到 COM1 口上，按下"Ctrl＋Z"键终止程序运行。

输出字符实现效果如图 8-6 所示。

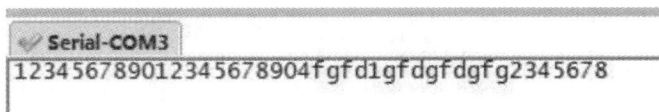

图 8-6　输出字符实现效果

终止程序效果如图 8-7 所示。

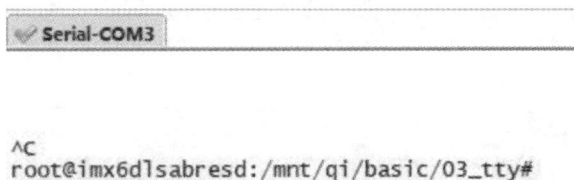

图 8-7　终止程序效果

8.4　嵌入式 Web 服务器

1. 实验目的

(1) 掌握在 ARM 设备上实现一个简单 Web 服务器的过程。

(2) 学习在 ARM 设备上的 Socket 网络编程。

(3) 学习 Linux 系统中的 signal()函数的使用。

2. 实验设备

(1) 硬件：IMX6 教学平台，PC 酷睿 i3 以上，硬盘容量为 120 GB 以上，内存容量为 2 GB 以上。

(2) 软件：Vmware Workstation ＋Yocto。

3. 实验内容

(1) 学习使用 Socket 进行通信编程的过程，了解一个实际的网络通信应用程序的整体设计，阅读 HTTP 协议的相关内容，学习几个重要的网络函数的使用方法。

(2) 读懂 HTTPD.c 源代码。在此基础上增加一些其他功能。在 PC 上使用浏览器测试嵌入式 Web 服务器的功能。

4. 实验原理

1) 嵌入式 Web 服务器概述

Web 浏览器是显示网页服务器(Web Server)或档案系统内的 HTM 文件，并让用户与这些文件互动的一种软件。PC 上常见的网页浏览器包括微软的 Internet Explorer、Mozilla 的 Firefox、Opera 和 Safari。浏览器是最经常使用到的客户端程序。通常是在远程机器上，负责对浏览器页面请求作出响应，返回 HTML 编码或类似的数据流。

通俗地讲，Web 服务器负责传输页面，从而使浏览器具备可浏览的内容；相较而言，应用程序服务器所提供的则是能够被客户端应用程序所调用的方法。确切来说，Web 服务器专门处理 HTTP 请求，但是应用程序服务器是通过很多协议来为应用程序提供商业逻辑的。

随着 Internet 技术的兴起，在嵌入式设备的管理与交互中，基于 Web 方式的应用成为目前的主流。这种程序结构也就是大家非常熟悉的 B/S(Browser/Server，浏览器/服务器)结构，即在嵌入式设备上运行一个支持脚本或 CGI 功能的 Web 服务器，能够生成动态页面，在用户端只需要通过 Web 浏览器就可以对嵌入式设备进行管理和监控，非常方便实用。嵌入式 Web 服务器架构如图 8-8 所示。

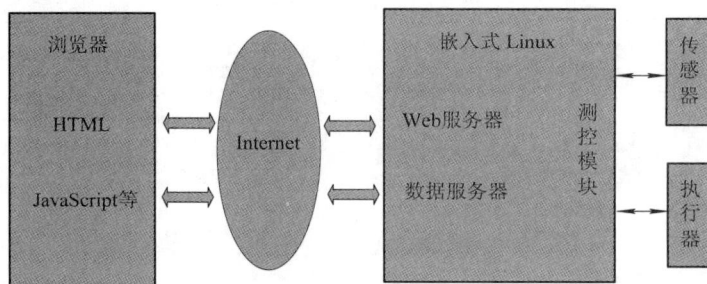

图 8-6　嵌入式 Web 服务器架构

常见的嵌入式 Web 服务器有 Lighttpd、SHTTPD、thttpd、Boa、Mathopd、MiniHTTPD、Appweb、GoAhead 等。

2) Socket 编程概述

现在大多数的操作系统都提供了已经编译好的网络通信程序。TCP/IP 范围内最普通的例子就是 Web 客户端(浏览器)和 Web 服务器，还有 FTP、Telnet 的客户端和服务器等。

Socket 接口是 TCP/IP 网络的 API，Socket 接口定义了许多函数或例程，程序员可以用它们来开发 TCP/IP 网络上的应用程序。

3) 软件架构及流程

(1) 主程序：建立 TCP 类型 Socket 在 80 端口进行监听连接请求。接收到连接请求，将请求传送给连接处理模块进行处理，并继续进行监听。系统整体结构如图 8-9 所示。

主程序main

（1）环境设置
（2）建立侦听Socket及客户连接处理调
用主循环

发送GIF文件

发送JPG文件

客户连接处理

发送文本文件

发送HTTP协议数据头

解析客户请求HTTP协议头

发送HTML文件

发送当前目录信息

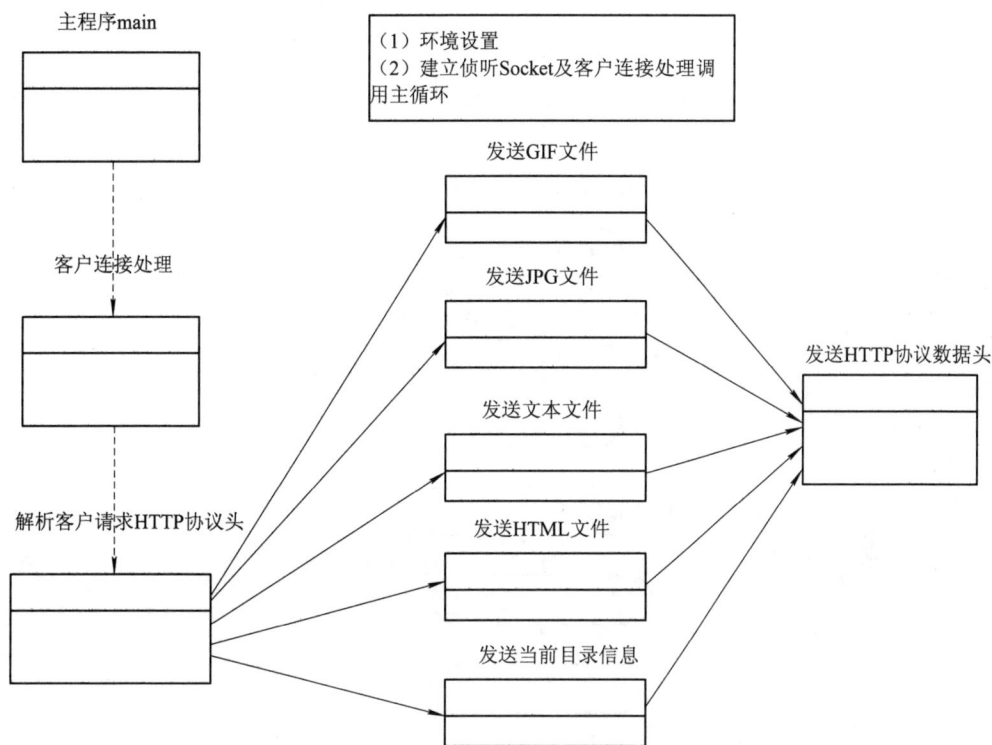

图 8-9　系统整体结构

(2) 客户请求获取服务资源连接处理模块如图 8-10 所示。

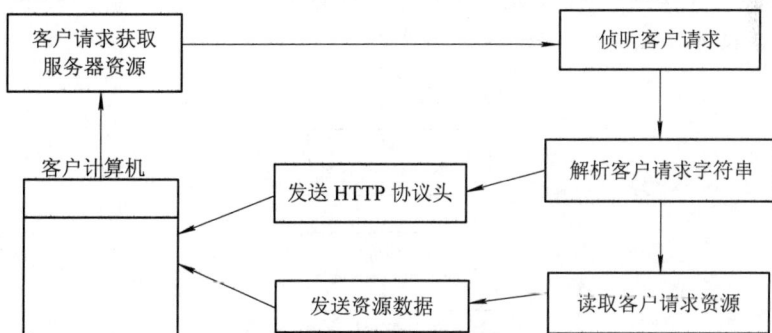

客户请求获取
服务器资源

侦听客户请求

客户计算机

发送 HTTP 协议头

解析客户请求字符串

发送资源数据

读取客户请求资源

图 8-10　连接处理模块

4) 关键代码分析

(1) 主程序设计介绍，功能需求说明。

系统的总入口，也是系统的主要控制函数，分别完成以下功能：建立环境设置；设置信号处理方式；建立侦听 TCP 流方式 Socket 并绑定 80 端口；建立连接侦听及客户连接，处理调用主循环。系统控制流程图如图 8-11 所示。

命令行输入处理：用户在命令行输入参数-i，则将客户输入文件描述字设为 0，即标准输入，用于在本机进行测试。其他输入全部忽略。

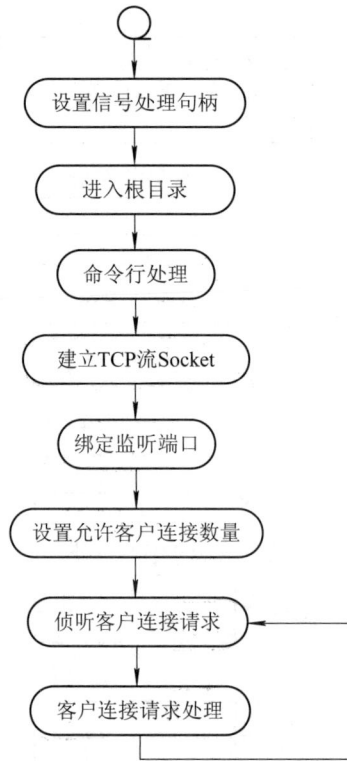

图 8-11　系统控制流程图

(2) 客户连接处理模块设计。

客户连接处理模块用于初步处理客户的连接请求，并将请求信息传递给客户请求解析函数处理。具体算法流程如图 8-12 所示。

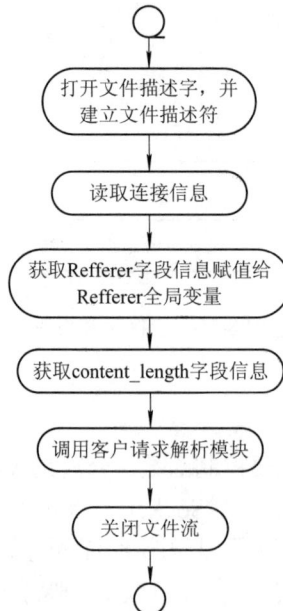

图 8-12　客户连接处理流程图

(3) 客户请求解析处理模块设计。

客户请求解析处理模块用于解析客户的请求，并根据请求信息调用相应的函数进行请求处理。其算法流程图如图 8-13 所示。

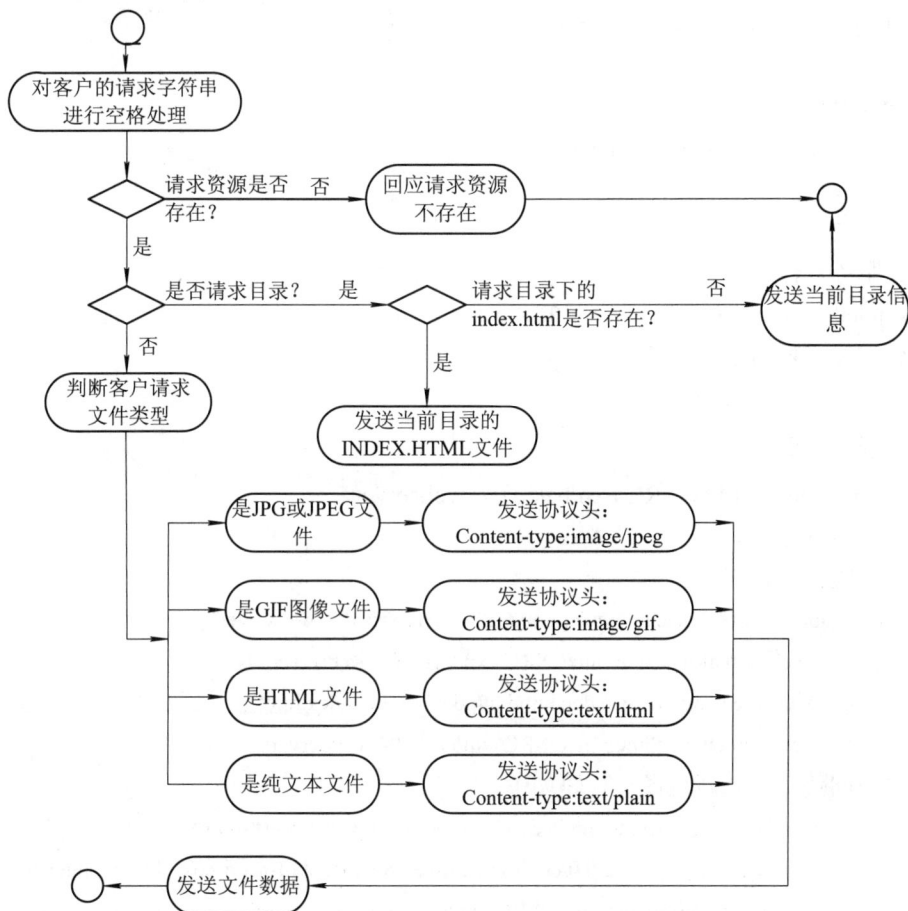

图 8-13　客户请求解析处理算法流程图

(4) 发送 HTTP 协议数据头模块设计。

功能说明：根据参数的不同，发送不同的 HTTP 协议头信息。

算法：函数定义 int PrintHeader(FILE *f, int content_type)，发送请求成功信息 HTTP/1.0 200 OK。

根据文档类型发送相应的信息。

fprintf( )函数中的第一个参数 f 为客户连接文件流句柄。

```
switch (content_type)
{
case 't':
fprintf(f,"Content-type: text/plain\n");
break;
case 'g':
```

```
fprintf(f,"Content-type: image/gif\n");
break;
case 'j':
fprintf(f,"Content-type: image/jpeg\n");
break;
case 'h':
fprintf(f,"Content-type: text/html\n");
break;
}
```

发送服务器信息：

```
fprintf(f,"Server: AMRLinux-httpd 0.2.4\n");
```

发送文件过期为永不过期：

```
fprintf(f,"Expires: 0\n");
```

5．实验步骤

(1) 实验目录：/IMX6/SRC/exp/basic/04_webserver。

(2) 编译源程序。

进入实验目录，代码如下：

```
root@uptech-virtual-machine:/# cd /imx6/SRC/exp/basic/04_webserver/
root@uptech-virtual-machine:/imx6/SRC/exp/basic/04_webserver# ls
Google Makefile copy.c copy.o doc httpd httpd.c httpd.o index.html
root@uptech-virtual-machine:/imx6/SRC/exp/basic/04_webserver#
```

清除中间代码，重新编译，代码如下：

```
root@uptech-virtual-machine:/imx6/SRC/exp/basic/04_webserver#source
/opt/fsl-imx-wayland/4.9.88-2.0.0/environment-setup-cortexa9hf-neon-poky-linu x-gnueabi
root@uptech-virtual-machine:/imx6/SRC/exp/basic/04_webserver# make clean
rm -f ../bin/httpd ./httpd *.elf *.gdb *.o
root@uptech-virtual-machine:/imx6/SRC/exp/basic/04_webserver# make
arm-linux-gcc -DHTTPD_DOCUMENT_ROOT=\"/mnt/yaffs\" -c -o httpd.o http.c
arm-linux-gcc -DHTTPD_DOCUMENT_ROOT=\"/mnt/yaffs\" -c-o copy.o copy.c
arm-linux-gcc -static -o ../bin/httpd httpd.o copy.o -1pthread
arm-linux-gcc -static -o httpd httpd.o copy.o -lpthread
root@uptech-virtual-machine:/imx6/SRC/exp/basic/04_webserver#ls
Google Makefile copy.c copy.o doc httpd httpd.c httpd.o index.html
[root@localhost 04_webserver]#
```

(3) NFS 挂载实验目录测试。

启动 IMX6 嵌入式教学科研平台，连好网线、串口线，通过串口终端挂载宿主机实验目录，代码如下：

```
root@IMX6DLsabresd:~# mount -t nfs 192.168.12.157:/imx6 /mnt/
```

进入串口终端的 NFS 共享实验目录，代码如下：

```
[root@UP-TECH yaffs]# cd /mnt/nfs/SRC/exp/basic/04_webserver/
root@IMX6DLsabresd:/mnt/SRC/exp/basoc/04_webserver# ls
Google copy.c doc httpd.c index.html
Makefile copy.o httpd httpd.o
root@IMX6DLsabresd:/mnt/SRC/exp/basoc/04_webserver#
```

执行程序，启动 HTTP 服务器，代码如下：

```
root@IMX6DLsabresd:/mnt/SRC/exp/basoc/04_webserver# ./httpd
starting httpd...
press q to quit.
wait for connection.
```

此时 IMX6 型网关部分设备端 HTTP 服务器启动并等待连接。打开 PC Windows 系统上的 IE 浏览器，或者 Windows 7 的 IE 浏览器(注意 IP 必须为同一段)，在地址栏输入 IMX6 型网关部分设备 IP 地址 http://192.168.12.199 (ARM 端 IP 地址需根据具体情况而设定，可以使用 ifconfig 命令查看和设置)，如图 8-14 所示。

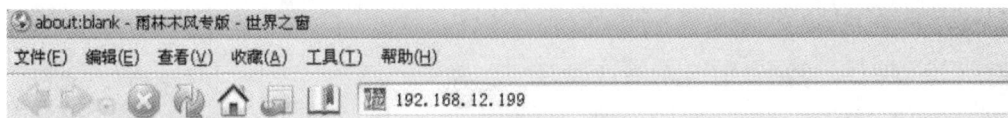

图 8-14　输入 IP 地址

输入正确的 IP 地址即可访问 IMX6 设备上 HTTP 提供的服务。

(4) 实验效果。

ARM 端操作如下：

```
root@IMX6DLsabresd:/mnt/SRC/exp/basoc/04_webserver# ./httpd
starting httpd…
press q to quit.
wait for connection.
buf = 'GET / HTTP/1.1'
Got buf1 'Accept: image/gif, image/x-xbitmap, image/jpeg, image/pjpeg,
application/x-shockwave-flash, application/vnd.ms-excel,
application/vnd.ms-powerpoint,'
Got buf1 'application/msword, */*'
Got buf1 'Accept-Language: zh-cn'
Got buf1 'Accept-Encoding: gzip, deflate'
Got buf1 'User-Agent: Mozilla/4.0 (compatible; MSIE 6.0; Windows NT 5.1; SV1;
QQPinyinSetup 620; CIBA; MAXTHON 2.0)'
Got buf1 'Host: 192.168.12.199'
Got buf1 'Connection: Keep-Alive'
```

浏览器端如图 8-15 所示。

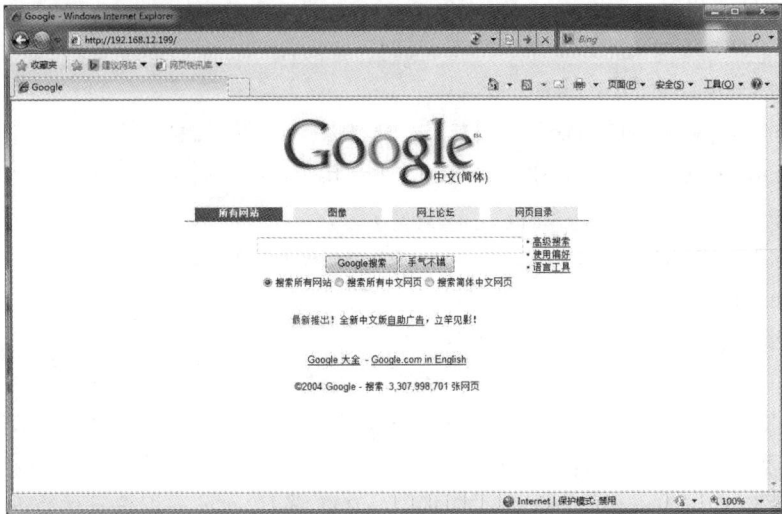

图 8-15　浏览器端显示

习　　题

1．加入一个新的线程用于处理键盘的输入，并在按 "Esc" 键时终止所有线程。

2．简述线程优先级的控制。

3．编写一个简单的文件收发程序，完成串口文件下载终端对特殊字符的处理。

4．Makefile 是如何工作的？其中的宏定义的含义是什么？

5．简述嵌入式 Linux 开发的一般流程。

6. 在理解源代码思想的基础上扩展一个监视功能，用于在浏览器端监视开发板上的采集数据。可以使用仿真模拟采集数据，使客户端浏览器所显示的数据不断变化。

第 9 章

Android 系统开发环境的搭建

本章主要介绍 Android 系统的开发环境搭建。Android 系统的开发环境分为 Linux 和 Windows 两种。Android 系统所有的开发都可以在 Linux 环境下进行，其中应用程序开发可以在 Windows 环境下进行。在 Linux 环境下主要介绍常用的开发工具及交叉编译器的安装。在 Windows 环境下主要介绍 Android 系统集成开发环境 Eclipse 的建立。本章的学习可以使读者了解 Android 开发环境的搭建过程，不仅能提升其技术学习能力，也能培养其开源精神。读者要学会利用全球智慧成果，培养自身的国际竞争力和跨文化交流能力。通过学习如何在不同平台上进行开发，读者可以体会到技术多样性和选择的重要性，便于形成全面和开放的科研思维方式。

Android Ubuntu 开发平台搭建主要包括 Ubuntu 操作系统、常用软件服务、Android 开发工具包的安装与配置。

Ubuntu 操作系统的安装有两个方案：

(1) 在 Windows 下安装虚拟机后，再在虚拟机上安装 Ubuntu 操作系统。

(2) 在 PC 上直接安装 Ubuntu 操作系统。

基于 Windows 的环境要么存在兼容性问题，要么速度有影响，所以本书推荐大家使用纯 Ubuntu 操作系统开发环境。我们实际的开发环境为 Ubuntu12.04，它包含了绝大部分的开发工具，不用担心安装了 Ubuntu 系统就不能使用 Windows 系统的问题。

如果 PC 性能优越，用户就可以选择第(1)种安装方案，使用 Windows 系统运行 Vmware 虚拟机，在虚拟机中运行 Ubuntu 系统。Windows 系统下有很多好用的开发软件，如 Xshell、Sourceinsight 等。

Ubuntu 开发环境主要用于 Android 内核、文件系统及应用程序开发。

Android Windows 开发环境包括 SDK、eclipse、JDK 安装，主要用于开发 Android 应用程序。

9.1 Android Ubuntu 开发环境的建立

1. 实验目的

(1) 掌握 Ubuntu14.04 操作系统的安装。

(2) 熟悉常用服务软件的安装与配置。

(3) 掌握交叉编译器及 Android 开发环境的建立。

2. 实验内容

(1) 在虚拟机上安装 Ubuntu12.04 操作系统，并在 Ubuntu 系统上安装常用服务软件，如 TFTP、SSH、Samba 等。

(2) 建立 Android 系统开发环境，安装 UP-MOBNET-A9-Ⅱ配套的交叉编译器。

3. 实验环境

硬件：IMX6 综合嵌入式教学科研平台，PC 酷睿 i3 以上，硬盘容量 80 GB 以上，内存容量大于 4 GB。

4. 实验步骤

在 Windows 系统中先安装 VMware，在 VMware 中安装 Ubuntu14.04 系统。下载 VMware 和 Ubuntu14.04 系统。

备注：在光盘 Tools 目录下提供 ubuntu-14.04.03-desktop-am。

5. Ubuntu14.04 系统的安装及更新

(1) 打开"VMware"，单击"Create a New Virtual Machine"，选择"典型"安装，单击"下一步"按钮，如图 9-1 所示。这部分操作是为了在 VMware 中创建一个 Virtual Machine，用于安装 Ubuntu 系统。

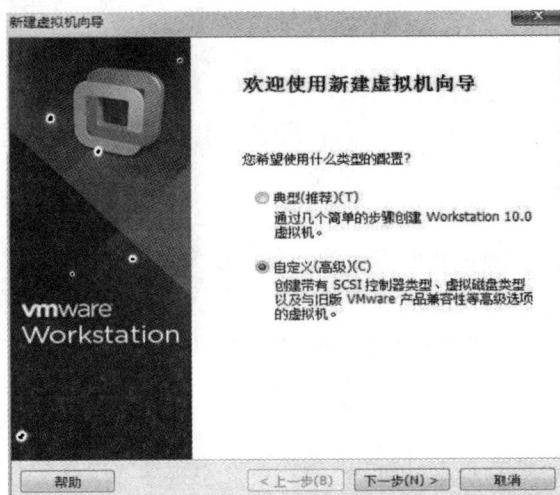

图 9-1　创建新的虚拟机

(2) 单击"下一步"按钮，选择系统安装方式，如图 9-2 所示。

图 9-2　选择安装方式

(3) 单击"下一步"按钮，选择操作系统类型，选中"Linux"，然后在"版本"文本框中选择"Ubuntu 64 位"，单击"下一步"按钮，如图 9-3 所示。

图 9-3　选择 Linux 版本

(4) 输入虚拟机名称"Ubuntu-uptech"，并选择安装路径，单击"下一步"按钮，如图 9-4 所示。

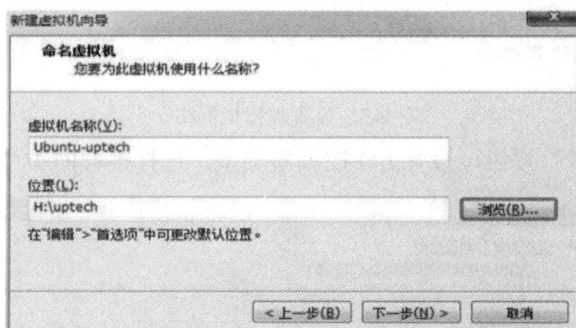

图 9-4　选择安装路径

(5) 对虚拟机处理器进行配置，默认处理器数量为 1，核心数量也为 1，这里可以直接使用默认值，如图 9-5 所示。单击"下一步"按钮，设置虚拟机内存，一般虚拟机内存

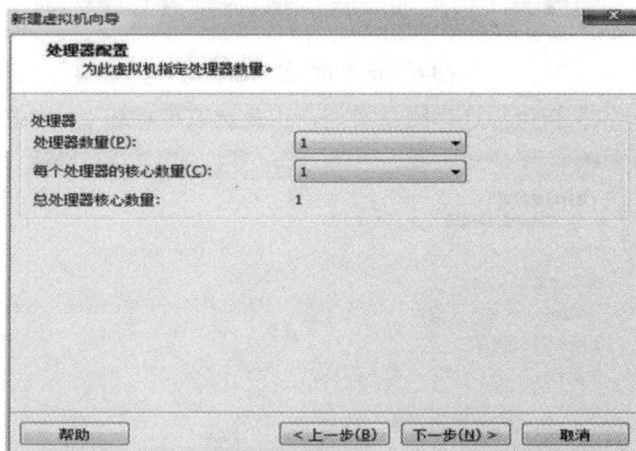

图 9-5　配置处理器

是主机内存的一半，内存值必须是 4 MB 的倍数，如计算机的内存是 4 GB，则这里设置为 2 GB，如图 9-6 所示。

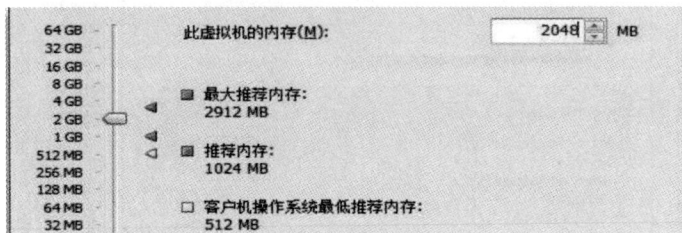

图 9-6　设置虚拟机内存

(6) 单击"下一步"按钮，设置虚拟机网络，这里选择"使用桥接网络"，如图 9-7 所示。

图 9-7　设置虚拟机网络

(7) 单击"下一步"按钮，设置 I/O 控制器类型，选择推荐的类型，如图 9-8 所示。

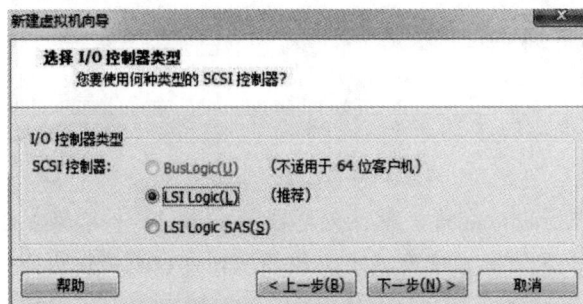

图 9-8　设置 I/O 控制器类型

(8) 单击"下一步"按钮，选择磁盘类型，也是选取推荐选项，如图 9-9 所示。

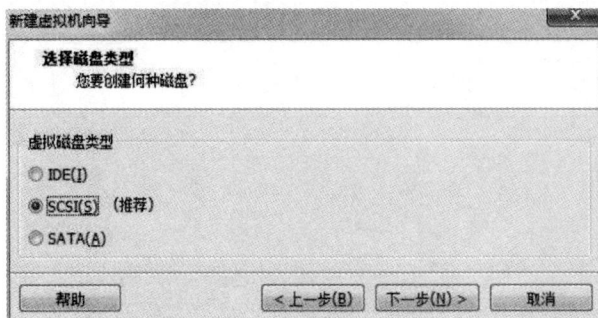

图 9-9　选择磁盘类型

(9) 单击"下一步"按钮，选择磁盘，为了安全，选择"创建新虚拟磁盘"，如图 9-10 所示。

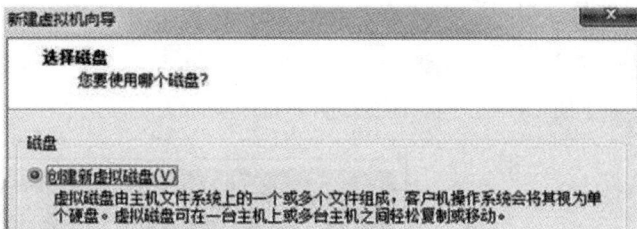

图 9-10　选择磁盘

(10) 单击"下一步"按钮，设置磁盘大小，如果仅仅为了试验某种操作系统，则使用推荐大小即可。本次创建的目的是进行 Android 开发，Android 开发比较占磁盘空间，因此设置为"100 GB"，如图 9-11 所示。在下面的单选中选择"将虚拟磁盘拆分成多个文件"，因为虚拟机单个文件太大，有的文件系统不支持，如果上传或拷贝文件，对目标磁盘的文件系统要求较高。

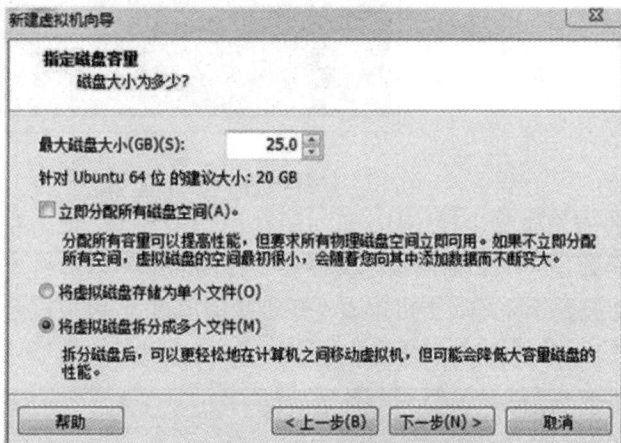

图 9-11　设置磁盘大小

(11) 单击"下一步"按钮，直到完成。完成时可以单击"自定义硬件"(如果这里不自定义，则在第一次启动时设置一下硬件即可)，如图 9-12 所示。至此，虚拟机已经安装完成，下面继续安装操作系统。

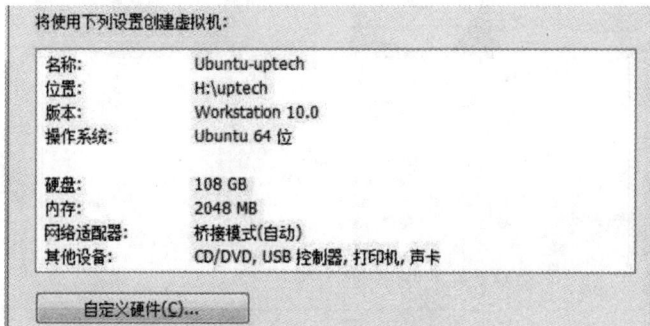

图 9-12　选择自定义硬件

　　(12) 打开"VMware",单击"创建新虚拟机",选择"典型"安装,单击"下一步"按钮。虚拟机创建完成后,需要给虚拟机安装对应的操作系统。前面创建的是安装 Linux Ubuntu 64 位操作系统的虚拟机,因此需要安装 Linux Ubuntu 64 位虚拟机,界面显示如图 9-13 所示。

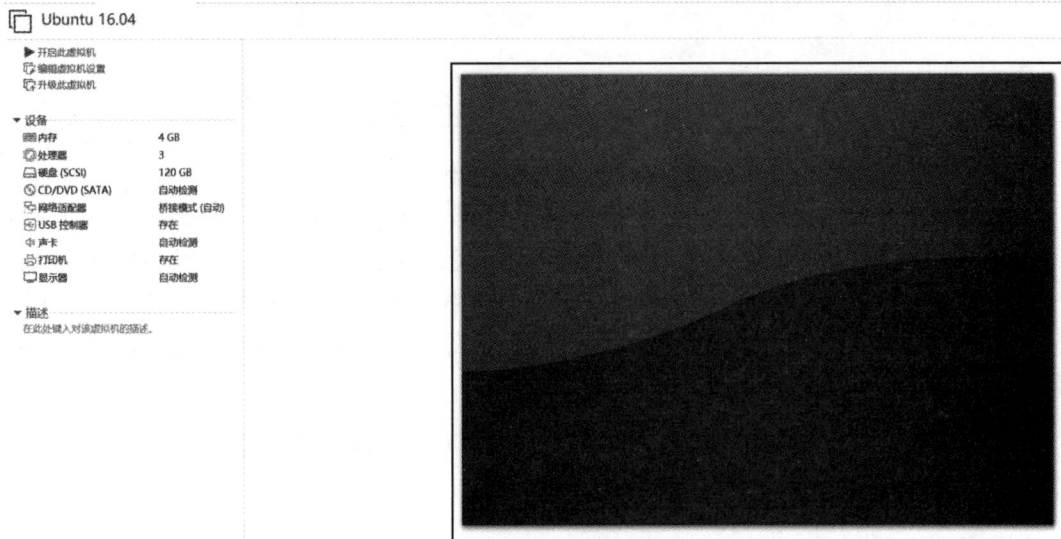

图 9-13　虚拟机页面

　　(13) 如果前面没有自定义硬件,则显示与图 9-13 略有不同,单击左边对应的条目即可进行设置,单击后会弹出一个和前面自定义硬件一样的对话框,参考前面自定义硬件进行设置即可。如果一切配置都完成,则可单击"开启此虚拟机",虚拟机启动的过程类似一台 PC 启动按下电源键的流程,会自动加载光驱中的镜像。系统镜像加载 UI 显示如图 9-14 所示。

图 9-14　安装向导

(14) "安装中下载更新"和"安装这个第三方软件"可以不勾选，单击"继续"按钮。如图 9-15 所示。

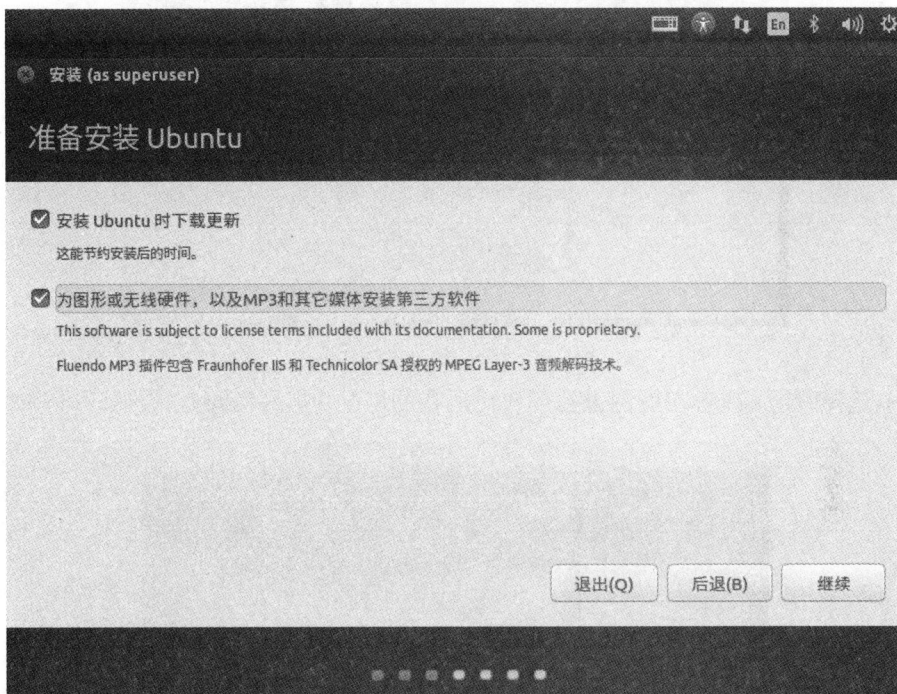

图 9-15　准备安装

(15) 选择"清除整个磁盘并安装 Ubuntu"，单击"继续"按钮，如图 9-16 所示。

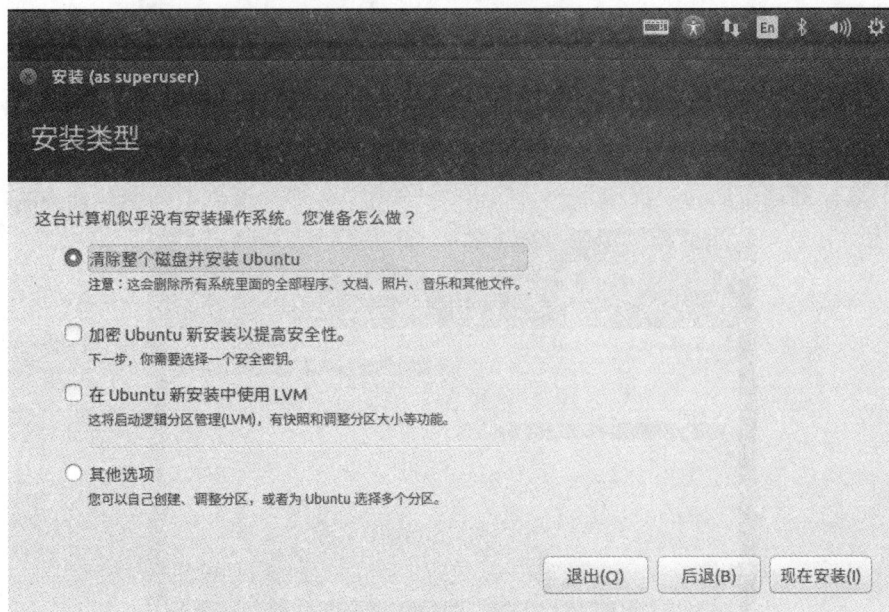

图 9-16　选择安装类型

(16) 选择镜像文件，单击"现在安装"按钮，如图 9-17 所示。

图 9-17　选择安装镜像文件

(17) 选择时区，或者在地图上找到自己所在的地区，单击"继续"按钮即可，如图 9-18 所示。

图 9-18　选择时区

(18) 选择键盘布局为"汉语"→"汉语"，单击"继续"按钮，如图 9-19 所示。

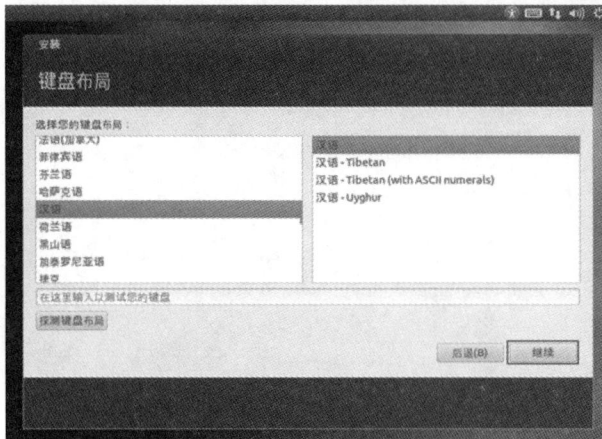

图 9-19　选择键盘布局

(19) 输入用户名和密码，单击"继续"按钮，如图 9-20 所示。

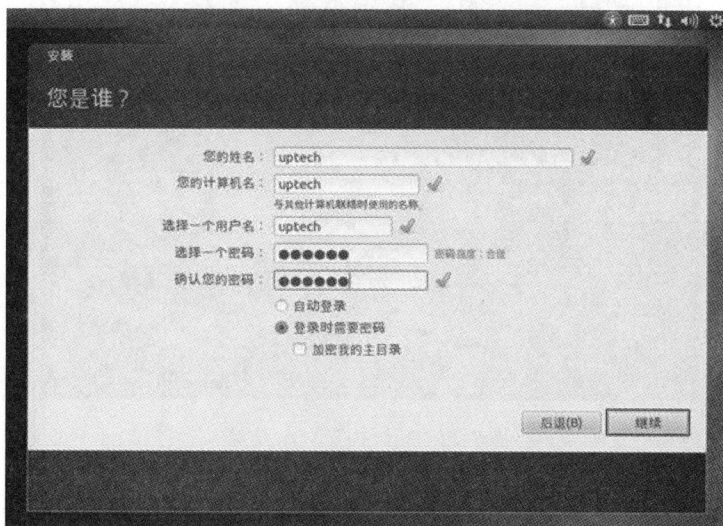

图 9-20　设置用户名和密码

(20) 安装完毕重启即可，如图 9-21 所示。

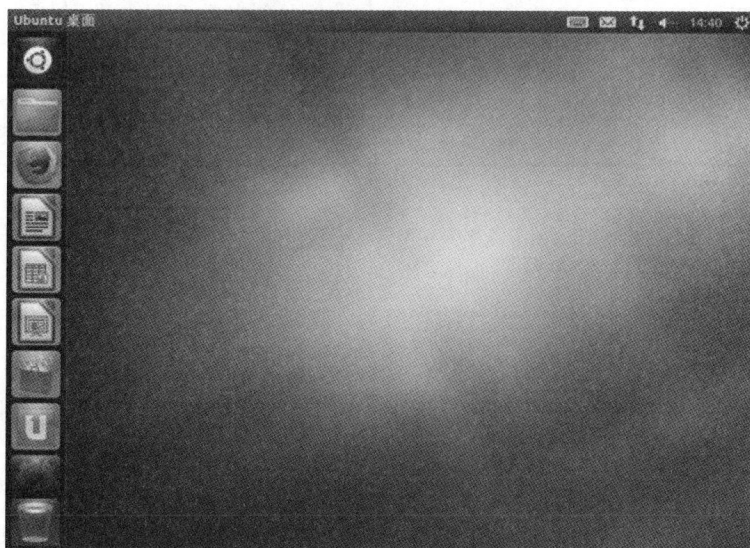

图 9-21　安装完毕

6. 常用软件服务的安装与配置

1) 超级用户登录

由于以后的实验经常需要在超级用户的工作方式下进行，所以接下来要进行超级用户登录的设置(即 root 用户登录)。

以普通用户进入终端，在终端输入 sudo passwd root(需要输入普通用户密码及 root 用户密码)，如图 9-22 所示。

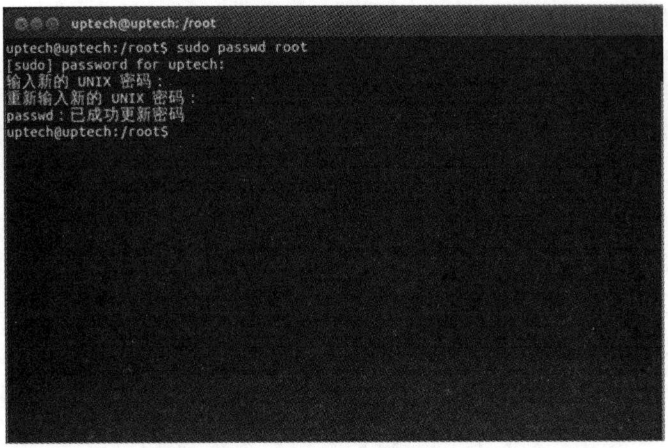

图 9-22　超级用户登录设置

2) 安装 SSH 服务

该服务主要提供远程登录 Ubuntu 系统的功能，在终端下执行以下命令即可启动 SSH 服务的安装。

#sudo apt-get install openssh-server openssh-client

安装完成后 SSH 服务就启动了，可以通过以下命令来查看服务进程。

ps -ef | grep sshd

root 492 1 0 19:07 ? 00:00:00 /usr/sbin/sshd -D

uptech 1752 1721 0 19:12 pts/1 00:00:00 grep --color=auto sshd

3) 建立 TFTP 服务

TFTP 服务主要用来将 Ubuntu 系统中交叉编译好的程序下载到 IMX6 型开发板上(相当于 Windows XP 上的 TFTP32.EXE 软件)。下载并安装 TFTP 服务。

如果 Ubuntu14.04 系统没有安装 TFTP 服务，则需要下载安装该服务。安装 TFTP 服务需要 Ubuntu 系统下的网络支持(即 Ubuntu 可以连接互联网)。执行以下命令：

#sudo apt-get install tftpd tftp openbsd-inetd

然后，用以下命令编辑配置文件/etc/inetd.conf：

#sudo gedit /etc/inetd.conf

将文件的内容改为 tftp dgram udp wait nobody /usr/sbin/tcpd /usr/sbin/in.tftpd /tftpboot，保存退出。

执行以下命令，启动(或重启)TFTP 服务：

#sudo /etc/init.d/openbsd-inetd restart

执行以下命令测试查看 69 端口是否打开：

#netstat -an | more 　　//打印出的东西中找到 udp 0 0 0.0.0.0:69 0.0.0.0:*

执行以下命令，创建 TFTP 服务的共享目录：

#sudo mkdir /tftpboot

#sudo chmod 777 /tftpboot

TFTP 服务安装好后可以通过 TFTP 命令下载可执行程序到 ARM 上，TFTP 默认的端口号是 69。

4) 添加 Samba 服务

Samba 服务主要用于实现 Ubuntu 与 Windows XP 之间的通信。

执行以下命令，安装 Samba 服务软件：

    #sudo apt-get install samba

    #sudo apt-get install smbfs

接下来，修改 Samba 服务的配置，执行以下命令：

    #sudo gedit /etc/samba/smb.conf

执行以下命令，在文件的最后添加共享目录：

    [firmware]

    path = /home/now/

    read only = no

    locking = no

    guest ok = yes

    browseable = yes

    create mask = 0777

    directory mask = 0777

添加访问用户创建文件和目录的权限，保存退出。

建立 Samba 共享目录，并增加可读写权限，执行以下命令：

    # sudo mkdir /home/now

    # sudo chmod 777 /home/now

执行以下命令，重新启动 SMB 服务：

    #sudo /etc/init.d/smbd restart

安装 Samba 后，服务就自动启动了。此时，在 Windows 系统下单击"开始"→"运行"，然后输入\\192.168.12.158\firmware，回车即可看到 Ubuntu14.04 共享的文件夹，如图 9-23 所示。

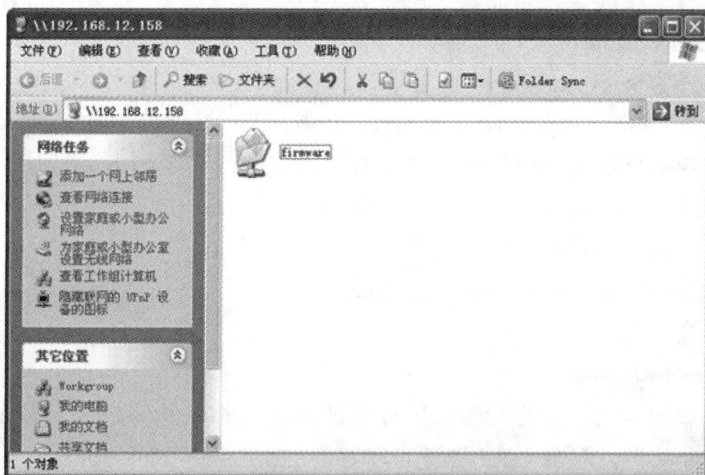

图 9-23　共享文件夹

5) 安装 NFS 服务

NFS 文件共享的方式极大地方便了嵌入式软件的开发，在嵌入式开发板设备存储资源有限的条件下，极大扩展了对存储容量要求大的软件程序。使用 NFS 共享即将宿主机 Ubuntu 系统内的文件目录共享，指定特定IP地址的机器(一般为开发板设备)访问该文件夹。

执行以下命令，安装 NFS 服务器端及客户端：

　　#sudo apt-get install nfs-kernel-server nfs-common

然后，执行以下命令配置挂载目录和权限：

　　#sudo gedit /etc/exports

在 exports 文件末尾添加若干目录项，配置命令如下：

　　/nfsroot *(rw,sync,no_root_squash)

允许所有用户访问共享目录，根据自己的 IP 地址进行相应的修改，在根目录下建立 NFS 服务的共享目录，执行以下命令：

　　#sudo mkdir /nfsroot

　　#sudo chmod 777 /nfsroot

执行以下命令，重新启动 NFS 服务：

　　#sudo /etc/init.d/nfs-kernel-server restart

在此假设主机 Linux 系统的 IP 地址为 192.168.12.158，命令如下：

　　#sudo mount -o nolock 192.168.12.158:/nfsroot /mnt/

比较主机/mnt 目录和主机的共享目录/nfsroot。

6) 安装 Vim 文本编辑器

安装 Vim 文本编辑器的命令如下：

　　#sudo apt-get install vim

7. 安装交叉编译器

在光盘的 CrossTools 目录下存放配套的交叉编译器 arm-none-linux-gnueabi.tar.gz。此编译器十分重要，安装的成功与否直接关系到后面交叉编译程序测试。在宿主机的/usr/local/目录下建立 arm 目录存放交叉编译器，命令如下：

　　#mkdir /usr/local/arm

解压交叉编译器至/usr/local/arm 目录下，命令如下：

　　#sudo tar xzvf arm-2009q3-67.tar.gz -C /usr/local/arm

修改系统编译器默认搜索路径配置文件 bash.bashrc，命令如下：

　　#sudo gedit /etc/bash.bashrc

修改内容，在最后一行添加以下命令：

　　export PATH=$PATH:/usr/local/arm/arm-2009q3/bin

保存退出，命令如下：

　　#source /etc/bash.bashrc

配置生效或重启生效，在终端输入编译器的部分名称来验证是否安装成功。例如，在终端输入"arm-none"，双击"Tab"键自动补齐 arm-none-linux-gnueabi-。同样可以通过 which 命令查看交叉编译器的存放路径，命令如下：

#which arm-none-linux-gnueabi-gcc

也可以通过 arm-none-linux-gnueabi-gcc v 命令查看交叉编译器版本。

注意：若在 Ubuntu14.04 开发环境下进行 Linux 系统开发，则需要安装相应的交叉编译器。其方法与上面相同，但是编译器的源码包和名字不同。

8. 创建实验目录

执行以下命令，创建实验目录：

#sudo mkdir /home/now

#sudo chmod 777 /home/now

注意：为了方便实验过程，本书安排的目录为/home/now/，实际使用时没有任何要求。Ubuntu 系统对用户权限的管理比较严格，为了方便操作，在每次实验前执行以下命令：

#sudo su –

注意：可以切换到 root 用户并更改环境变量与之匹配，而不必在每一条命令前加上 sudo。

9. 建立 Android 开发环境

在 Android 开发之前，首先搭建开发环境，主要包括基本环境、JDK 安装、Android studio 安装、SDK 安装及相关插件的安装。本书将 Android 应用程序开发、集成开发环境 Android studio 的建立放在 Windows 平台下，将在 9.2 节中进行介绍。

在 Ubuntu14.04 下，需要使用较多的软件包，在终端执行以下命令，进行软件包安装：

#sudo apt-get install git-core

#sudo apt-get install gnupg

#sudo apt-get install flex

#sudo apt-get install bison

#sudo apt-get install gperf

#sudo apt-get install build-essential

#sudo apt-get install zip curl

#sudo apt-get install zliblg-dev

#sudo apt-get install gcc-multilib g++-multilib

#sudo apt-get install libc6-dev-i386

#sudo apt-get install lib32ncurses5-dev

#sudo apt-get install x11proto-core-dec

#sudo apt-get install libx11-dev

#sudo apt-get install lib32z-dev

#sudo apt-get install ccache

#sudo apt-get install libgl1-mesa-dev

#sudo apt-get libxm12-utils

#sudo apt-get xsltproc

#sudo apt-get unzip

恩智浦官方文档介绍了需要安装的软件包，代码如下：

```
#sudo apt-get install uuid uuid-dev
#sudo apt-get install zlib1g-dev liblz-dev
#sudo apt-get install liblzo2-2 liblzo2-dev
#sudo apt-get install lzop
#sudo apt-get install git-core curl
#sudo apt-get install u-boot-tools
#sudo apt-get install mtd-utils
#sudo apt-get install android-tools-fsutils
```

JDK 的安装取决于移植文档，不同的 Android 版本，所需要的 JDK 可能不同，因此这里不直接安装 JDK。

9.2　Android Windows 7 开发环境的建立

1. 实验目的

(1) 了解在 Windows 系统下，Android 集成开发环境 Android Studio 的搭建。

(2) 熟悉 Android 虚拟设备 AVD 的创建，并模拟运行。

2. 实验内容

(1) 下载 Android 开发环境所需的资源(SDK、Android Studio、JDK 软件包)，搭建 Android 集成开发环境。

(2) 创建 Android 虚拟设备 AVD，模拟运行、调试，可显示出 Android 手机界面。

3. 实验环境

硬件：IMX6 综合嵌入式教学科研平台，PC 酷睿 3 以上，硬盘容量 80 GB 以上，内存容量大于 1 GB。

4. 实验步骤

1) 下载开发资源

Android 在 Windows 7 操作系统上搭建开发环境主要依赖 JDK、Android studio 和 Android SDK。这些文件都可以从各自的官方网站获取。下载链接如下：

JDK：http://www.oracle.com/technetwork/java/javase/downloads/jdk8-downloads-2133151.html。

Genymotion：https://dl.genymotion.com/releases/genymotion-2.8.1/genymotion-2.8.1-vbox.exe。

Android-studio：https://dl.google.com/dl/android/studio/install/2.2.3.0/android-studio-ide-145.3537739 -windows.exe。

相应的软件包在 IMX6 Android 系统光盘资料/Tools 目录下面可以找到，如图 9-24 所示。

图 9-24　软件包的位置

2) 软件安装

双击 "android-studio-ide-145.3537739-windows.exe"，弹出对话框，单击 "Next" 直到 "Finish"，这部分内容不再详述。

(1) 代理设置。Android Studio 安装完成后首次启动可能会弹出设置代理的对话框，如图 9-25 所示。

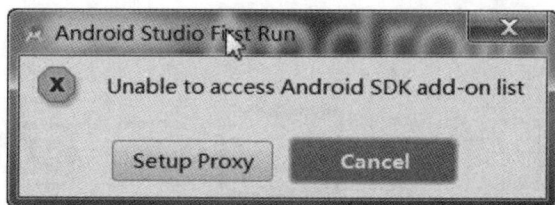

图 9-25　请求代理设置

直接单击 "Cancel" 按钮，如果需要设置，则单击 "Setup Proxy" 按钮。如果熟悉 Eclipse+ADT，这里就和 SDK Manager 中设置代理一样，功能也是一样的。使用 Eclipse+ADT 时，若要更新 SDK 则需要联网，而我国屏蔽了 Google，直接更新会不成功，因此可以设置代理或者更新 host 文件。我国的代理服务器比较多，如一些大学、研究院、公司等都有，这里以大连东软代理为例进行代理设置，如图 9-26 所示。

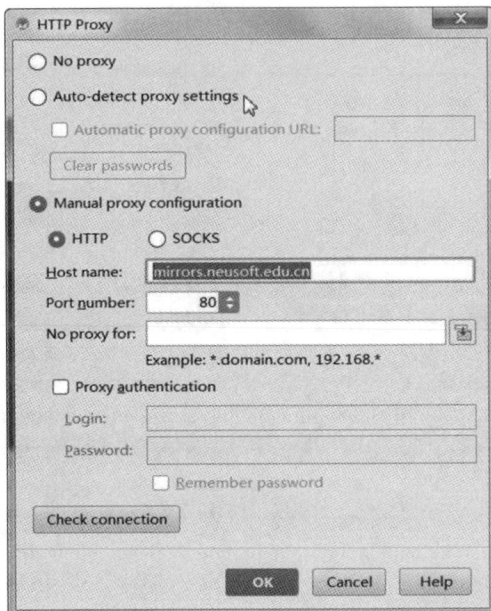

图 9-26　代理设置

(2) Android Studio 的欢迎界面如图 9-27 所示，通过该软件可以开发平板电脑、手表、电视、车载和眼镜等相关应用。

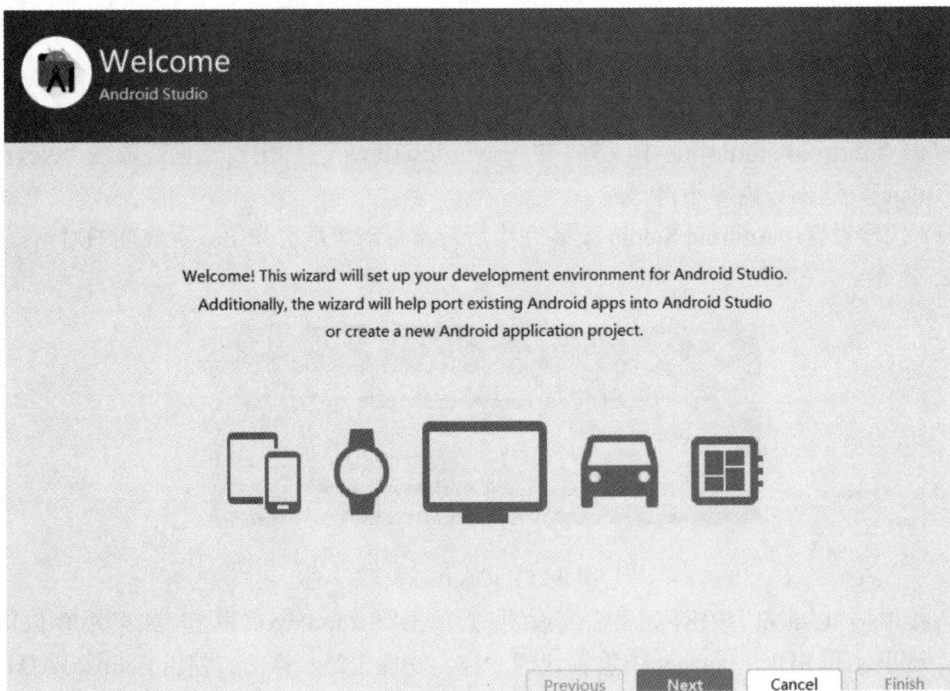

图 9-27　Android Studio 欢迎界面

(3) 在选项窗口中选择"Custom"，单击"Next"按钮，如图 9-28 所示。

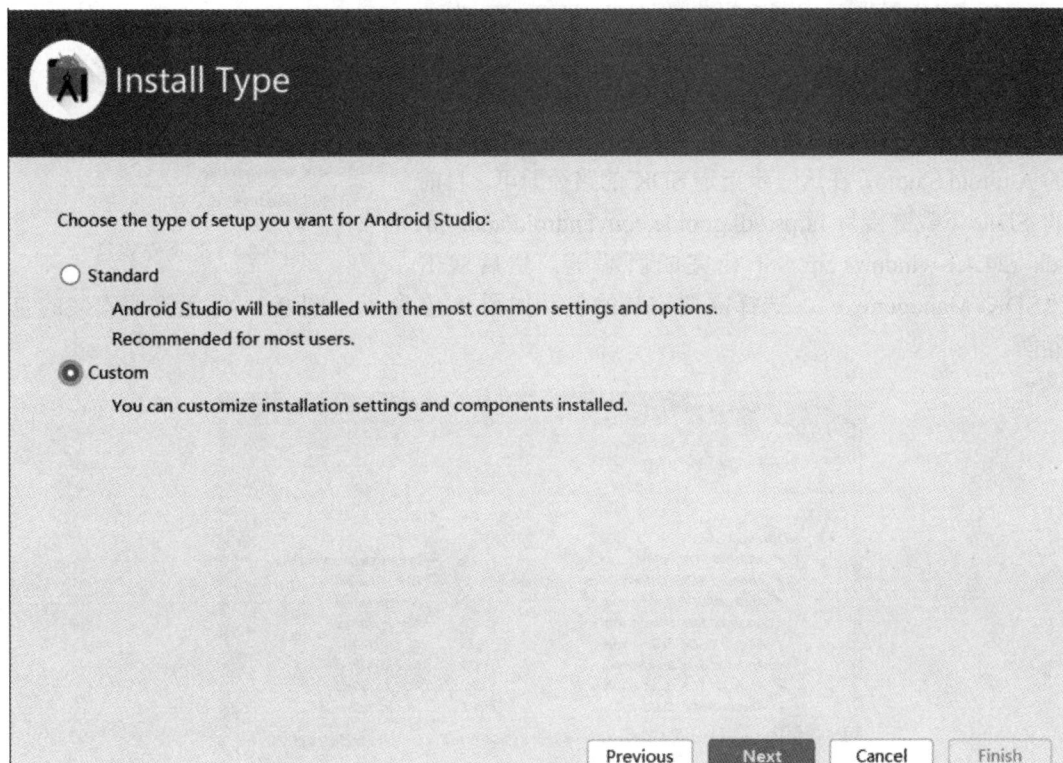

图 9-28　安装类型

(4) 选择主题。UI 主题可以选择目前比较流行的 "Darcula"，据说这个主题有保护眼睛的功效，如图 9-29 所示。

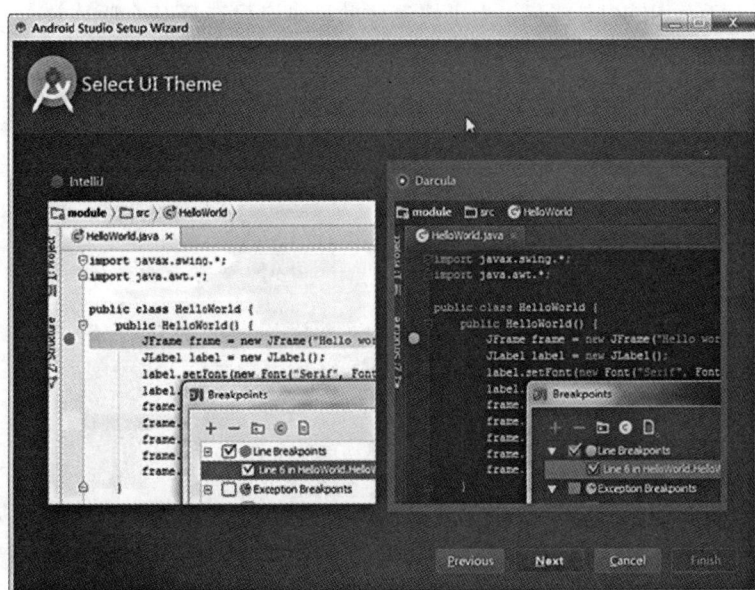

图 9-29　选择主题

(5) SDK 设置。本书中提供的 Android Studio 中不
包含 Android SDK,如果下载的版中含有 Android SDK,
则这个步骤就无须理会,按默认选项继续操作即可。由
于作者 PC 上已经有 SDK 了,因此不需要安装含有 SDK
的 Android Studio,在这一步指定 SDK 的路径即可。目前
的 SDK 下载链接为 https://dl.google.com/android/android-
sdk_r24.4.1-windows.zip。下载完成后解压,然后双击

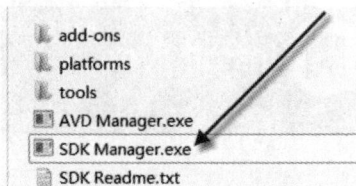

图 9-30　选择安装包

"SDK Manager.exe",选择需要安装的包,如图 9-30 所示。图 9-31 即为需要安装的包
界面。

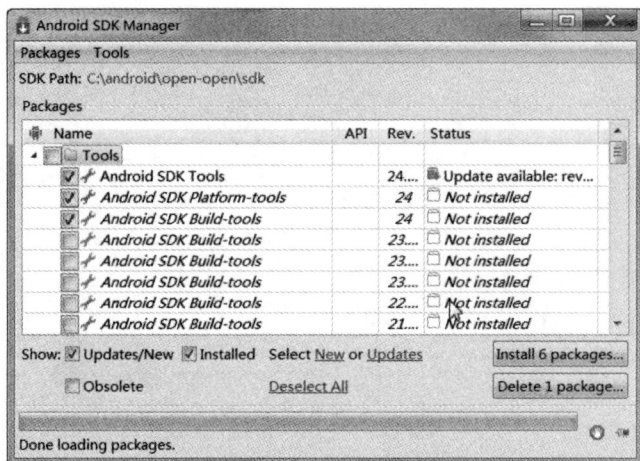

图 9-31　需要安装的包

可以从网上下载 SDK 安装包,为了快速体验,建议只选择某个版本进行安装,当空闲
时可以慢慢下载并安装。最后接受许可协议,并开始安装,如图 9-31 所示。

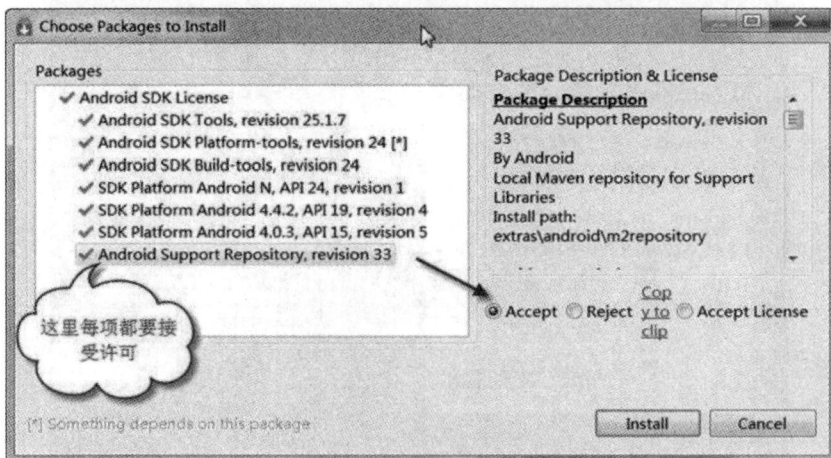

图 9-32　接受许可协议

(6) 设置 SDK 的信息,如图 9-33 所示。选择 SDK 目录,如图 9-34 所示。

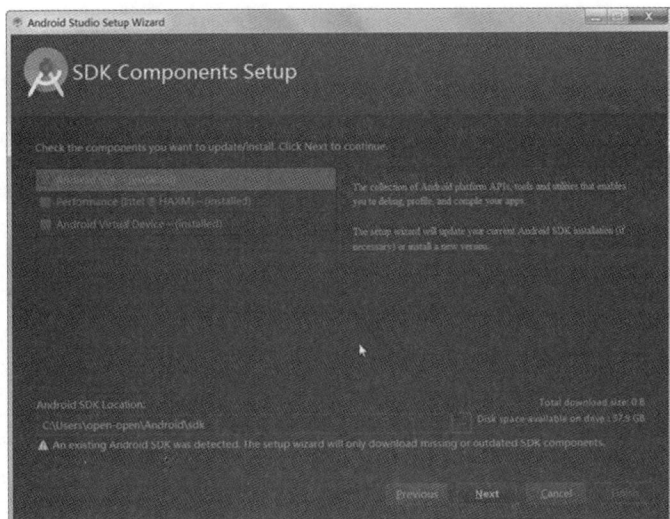

图 9-33　设置 SDK 信息

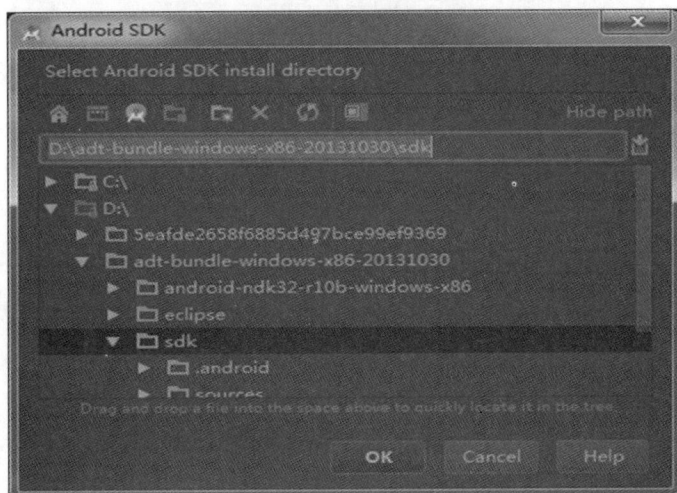

图 9-34　选择 SDK 目录

　　至此，Android Studio 已经安装完成。Android 开发一般离不开模拟器，而 Eclipse 下 Android 本身的模拟器速度很慢。Android Studio 支持插件加载 Genymontion 模拟器，Genymontion 模拟器是基于 Virtual Box 的，Virtual Box 的下载地址为 https://www.virtualbox.org/wiki/Downloads。该地址中已经附带了包含 Virtual Box 的 Genymontion，如果未找到可自行下载。下载 Genymontion 时需要账户，可以自行注册，注册网址为 https://www.genymotion.com/account/login/。配置界面如图 9-35 所示。

　　在弹出的页面中可以看到 Android Studio 安装了很多插件，这也就是前文所提到的它的优势。单击底部中间的"Browse Repositories …"按钮，再次弹出一个与前面对话框类似的用户界面，在搜索框中输入"geny"即可出现"Genymotion"插件，单击右边的"Install"按钮即可开始安装。安装完成后会提示重启 Android Studio，按照提示重启即可。用户界面如图 9-36 所示。

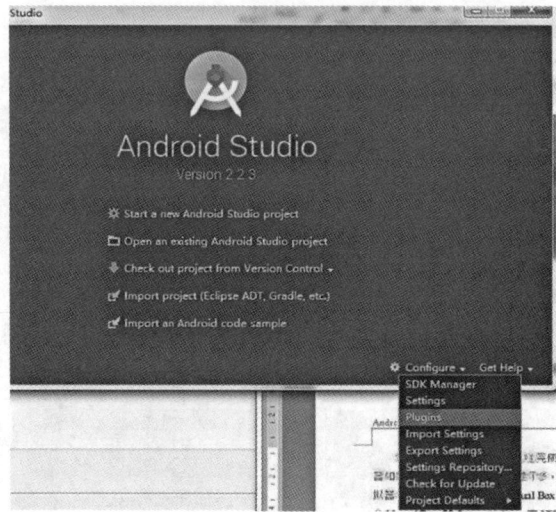

图 9-35   配置界面

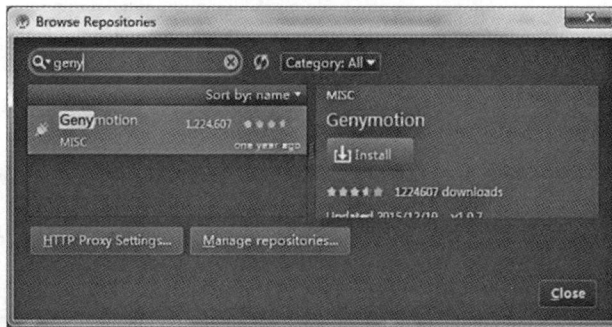

图 9-36   Genymontion 插件

与 Genymontion 类似的插件还有很多，有介绍说明和星级，可以根据自己的需求进行安装，安装方法与上同。重启 Android Studio 后创建一个 helloWord 的项目，会看到如图 9-37 所示的用户界面。

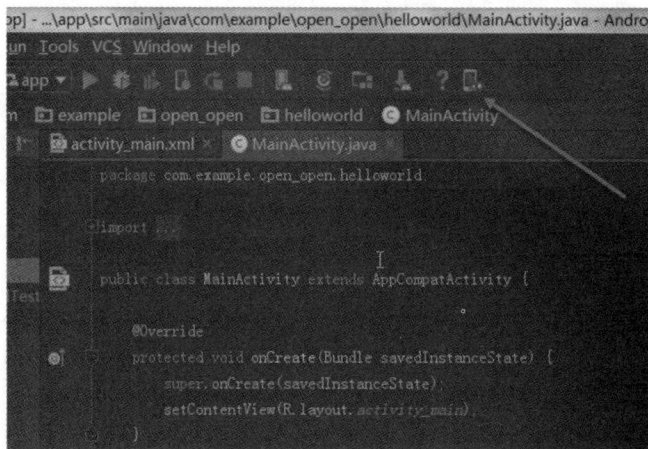

图 9-37   Genymontion   图标

　　初次使用需要设置 Genymontion 的位置，如果安装 Genymontion 时不改变默认安装路径，则默认位置为 C:\Program Files\Genymobile\Genymotion，在 Genymontion 选项中设置好即可，如图 9-38 所示。

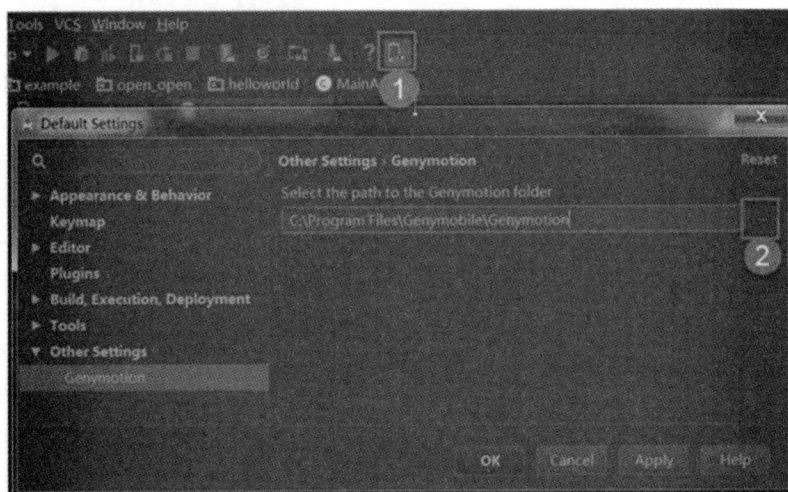

图 9-38　Genymontion 路径设置

　　路径设置好后，再单击 Genymontion 小图标就会打开 Genymontion Device Manager(如果提示 "Genymontion: Initialize Engine: failed"，则检查 Virtual Box 是否可以正常工作)。单击 "New" 按钮即可新建 AVD，初次创建需要输入 Genymontion 的账户和密码，在对话框中单击 "Sign in" 按钮，输入 UserName 和 Password。

　　账户和密码可以在网上搜索共享账户，如本书使用的账户为 genymotionbar，密码为 gm8888。登录之后就会有一系列的模拟器，然后选择其中一个单击 "Next" 按钮进行下载。

　　随后就是长时间的等待(等待时间和所选模拟器的 Android 版本、所处网络质量相关)。本书中选取的模拟器下载大概需要等待 5 min，下载界面如图 9-39 所示。

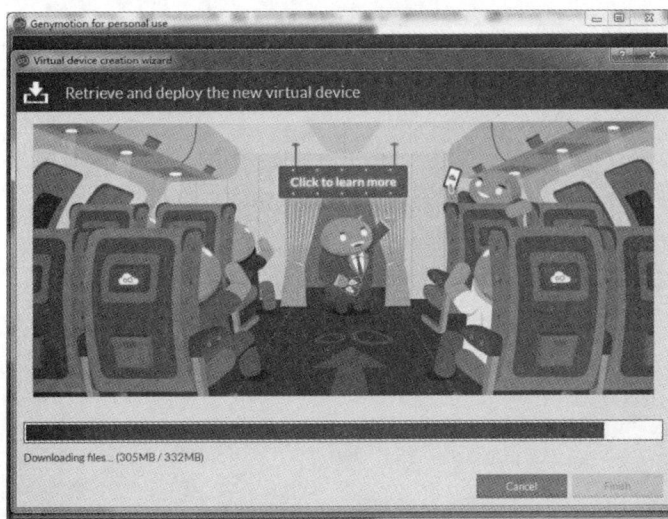

图 9-39　正在下载模拟器所需的文件

　　最后单击"Start"按钮即可启动模拟器。该模拟器支持直接拖拽 APK 到模拟器进行安装，运行速度快，支持多点触摸(需要设置)，但是安装相对较麻烦。

习　　题

1．如何搭建 Android 应用程序开发环境？
2．如何创建 Android 虚拟设备 AVD？
3．Ubuntu 系统与 redhat、fedora 有什么不同？
4．如何在 Ubuntu 系统中安装 Android 开发环境？

参 考 文 献

[1] 博创智联科技有限公司. Exynos 4412 经典实验指导书[Z]. 北京：博创智联科技技术部，2016.

[2] 金伟正. 嵌入式 Linux 系统开发及应用教程[M]. 北京：清华大学出版社，2017.

[3] 伍德雁，李显宁，欧义发，等. 嵌入式 Linux 开发技术基础[M]. 北京：中国水利水电出版社，2017.

[4] 李发展，王亮. iOS 移动开发从入门到精通[M]. 2 版. 北京：清华大学出版社，2018.

[5] 张勇. Android 移动开发技术[M]. 北京：清华大学出版社，2017.

[6] 丁山. μC/OS-Ⅱ嵌入式系统设计[M]. 北京：机械工业出版社，2016.

[7] 卢有亮. 嵌入式实时操作系统 μC/OS 原理与实践[M]. 2 版. 北京：电子工业出版社，2014.

[8] 赵宏，王小牛，任学惠. 嵌入式系统应用教程[M]. 2 版. 北京：人民邮电出版社，2010.